科学出版社"十四五"普通高等教育研究生规划教材
西安交通大学研究生"十四五"规划精品系列教材

粒子加速器真空系统

王 盛 王 洁 李海鹏 编著

科学出版社
北 京

内 容 简 介

本书是在吸取实际工程经验和系统性理论基础上编写的一本具有新意的实用型教材。全书共 9 章，内容涉及粒子加速器的发展历程及真空系统概况、真空泵的分类、真空泵的选择和设计原则、真空规及真空检漏、真空系统中的气体来源、束屏设计及优化、电子云的形成机理及电子云的抑制、粒子加速器真空系统材料的选择和材料的清洁方式、真空系统的烘烤、粒子加速器真空系统典型案例介绍、粒子加速器真空系统的展望等，书中附有参考文献可供查阅。本书的选题内容新、体系结构新、案例选取新，重视理论与实际应用的结合，便于自学。

本书可作为高等理工科院校、科研院所在真空系统设计等方面的教材，也可作为职业技术学院、继续教育学院等相关专业的教学参考书，并可供核科学与技术学科的师生、广大涉及真空实验的工作者及真空工程技术人员参考。

图书在版编目（CIP）数据

粒子加速器真空系统 / 王盛，王洁，李海鹏编著. —北京：科学出版社，2023.7

科学出版社"十四五"普通高等教育研究生规划教材·西安交通大学研究生"十四五"规划精品系列教材

ISBN 978-7-03-075875-0

Ⅰ．①粒… Ⅱ．①王… ②王… ③李… Ⅲ．①加速器－真空系统－高等学校－教材 Ⅳ．①TL503.7

中国国家版本馆 CIP 数据核字(2023)第 109759 号

责任编辑：余 江 张丽花 / 责任校对：王萌萌
责任印制：张 伟 / 封面设计：马晓敏

科 学 出 版 社 出版
北京东黄城根北街 16 号
邮政编码：100717
http://www.sciencep.com

北京建宏印刷有限公司 印刷
科学出版社发行 各地新华书店经销
*

2023 年 7 月第 一 版　开本：787×1092　1/16
2023 年 7 月第一次印刷　印张：16 1/2
字数：450 000

定价：108.00 元
（如有印装质量问题，我社负责调换）

序

在西安交通大学核科学与技术学院、西安交通大学-湖州中子科学实验室和科学出版社的共同努力下，凝聚着西安交通大学学者们多年心血和汗水的研究生教材《粒子加速器真空系统》面世了。该书的出版，将对丰富研究生教育资源、提高研究生教育质量、培养更多的高素质人才具有积极的促进作用。

回首过去几十年，中国几代科学家和研究者在粒子加速器的研究与建设方面呕心沥血，为我国大科学装置的建设和核科学技术的发展做出了卓越的贡献。当前，世界各地再一次兴起了粒子加速器大科学工程的建设热潮，同时，粒子加速器在工业、农业、医疗健康、信息、环境保护和公共安全等领域中发挥着越来越重要的作用。

真空系统是粒子加速器的关键部件，为粒子加速器束流稳定运行提供重要保障，真空技术水平在一定程度上标志着国家大科学装置发展和建设的水平，大力发展真空技术是抢占国际粒子加速器及真空装置相关研究制高点的重要一环。粒子加速器真空技术是一门面向粒子加速器、涉及多学科和多专业的综合性应用技术。该书将基础真空科学和应用真空科学紧密结合，主要介绍了粒子加速器中真空系统的特点，以及实现超高真空的原理和方法。

习近平总书记指出："要高标准建设国家实验室，推动大科学计划、大科学工程、大科学中心、国际科技创新基地的统筹布局和优化。"作为国家重大科技基础设施的代表，新一代同步辐射光源、散裂中子源、加速器驱动嬗变研究装置、"人造太阳"等大科学装置，既是前沿科学思想和先进技术的集成，也是开展基础研究、获取原创成果的利器，为粒子加速器领域的发展提供丰沃的土壤。在可预见的未来，大型粒子加速器及基于真空系统的相关研究仍将是学科前沿，该书的主要内容——真空也将一直是高能量、高亮度粒子加速器发展和建造的关键技术之一。

目前，国内全面系统介绍粒子加速器真空技术的书籍较少，基于此，西安交通大学的学者们面向国家战略发展需求，面向世界科学研究前沿，根据多年研究经验，并查阅大量文献撰写成该书，主要用于"粒子加速器真空技术"课程的研究生教学。

该书力求实现科学性、系统性和前沿性的统一，读者不仅能够获得比较系统的科学基础知识，也能体会蕴含其中的科学精神、科学思想和科学方法，为深入科学研究奠定良好的基础。

夏佳文
中国工程院院士
2023 年 4 月

感谢国家自然科学基金青年项目(批准号：11905170、1210050454)和广东省基础与应用基础研究基金项目(批准号：2020B1515120035)的资助。

由于作者能力有限，若书中存在疏漏和不足之处，恳请各位读者批评指正。

作　者

2023 年 4 月

目 录

第1章 粒子加速器真空系统概述 ... 1
1.1 粒子加速器简介 ... 2
1.1.1 粒子加速器的基本构成 ... 2
1.1.2 粒子加速器的分类 ... 2
1.1.3 粒子加速器技术的发展趋势 ... 10
1.2 粒子加速器真空系统简介 ... 13
1.2.1 真空物理基础 ... 13
1.2.2 真空系统的计算 ... 19
1.2.3 粒子加速器真空系统的作用 ... 23
1.2.4 粒子加速器真空系统的组成 ... 25
1.2.5 不同粒子加速器对真空度的要求 ... 26
1.2.6 粒子加速器真空系统设计难点及关键技术 ... 28
1.3 本章小结 ... 30
参考文献 ... 31

第2章 真空泵 ... 32
2.1 真空泵的分类 ... 32
2.1.1 基于工作原理分类 ... 32
2.1.2 基于真空度分类 ... 35
2.2 粒子加速器中常用真空泵介绍 ... 36
2.2.1 机械泵 ... 36
2.2.2 低温泵 ... 37
2.2.3 扩散泵 ... 40
2.2.4 涡轮分子泵 ... 42
2.2.5 吸气剂泵 ... 43
2.2.6 溅射离子泵 ... 47
2.3 粒子加速器中真空泵的选择和设计原则 ... 53
2.3.1 真空泵的选型和设计原则 ... 54
2.3.2 常用真空泵参数比较 ... 55
2.4 本章小结 ... 56
参考文献 ... 56

第3章 真空规 ········· 58
3.1 真空度测量概述 ········· 58
3.2 总压强测量 ········· 59
3.2.1 真空规的选用原则 ········· 60
3.2.2 真空规的分类及测量范围 ········· 60
3.2.3 基于水银或其他非挥发性液体的真空规 ········· 61
3.2.4 基于力效应的真空规 ········· 62
3.2.5 基于气体比热效应的真空规 ········· 65
3.2.6 基于电离效应的真空规 ········· 68
3.3 分压强测量 ········· 77
3.3.1 分压强测量或残余气体分析的过程 ········· 77
3.3.2 四极质谱仪 ········· 77
3.3.3 射频质谱仪 ········· 78
3.3.4 飞行时间质谱仪 ········· 79
3.4 真空度测量的影响因素 ········· 80
3.4.1 气体种类的影响 ········· 80
3.4.2 温度的影响 ········· 82
3.4.3 管规和裸规的影响 ········· 83
3.4.4 规管吸放气的影响 ········· 83
3.4.5 热表面与气体相互作用的影响 ········· 84
3.4.6 规管选择、安装及规程的影响 ········· 85
3.5 真空检漏 ········· 86
3.5.1 真空检漏概述 ········· 86
3.5.2 真空检漏的目的 ········· 87
3.5.3 漏孔及泄漏率 ········· 88
3.5.4 泄漏类型 ········· 89
3.5.5 检漏影响因素 ········· 90
3.5.6 氦检漏器 ········· 91
3.6 本章小结 ········· 95
参考文献 ········· 96

第4章 气体吸附与解吸 ········· 97
4.1 粒子加速器真空腔室的气体来源 ········· 97
4.2 气体吸附 ········· 98
4.2.1 气体吸附基础理论 ········· 98
4.2.2 吸附等温线 ········· 99
4.3 热放气 ········· 101

		4.3.1 热放气机制	102
		4.3.2 热放气测量方法	103
		4.3.3 热放气速率的影响因素	107
	4.4	光子致解吸	109
		4.4.1 光子致解吸机制	109
		4.4.2 光子致解吸数学物理模型	109
		4.4.3 光子致解吸测量方法	112
		4.4.4 光子致解吸与累积光子剂量的关系	115
		4.4.5 不同材料的光子致解吸	115
		4.4.6 材料处理程序的影响	117
		4.4.7 光子致解吸与同步辐射临界光子能量的关系	118
		4.4.8 光子致解吸与真空腔室温度的关系	119
		4.4.9 光子致解吸与入射角度的关系	119
		4.4.10 非蒸散型吸气剂的影响	120
	4.5	电子致解吸	121
		4.5.1 电子致解吸机制	121
		4.5.2 电子致解吸测量方法	121
		4.5.3 不同材料的电子致解吸	123
		4.5.4 电子致解吸与电子能量的关系	124
		4.5.5 表面抛光和真空烧制的影响	126
		4.5.6 电子致解吸与腔室温度的关系	128
	4.6	离子致解吸	128
		4.6.1 离子致解吸数学物理模型	128
		4.6.2 离子致解吸测量方法	129
		4.6.3 离子致解吸与累积离子剂量的关系	130
		4.6.4 离子致解吸与离子能量的关系	131
		4.6.5 离子致解吸与腔室温度的关系	132
	4.7	本章小结	132
	参考文献		132
第5章	粒子加速器中束屏的设计及优化		134
	5.1	束屏设计背景	134
	5.2	束屏热力学性能及冷却方案	136
		5.2.1 工作温度的确定	137
		5.2.2 束流管道的冷却方案	138
		5.2.3 束屏上的有限元模拟	139
	5.3	束屏真空性能及材料选择	141

　　　　5.3.1　同步辐射 ·· 142
　　　　5.3.2　束屏的动态真空模型 ·· 143
　　　　5.3.3　束屏材料的选择 ·· 144
　　5.4　束屏的机械应力 ·· 145
　　　　5.4.1　超导失超 ·· 145
　　　　5.4.2　束屏的结构模拟 ·· 146
　　5.5　排气孔的设计与优化 ·· 147
　　　　5.5.1　低频耦合阻抗问题 ·· 148
　　　　5.5.2　高频阻抗 ·· 150
　　5.6　未来展望 ·· 151
　　5.7　本章小结 ·· 153
　　参考文献 ·· 153

第6章　粒子加速器中的电子云问题 ·· 155
　　6.1　电子云效应 ·· 155
　　　　6.1.1　电子云现象 ·· 156
　　　　6.1.2　二次电子 ·· 157
　　6.2　二次电子抑制方法 ··· 163
　　　　6.2.1　表面改性 ·· 163
　　　　6.2.2　外部附件 ·· 171
　　6.3　本章小结 ·· 172
　　参考文献 ·· 172

第7章　粒子加速器真空系统材料 ·· 174
　　7.1　材料的选择标准 ·· 174
　　7.2　材料的机械性能 ·· 174
　　　　7.2.1　应力-应变 ·· 174
　　　　7.2.2　硬度 ·· 176
　　　　7.2.3　强化 ·· 178
　　7.3　材料的热导率 ··· 179
　　7.4　材料的电导率 ··· 180
　　7.5　粒子加速器常用材料 ·· 180
　　　　7.5.1　传统金属材料 ·· 180
　　　　7.5.2　复合材料 ·· 183
　　　　7.5.3　非金属材料 ·· 183
　　　　7.5.4　其他材料 ·· 184
　　7.6　材料的连接 ·· 184

目 录

- 7.7 气体渗透率和气体排放 ·· 185
  - 7.7.1 气体渗透率 ·· 186
  - 7.7.2 气体释放 ·· 187
- 7.8 材料的清洗流程 ·· 188
  - 7.8.1 不锈钢的清洗 ·· 188
  - 7.8.2 铝的清洗 ·· 188
  - 7.8.3 铜的清洗 ·· 189
  - 7.8.4 陶瓷的清洗 ·· 191
  - 7.8.5 玻璃的清洗 ·· 192
  - 7.8.6 材料清洗程序及工艺 ·· 192
- 7.9 本章小结 ·· 194
- 参考文献 ·· 194

第8章 真空系统的烘烤 ··· 197
- 8.1 真空系统烘烤概述 ·· 197
- 8.2 真空系统的材料 ·· 199
  - 8.2.1 不锈钢 ·· 199
  - 8.2.2 铝合金 ·· 203
  - 8.2.3 铜合金 ·· 205
  - 8.2.4 玻璃 ·· 206
  - 8.2.5 吸气剂薄膜 ·· 207
- 8.3 加热方式 ·· 218
  - 8.3.1 加热带烘烤 ·· 218
  - 8.3.2 氮气流加热 ·· 220
  - 8.3.3 电磁感应加热 ·· 221
- 8.4 本章小结 ·· 222
- 参考文献 ·· 223

第9章 粒子加速器真空系统典型案例及展望 ································ 224
- 9.1 兰州重离子加速器真空系统 ·· 224
  - 9.1.1 扇形回旋加速器真空系统 ······································ 224
  - 9.1.2 分离扇形回旋加速器真空系统 ·································· 225
  - 9.1.3 HIRFL-CSR 真空系统 ·· 226
  - 9.1.4 束流输运线真空系统 ·· 227
- 9.2 中国散裂中子源加速器真空系统 ······································ 227
  - 9.2.1 负氢离子直线加速器 ·· 228
  - 9.2.2 LRBT&RTBT 束流输运线 ·· 228

1.1 粒子加速器简介

粒子加速器最初是为满足原子核物理研究的需要发展起来的。1919 年,英国物理学家卢瑟福利用天然放射源实现了历史上首次人工核反应,但靠放射源提供的入射粒子研究核反应存在粒子种类有限、粒子强度弱、能量低且不可调节等缺点,为此物理学家提出了建造人工加速带电粒子装置的设想。20 世纪 30 年代初,第一批粒子加速器的诞生显示了由人工加速方法产生粒子束的优越性。随着新原理的提出和新技术的发展,出现了各种不同类型的粒子加速器,如 Cockcroft-Walton 加速器、静电加速器、回旋加速器、感应加速器、电子和质子直线加速器、同步加速器和对撞机等,粒子加速器也逐渐经历了从低能到高能、从弱聚焦到强聚焦、从打静止靶到对撞机的发展历程。

1.1.1 粒子加速器的基本构成

粒子加速器是由一系列高精度的设备和精密控制系统组成,主要包括粒子源、真空加速结构、束流输运和分析系统及导引和聚焦系统,此外还设有各种束流检测与诊断装置、电磁场的稳定控制装置、真空设备及供电与操作设备等若干辅助系统,如图 1-1 所示。

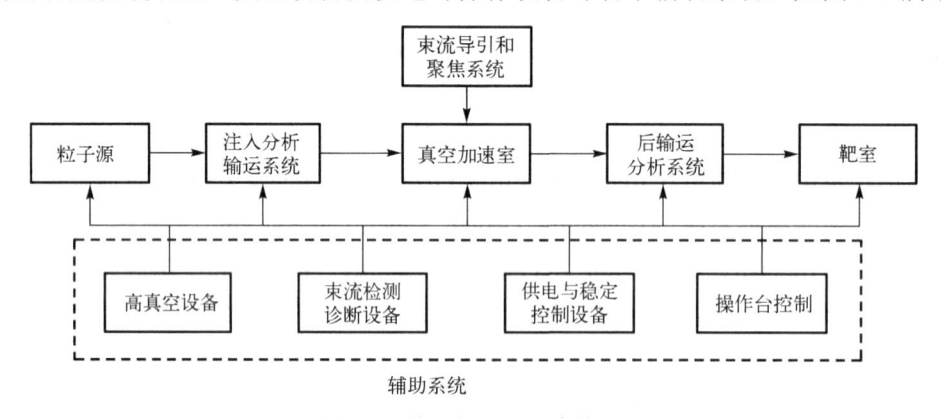

图 1-1 粒子加速器基本构成

其中,粒子源用以提供所需加速的粒子,如电子、正电子、质子及重离子等;真空加速结构中有加速电场,整个系统需要在具有高真空度的真空室内运行,用以降低残余气体对被加速粒子的散射影响,如各种类型的加速管、射频加速腔等;导引和聚焦系统用一定形态的电磁场来引导并约束被加速的粒子束,使之沿预定轨道接受电场的加速,如环形加速器的主导磁场和四极透镜场等;束流输运和分析系统主要由电磁场透镜、电磁场分析器和偏转磁铁等器件构成,主要起到在粒子源到加速器之间或加速器到靶之间的粒子束运输作用,并可对带电粒子束进行分析。

1.1.2 粒子加速器的分类

粒子加速器的种类繁多,不同类型的粒子加速器有着各自不同的结构和性能特点,还有着不同的适用范围。如表 1-1 所示,可根据不同特征将粒子加速器进行分类。根据加速粒子种类分类,有电子加速器、轻离子加速器、重离子加速器等;根据粒子运动轨道分类,有直线加速器、回旋加速器和环形加速器等；根据加速电场种类分类，有高压加速器、感应加速器和高频共振加速器等。此外，还可以根据聚焦方式强弱差异、加速粒子能量的高低范围、束流强度的大小等方式进行分类。

表 1-1 常见粒子加速器分类

分类标准	类别
加速粒子种类	电子加速器
	离子加速器
	任意带电粒子或全粒子加速器
粒子运动轨道	直线加速器
	回旋加速器
	环形加速器
加速电场种类	高压加速器
	感应加速器
	高频共振加速器
聚焦方式	常规弱聚焦加速器
	强聚焦加速器（超导或非超导磁铁）
加速粒子能量范围	低能加速器（$< 10^6$ eV）
	中能加速器（$10^6 \sim 10^9$ eV）
	高能加速器（$10^9 \sim 10^{12}$ eV）
	超高能加速器（$> 10^{12}$ eV）

根据加速电场和粒子轨道可将传统粒子加速器分为高压加速器、感应加速器、直线加速器、回旋加速器及同步加速器等，它们分别适用于不同的能量范围，加速不同粒子。而许多大型粒子加速设备往往由多种不同类型的加速器互相组合而成。

1. 高压加速器

高压加速器（High Voltage Accelerator）是指通过一个高压电源在真空加速管电极之间提供直流静电场来加速带电粒子的一类加速器。它起始于19世纪30年代，是最早问世、最基本的一类加速器。当一个电荷数为 q 的粒子通过一个电位差 U 时，在没有能量损失的情况下，其所增加的动能为

$$\Delta W = qU \tag{1-1}$$

式中，ΔW 的单位为 eV。式（1-1）表明，高压加速器通过提高电压和采用多电荷离子来提高加速粒子的能量。高压加速器主要包括静电加速器和倍压加速器两大类。前者包括单级和串列静电加速器，后者按电源电路的结构又可分为串激倍压加速器（Cockcroft-Walton型）、并激高频倍压（Dynamitron，"地那米"型）加速器、绝缘芯变压器型（Insulated Core Transformer，ICT）加速器、强脉冲二极管（Pulsed Diode）加速器等。此外，静电加速器通过机械方式传递电荷，又分为 van de Graaff 静电加速器和 Felici 静电加速器。其他高压加速器则是由不同种类的电路产生高压。

高压加速器加速粒子时，高压电极只被利用一次，这样的高压加速器是单级加速器，它们的离子源或电子枪装在高压电极里，如图1-2(a)所示。如果能够让带电粒子多次通过加速电场，就有可能得到更高的能量。为此人们设计了串列静电加速器，如图1-2(b)所示。

在这种加速器中，高压电极具有正电压，位于低电位的离子源产生负离子，负离子被电场加速到高压电极，经过固体薄膜或低压气体后，被剥除掉若干个电子而转变为正离子。正离子可再次被同一电场加速。负离子的稳定电荷数通常为 1，若正离子的电荷数为 q，高压电极的端电压为 V，则粒子经过串列静电加速器加速而增加的动能为

$$\Delta W = (1+q)V \tag{1-2}$$

显然，串列静电加速器只能加速离子，不能加速电子。如果想要缩短加速器的长度，可以采用图 1-2(c) 所示的两个加速管并排放置的结构，即将已被剥离的正离子用 180° 偏转磁铁将其折回到另一个加速管中，随后加速到接地端。

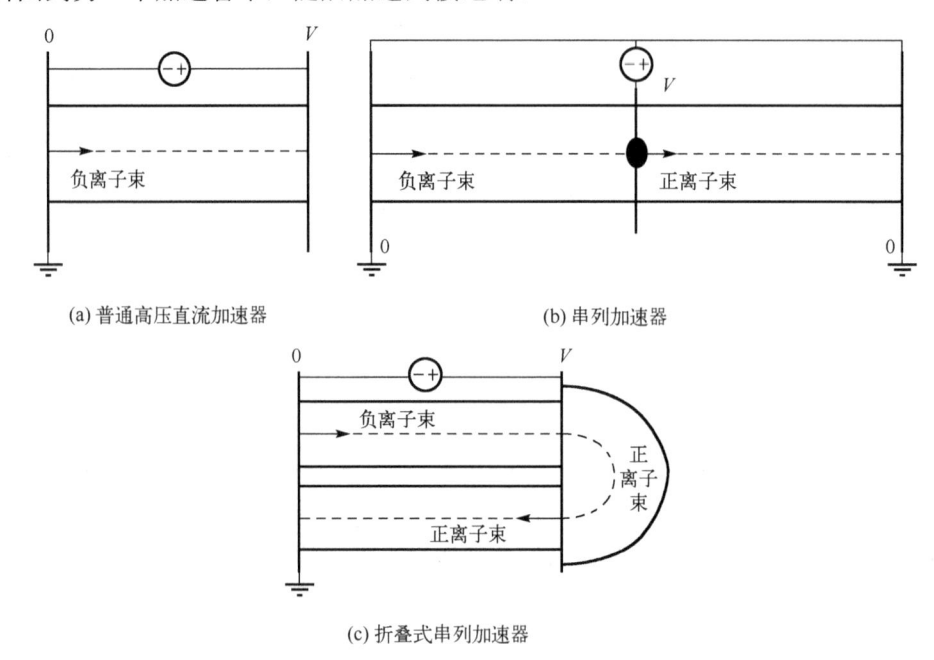

(a) 普通高压直流加速器

(b) 串列加速器

(c) 折叠式串列加速器

图 1-2 高压加速器原理图

高压加速器采用单次加速技术，其特点是高压源需要提供一个较高的电压给加速管，一般情况下，加速管的高压电极只被利用一次，带电粒子在真空加速管中被高压电场一次性加速。虽然串列静电加速器能够巧妙地利用离子电荷符号的改变对离子束进行有限的多次加速，但这不具有普遍的多次累积加速意义。高压加速器的加速电压直接受高压电源及加速管中的介质击穿的限制，因此加速器的能量不高，一般不超过 50MeV。高压加速器除了具有因高压技术限制导致能量很难有效地进一步提高这一缺点外，还有一个缺点就是系统处于高电压状态，存在高压隐患，感应电荷的存在也会对仪器的运行造成影响。

2. 感应加速器

由于高压加速器受加速能量的限制，要进一步提高带电粒子的能量，必须采用累积加速或直接连续加速的方式。要有效地实现累积加速，需要利用变化的电磁场，因此电磁感应加速器 (Magnetic Induction Accelerator) 随之产生。感应加速器的基本原理是利用随时间变化的磁通量产生的涡旋电场来加速带电粒子。常见的感应加速器主要有回旋式电子感应加速器 (Betatron) 和直线感应加速器 (Linear Induction Accelerator, LIA) 两大类。

1)回旋式电子感应加速器

回旋式电子感应加速器只能用来加速电子(β粒子)，因而又称为"Betatron"。如图 1-3 所示，在回旋式电子感应加速器中，通常采用随时间变化的轴向对称磁场，因此产生的涡旋电场形状是封闭圆；用于使电子偏转的轨道上磁场的磁感应强度 $B(t)$ 随时间增加，以使电子的轨道半径 r_c 为一封闭圆。为了保证电子的轨道半径恒定，磁场的分布需满足以下条件。

(1) 中心磁通的平均磁感应强度(B_{av})和轨道上主导磁场的磁感应强度(B_g)满足 2∶1 条件。

(2) 中心磁通和轨道上的磁感应强度必须随时间增大。

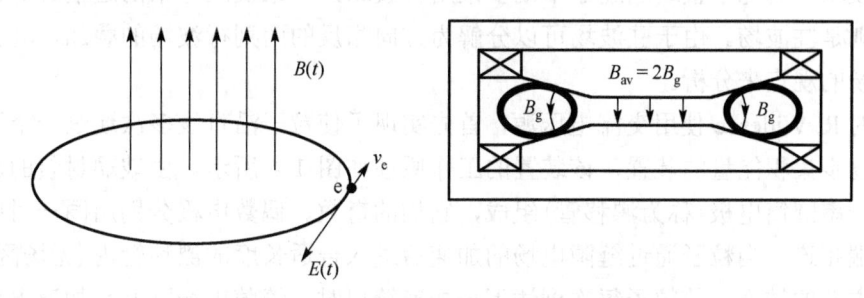

图 1-3 Betatron 加速原理和加速腔简图

满足上述条件的轨道称为"平衡轨道"，电子可在此平衡轨道上循环连续地获得加速，经过多次的积累能得到较高的能量。

回旋式电子感应加速器不能用来加速质子和重离子，因为能量和磁通变化量一定时，质子(或重离子)的轨道半径比电子大很多，而速度小很多，对磁通的利用率太低。大型回旋式电子感应加速器由于电子的能量高、轨道半径大，在电子能量增值相同的情况下，磁通变化量要比小型加速器高。所以回旋式电子感应加速器的电子加速能量一般为数十兆电子伏。

2)直线感应加速器

直线感应加速器是 20 世纪 60 年代发展起来的一种强流加速器。这类加速器的加速电场由电磁感应产生，很多个加速单元感生的加速电场排成直线，粒子在加速过程中沿直线运动。

直线感应加速器的每个加速单元可看作一个用磁感应原理制成的特殊变压器。所有相同的加速单元的外壳接地，由脉冲发生器产生的大电流高压脉冲馈入到感应腔间隙处，形成两个回路，其中一路环绕磁芯形成高阻回路以防止高压电源短路，另一路直接加在加速间隙上。由精确控制时序的脉冲发生器产生的脉冲电压在加速间隙处可以维持并用于加速带电粒子。由于所有加速腔的金属外壳始终处于低电位，因此多个腔可连接在一起，不存在电压源的电位叠加升高问题；在加速间隙外的束流管道区域，电场被金属管道屏蔽，束流不会被减速，这就实现了带电粒子的多级累积加速。装载在加速腔中的螺线管线圈产生的磁场用来约束束流的径向扩散。这种用变压器原理产生的加速电场来加速粒子，可以得到功率很大的离子束流。

3. 直线加速器

直线加速器是一种利用高频电场加速沿直线轨道运动的各种带电粒子的谐振加速装

置,加速结构是满足一定条件的波导和谐振腔。它的快速发展与高频、微波技术的发展及自动稳相原理的发现分不开。这类加速器的主要优点是粒子的注入、引出方便及束流的强度高,能量可逐步增高不受限制。但大功率射频源的价格较贵,电功率消耗大,使直线加速器的费用较高。随着超导材料的应用和超导直线加速器的发展,这些缺点得到改善,并且束流品质得到进一步提高。

1) 典型射频加速结构

直线加速器加速粒子采用的射频电场可分为驻波场和行波场两种。离子直线加速器通常采用驻波场,而电子直线加速器早期多采用行波场,后来发展起来的边耦合等双周期结构采用的则是驻波场。由于驻波场可以分解为方向相反的两列行波场的叠加,驻波场也可以用行波场的观点来分析。

挪威的 R. Wideröe 使用交流电压源,首先实现了使粒子沿直线多次通过一个不大的加速电位差逐步累积能量的装置,该装置的工作原理如图 1-4 所示。由玻璃封装的加速器加速电极由一串圆筒电极(称为漂移管)组成,它们的奇数、偶数电极分别用同一射频电源的两个输出端相连。当粒子通过缝隙电场的加速后进入合适长度的漂移管内(无场区)时刚好实现电场方向的转换,使粒子每次到达下一加速缝口时,缝隙电场刚好是加速电场,由此实现了共振加速。L. Alvarez 将 Wideröe 结构中的玻璃外壳改为金属导体(一般为铜),并用金属杆支撑漂移管以形成谐振腔结构,在腔内建立驻波加速电场。这种 Alvarez 谐振腔型驻波直线加速器结构又称为漂移管直线加速器(Drift Tube Linac,DTL)结构,是最早出现的一种现代直线加速结构,常用于低能粒子或重离子的加速。

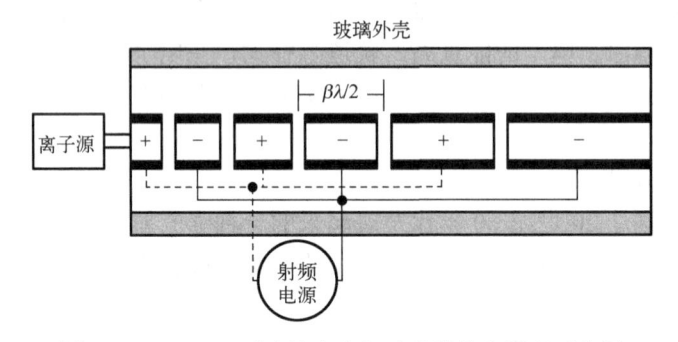

图 1-4 Wideröe 型驻波直线加速器结构和原理示意图

2) 射频超导加速腔

传统射频直线加速器采用上述基本加速结构和加速方式来对带电粒子进行加速。因被加速粒子速度(能量)的不同,所采用的加速方式和加速结构有所不同。

同各类加速器相比,直线加速器的加速结构存在高频功率损耗大和高频设备费用高等缺点,使其发展受到限制。随着射频超导技术的发展,射频超导加速腔极大地降低了射频损耗,不仅节省大量电能和设备费用,而且可由此带来射频加速器的一系列优越的特性,如可以连续波(Continuous Wave,CW)运行、加速腔由于较少受到射频功耗的限制而可以得到更好的优化等,这不仅使束流强度大幅提高,而且束流品质和稳定性也得到很大改善。目前,射频直线加速结构是从低能到高能加速器装置中常用的方案。

4. 回旋加速器

回旋加速器利用磁场使带电粒子沿圆弧轨道旋转，多次反复地通过高频加速电场，直至达到高能量。这类加速器的引导磁场保持恒定，主要可分为经典回旋加速器(Classical Cyclotron)、同步回旋加速器(Synchrcyclotron)、等时性回旋加速器(Isochronous Cyclotron)、电子回旋加速器(Microtron)、固定场交变梯度(Fixed Field Alternating Gradient，FFAG)加速器等几种类型。

1) 经典回旋加速器

此类加速器是 E. O. Lawrence 从 Wideröe 型直线加速结构中得到启发而发明的一种加速器，如图 1-5 所示。经典回旋加速器的思路是借助于磁场使带电粒子沿圆弧形轨道旋转，多次反复地通过高频加速场，这样可以避免直线共振加速器过长、加速效率低的问题。在恒定磁场下将合适恒定频率的高频电压加在两个 D 形电极上，可以使回旋共振得以实现，加速粒子在磁场能够约束的范围内重复通过同一加速间隙而获得累积加速，由于能量逐步增加，粒子从中心沿着外旋的螺旋形轨道运动。经典回旋加速器的回旋共振加速方式奠定了日后发展各种高能粒子加速器的基础。

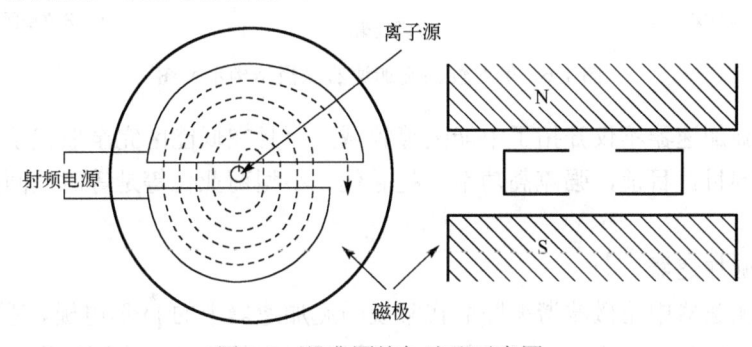

图 1-5 经典回旋加速器示意图

在经典回旋加速器的发展过程中，速度聚焦、相位聚焦及磁聚焦等问题得到了研究。经典回旋加速器采用恒定的均匀磁场(实际上为了轴向聚焦磁场随轨道半径的增加而有所减小)和恒定频率的高频电压，在加速过程中，粒子的回旋周期随着加速粒子质量相对论性增长和轨道磁场的下降而明显增加，这与高频周期无法协调一致，造成加速相位移动(即"滑相")，从而限制了能量的进一步提高。

2) 同步回旋加速器

在"自动稳相原理"被发现后，采用调频方法解决经典回旋加速器因加速粒子质量相对论性增长而引起的不同步问题，称为同步回旋加速器，也称为"调频回旋加速器"或"稳相加速器"。这类加速器与经典回旋加速器基本相似，只是起加速作用的 D 形电极共振回路中使用可变电容器以调变频率，使粒子在被加速过程中加速电场的频率随粒子的回旋频率同步下降而保持谐振加速条件，从而突破了经典回旋加速器中相对论性质量增加对提高能量的限制。另外，建造大磁铁的高成本成为新的限制。与经典回旋加速器一样，同步回旋加速器只适于加速离子，加速质子能量可达 1GeV。同步回旋加速器的建造曾一度趋于停滞；目前随着超导技术的发展，由于采用极高的磁场，同步回旋加速器可实现小型化。

3) 等时性回旋加速器

为了解决经典回旋加速器中加速粒子质量相对论性增长和磁场沿径向减弱而引起的加速相位移动问题，科学家还提出了等时性回旋加速器方案：轨道磁场的磁感应强度不随时间变化但沿半径方向随粒子的能量同步增长，使加速粒子的回旋周期保持恒定，而磁场沿径向增加造成的轴向散焦问题则用磁场沿方位角调变所产生的聚焦作用来解决。如图 1-6 所示，人们成功地发展了利用磁极上附加多块(至少三块)扇形垫铁(直边扇形或螺旋扇形)或者由若干分立的扇形磁铁构成的等时性回旋加速器，加速电极为一定张角的谐振腔体。

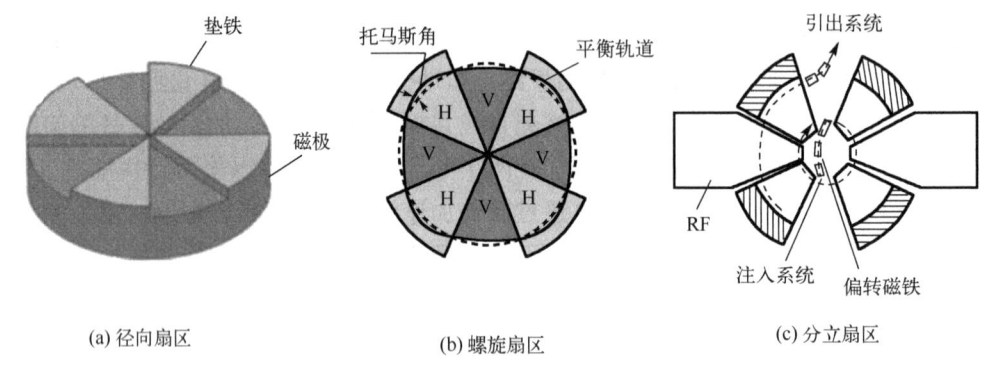

(a) 径向扇区　　(b) 螺旋扇区　　(c) 分立扇区

图 1-6　等时性回旋加速器磁极结构示意图

等时性回旋加速器不仅开拓了中能区等领域，而且在低能区完全取代了经典回旋加速器，发展令人瞩目。目前，强流高功率、超导化、小型商业化等是等时性回旋加速器的发展方向。

4) 电子回旋加速器

电子回旋加速器中用微波谐振腔取代常规回旋加速器中的 D 形电极。适当选择加速器参数，使得电子每加速一次，其质量相对论性增长引起的相移增大刚好为 2π 的整数倍，相应的回旋周期增量也恰好是加速电场周期的整数倍，从而使得加速相位保持不变，电子轨迹是半径逐渐增加的一系列相切的圆。电子回旋加速器较好地解决了常规回旋加速器中因粒子质量按相对论规律增长引起的困难。采用小型直线加速器和分裂式磁铁组合构成的跑道式电子回旋加速器可以进一步提高能量。

5) 固定场交变梯度加速器

FFAG 加速器是指在交变梯度聚焦原理发现后一类介于回旋加速器与同步加速器之间的加速器，兼具强聚焦同步加速器和弱聚焦回旋加速器的特点。它采用方位角调变的、磁场随平均半径变化的固定磁场，磁场在空间中交替排列，中心通常无磁铁，但电场频率变化自由，是一类具有组合作用、固定磁场及交变梯度聚焦的加速器。由于主磁铁的磁场在粒子加速过程中不随时间变化，加速重复频率将只受到加速腔的限制；沿径向向外的螺旋轨道和高动量压缩因子的影响，使得这类加速器有较大的径向接受度和动量接受度，从而可以得到高束流流强。FFAG 加速器按照磁铁结构的不同，又分为螺旋扇和径向扇两种。由于 FFAG 加速器具有高重复频率、高流强、大动力学孔径、高输出功率、小体积、低成本等优点，近来在加速器驱动次临界洁净核能系统、癌症治疗等领域受到高度重视。

5. 同步加速器

回旋加速器的粒子轨道逐步向外展开,恒定的主导磁场必须覆盖不同半径的回旋轨道,所需的实心磁铁极为笨重,因此人们希望实现具有封闭轨道的共振加速。借鉴电子感应加速器技术,使用谐振腔受激励产生的高频电场取代涡旋场,但其轨道磁场与感应加速器仍基本相同。与回旋加速器相比,同步加速器的流强比较弱,但粒子能量很高,尤其是在质子同步加速器上发展起来的储存环和对撞机,能量居各类加速器之首。但电子同步加速器受同步辐射损失的限制,能量相对较低。

多数同步加速器还在环形轨道上设有直线段,粒子轨道类似于跑道。由于常规轨道磁场的横向聚焦能力弱,因此,这类加速器也称为弱聚焦同步加速器。其真空室截面尺寸及相应的磁铁很大,造价高昂。减小粒子束的横向振幅是这类加速器的改进方向之一,为此提出了"交变梯度聚焦原理",以解决粒子运动的横向不稳定性问题。

在同步加速器中,由于高速电子在磁场中转弯时会辐射能量,称为同步辐射。这种辐射是阻碍电子加速能量进一步提高的重要因素;但另一方面,同步辐射又是一种具有优异特性的辐射光源。

由于同步加速器中粒子是沿固定的轨道被加速,因此它不能单独组成一台加速器,需要一台或几台加速器先将带电粒子加速到一定的能量,再注入主同步加速器进行加速。下面简单阐述组成同步加速器的一些重要设备。

1) 增强器

目前新建的高能同步加速器均倾向于在它与前级入射器之间增设一台小型同步加速器作为中间加速器,称为增强器。因此,增强器实际上是一台同步加速器,除了提高主加速器入射能量、改善入射束流性能外,最主要的作用是增强主加速器的脉冲流强,使能量、束流时间结构等参数与后端加速器匹配。例如,日本的 TRISTAN 正负电子对撞机的能量是 30GeV,但在直线加速器和主机之间又设计了一台 6GeV 的增强器,实际上它的选用就是为了使能量、正电子流强都得到提高。

2) 储存环

储存环的主要功能不在于加速粒子,而在于积累带电粒子,即不断地让具有较高能量的粒子注入并进行积累,使储存的束流流强达到要求值并长时间地在加速器中循环。在储存环中,粒子也可以进一步加速到更高能量,这种加速器可称为储存加速器。除了用于高能物理和重离子物理外,储存环主要用作同步辐射光源。

在储存环中积累电子的方法不适用于质子和其他较重的粒子,因为它们没有辐射阻尼现象,注入过程很难多次进行。注入一次后,一旦储存环中横向相空间已被填满,再注入就不可能了。所以只能用别的方法提高环中的粒子数,如采用负离子注入、一次多圈注入等。自 20 世纪 70 年代以来,为了提高粒子数和束流性能,采取电子冷却和随机冷却的方法来提高加速器中的粒子数。电子冷却、随机冷却是用发射度很好的电子(其速度与质子相等)来冷却横向动量较大的质子,然后使加速器中带电粒子发射度变小,这样就使加速器的接受相空间空下来用于再一次注入,往复多次可提高储存环中的粒子数。由于在储存环中束流停留时间较长,因此要求真空条件很高,一般需低于 10^{-7}Pa。例如,CERN 的交叉质子储存环的真空度为 10^{-8}Pa。

3) 对撞机

粒子间的有效作用能是指在质心系中的相互作用能。用高能粒子轰击静止靶所得的有效作用能并不随该粒子动能的增加而线性增加，因为部分能量要转化为质心能。如果采用两束粒子相互对撞，则有效作用能将大大提高。因此，建造对撞机是粒子物理学发展到一定阶段的必然结果。

对撞机可以大幅提高有效作用能，特别是在束流能量远高于其静止能量的情况下更为明显。为了提高单位面积、单位时间内发生对撞的概率，需要积累尽可能多的粒子及尽可能地减小束流横向发射和能散度，为此，储存环技术、"冷却"技术得到了发展。现在，各种传统类型加速器的能量提高都趋于饱和状态，而对撞机的等效能量还在提高。从大幅度有效提高能量的角度来看，对撞机也同自动稳相原理和强聚焦原理一起，被认为是加速器发展史上的三大革命。

1.1.3 粒子加速器技术的发展趋势

加速器的种类多种多样，但是它们并不是孤立的，彼此存在着密切的内在联系，是一个不可分割的整体。图 1-7 展示了近一个世纪以来，加速器的种类随着新原理和技术发展而逐年增加的情况。以三种典型的电场形式和结构诞生了高压型、感应型和高频共振型三种最基本的加速器。其中，高频电场及感应电场对荷电粒子多次加速的实现，相对于最初的直流高压一次性加速而言，是早期阶段的一个技术上和原理上的进展。而高频共振型加速器，由早期直线型到恒定轨道磁场的回旋型发展。电子回旋加速器中成功地采用了高效加速的微波谐振腔，感应加速器中成功地实现了理想的恒定不变的加速轨道，二者的结合导致了加速器发展中期同步型共振加速器的诞生。在此基础上，自 20 世纪 50 年代末期以来，又由原先常规轨道磁场弱聚焦同步加速器，进一步发展成交变梯度磁场强聚焦同步加速器。与此同时，高频、微波腔系列的进一步发展又导致了现代行波直线加速器和驻波直线加速器的诞生。此外，人类向物质结构更深层次的探索，要求加速器提供更高能量的束流。

在加速器的历史上，直流高压加速器与静电加速器、回旋加速器、感应加速器、同步回旋加速器、直线加速器和同步加速器先后引领加速器的技术前沿，它们是一个不可分割的整体，各类型加速器彼此联系、共同发展。目前各种大型加速器装置往往是由多种不同种类的加速器共同组成，彼此之间相互配合，继续向新的前沿方向推进。这些既与粒子物理互相促进、同步发展，也是加速器原理的发展和技术创新的结果。

1. 国际加速器发展的趋势

随着核物理和粒子物理对微观世界研究的深入，人们对加速器性能的要求也在不断提高，加速器技术在近一个世纪的时间内一直在向前发展。下面通过几台国际上的加速器来介绍加速器两个发展方向的前沿，即高能量和高亮度。

1) 高能量前沿

大型强子对撞机(Large Hadron Collider，LHC)周长 27km，位于瑞士与法国交界的侏罗山地下 100m 深处。LHC 是迄今为止世界上对撞能量最高的加速器，其质子对撞能量可以达到 13TeV。

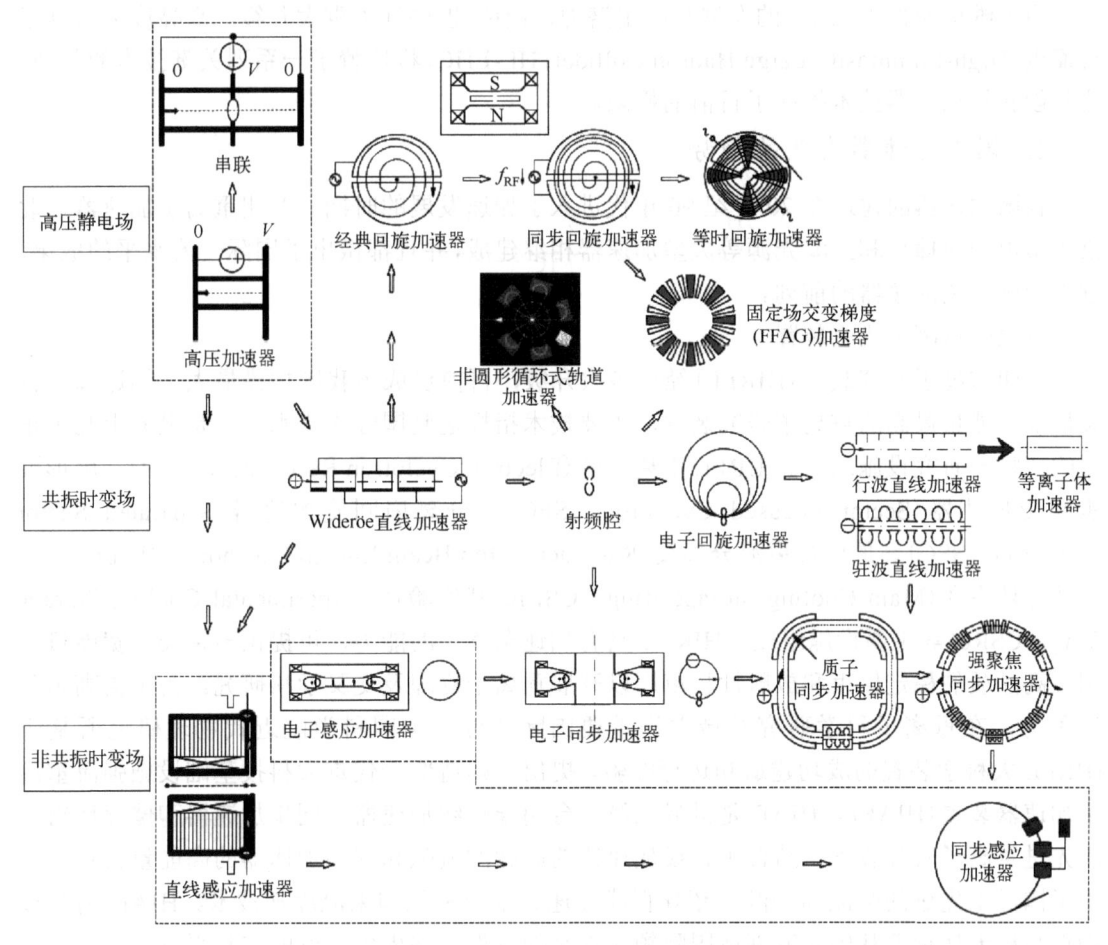

图 1-7　各类典型加速器的发展示意图

LHC 由两条环形真空管道组成，粒子束流分别在这两条真空管道内相向运动。当两段束流能量被加速到 6.5TeV 后将在对撞点相撞，最高的对撞能量可达 13TeV。其中包括离子源、直线加速器(Linac)、增强器(Booster)、质子同步加速器(Proton Synchrotron，PS)、超级质子同步加速器(Super Proton Synchrotron，SPS)、LHC。离子源产生带电粒子，经过直线加速器加速至 50MeV。随后粒子被注入(Proton Synchrotron Booster，PSB)内加速至 1.4GeV，再由 PS 加速至 25GeV，之后被注入 SPS，粒子在 SPS 内被加速至 450GeV，最后注入 LHC，再将粒子加速到 6.5TeV 进行对撞。

2) 高亮度前沿

前沿加速器粒子物理实验的另一个主要的特征是高亮度，即更高的粒子碰撞概率。高亮度加速器才能产生高统计量的物理事例。而几乎所有强子物理(包括强子谱物理、粲物理及量子色动力学物理等)的研究及新物理的寻找需要高统计量的数据。

日本高能加速器研究机构(High Energy Accelerator Research Organization，KEK)的 B 介子工厂项目 KEKB 在 1997 年建成运行。KEKB 是一台高亮度正负电子对撞机(8GeV 的电子和 3.5GeV 的正电子)，目标是在 10.58GeV 的质心能量下提供电子-正电子碰撞。目前亮度已超过设计指标，达 $10^{34}\text{cm}^{-2}\cdot\text{s}^{-1}$ 量级。

毫巴（mbar，1mbar = 100Pa），此外还有普西（psi，1psi≈6894.76Pa）等单位。由于这些单位不很严格，现在均已被废除，但历史习惯的原因，在某些文献中还在使用这些单位。

常用真空度单位的换算关系如下：

$1Pa = 1N/m^2$；

$1Torr = 133Pa$；

$1atm = 760mmHg = 101325Pa$；

$1mmHg = 1.00000014Torr \approx 1Torr$。

目前用人工方法获得的真空度最高为 $10^{-12}Pa$ 量级。真空技术涉及的压强数值范围很宽，从 $10^5 \sim 10^{-14}Pa$ 等 19 个数量级。为了运用方便，根据 GB/T 3163—2007，一般将真空划分为以下几个区域：

低真空：$10^5 \sim 10^2 Pa$；

中真空：$10^2 \sim 10^{-1} Pa$；

高真空：$10^{-1} \sim 10^{-5} Pa$；

超高真空：$<10^{-5} Pa$。

科学家和真空理论工作者则给出了更为细致的划分标准，使每个范围覆盖 3 个数量级：

粗真空：$10^5 \sim 10^2 Pa$；

中真空：$10^2 \sim 10^{-1} Pa$；

高真空：$10^{-1} \sim 10^{-4} Pa$；

较高真空：$10^{-4} \sim 10^{-7} Pa$；

超高真空：$10^{-7} \sim 10^{-10} Pa$；

极高真空：$<10^{-10} Pa$。

上述真空区域的划分与真空物理、真空获得、真空测量等真空技术的基本原理和发展过程密切相关。

2. 常用计算公式

在加速器装置中，为了得到足够的束流寿命，需要对加速器真空管道进行抽气，使装置内的真空度达到所需水平。如此稀薄的气体与理想气体的状态非常相近，因此可以通过研究理想气体来分析加速器真空装置内的气体运动过程。

理想气体的定义如下：气体分子的体积比分子活动空间小得多；在考虑分子的运动时，可以将分子看成质点；分子之间没有相互作用力；除了碰撞之外，每个分子的运动是完全独立的，不受其他分子的影响。由于稀薄气体在各项性质上与理想气体非常相似，所以可以引入理想气体各项基本定律来描述加速器真空系统内的稀薄气体。

1）理想气体定律

气体的大多数宏观特性与其压强、体积、温度有关，气体的变化规律也多用气体的压强、体积、温度来描述，而且易于测量。上述三个基本参数称为气体的状态参数。

在满足理想气体基本假设的情况下，即气体分子本身的体积可忽略不计，且气体间的相互作用除碰撞外可忽略不计，对于质量为 m(kg)、摩尔质量为 M(kg/mol) 的理想气体，其状态方程可表示如下：

$$pV = \frac{m}{M}RT \tag{1-3}$$

式中，p 为气体压强，Pa；V 为气体体积，m³；T 为气体热力学温度，K；R 为摩尔气体常量，8.314J/(mol·K)。

理想气体的状态定律只在压强不太高、温度不太低的情况下才成立，否则就会与实际产生较大的偏差。常温下的稀薄气体基本符合理想气体的假设，可被视为理想气体。在真空系统研究气体时，一般可应用理想气体状态方程。

通常容器中的气体作用于器壁上的宏观压强是大量无规则热运动的气体分子对器壁不断碰撞的结果。虽然每个气体分子对器壁的碰撞时间、冲量、位置等是随机的，但对分子整体而言，气体分子时刻在与器壁发生碰撞，宏观上表现为一个恒定的持续压力。理想气体的压强公式为

$$p = \frac{1}{3}nm_0 v_s^2 = nkT \tag{1-4}$$

式中，k 为玻尔兹曼常量，1.381×10^{-23}J/K；T 为气体热力学温度，K；v_s 为气体分子运动均方根速度，m/s；m_0 为单个气体分子的质量，kg；n 为单位体积内的分子数，即气体的分子数密度，m^{-3}。

当混合气体单位体积内所含各种气体的分子数目为 $n_1, n_2, \cdots, n_i$ 时，由式(1-4)可以得到混合气体的总压强为

$$p = nkT = (n_1 + n_2 + \cdots + n_i) \cdot kT = p_1 + p_2 + \cdots + p_i \tag{1-5}$$

式中，$p_1, p_2, \cdots, p_i$ 为混合气体中各种成分的分压强，即为道尔顿定律。

2) 气体分子热运动的速率分布

气体分子运动的理论模型假设所研究的气体体积中包括大量的分子，处于不断的无规则运动中，并具有不同方向和速率。分子除相互碰撞之外，它们之间不存在作用力，因而气体分子能均匀分布并充满整个容器空间，分子与器壁或相互间碰撞前做直线运动。

气体分子间相互碰撞都属于弹性碰撞，即每次碰撞时速度发生变化，而能量守恒。气体分子的热运动速率通常用麦克斯韦速度分布定律来描述。

在 N 个气体分子中，分子的热运动速率介于 $v \sim v + \mathrm{d}v$ 的分子数 $\mathrm{d}N$：

$$\mathrm{d}N = F(v)\mathrm{d}v = 4\pi N \left(\frac{m_0}{2\pi kT}\right)^{\frac{3}{2}} e^{-\frac{m_0 v^2}{2kT}} v^2 \mathrm{d}v \tag{1-6}$$

式中，$F(v)$ 为速度 v 的连续函数，称为麦克斯韦速度函数。若以 v 为横坐标，$F(v)$ 为纵坐标，可得到不同温度下气体分子速度分布曲线，如图1-8所示。

由分子动理论可得三种气体分子速度如下：

(1) 最可几速度 v_m。

最可几速度就是气体分子所具有各种不同

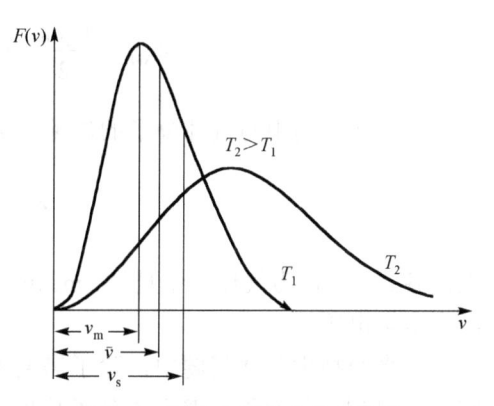

图1-8 气体分子速度分布曲线

$$\bar{\lambda}_1 = \frac{1}{\sum\limits_{x=1}^{N} \pi n_x \sigma_{1x}^2 \sqrt{1 + \frac{m_{01}}{m_{0x}}}} \tag{1-17}$$

式中，$\bar{\lambda}_1$ 为混合气体中第 1 种气体的平均自由程，m；n_x 为第 x 种气体的分子数密度，m^{-3}；m_{0x} 为第 x 种气体分子的质量，kg；σ_{1x} 为平均直径，即 $\sigma_{1x} = \frac{\sigma_1 + \sigma_x}{2}$，m。

(1) 离子和电子在气体中的平均自由程。

离子和电子在气体中运动时，往往受到电场力的作用而做定向运动，其运动速率可视为与气体分子的相对速率。电子的有效直径远小于气体分子的有效直径，离子的有效直径与气体分子的相当。

离子运动的平均自由程：

$$\bar{\lambda}_i = \frac{1}{\pi \sigma^2 \cdot n} = \sqrt{2} \bar{\lambda} \tag{1-18}$$

电子运动的平均自由程：

$$\bar{\lambda}_e = \frac{1}{\pi \left(\frac{\sigma}{2}\right)^2 \cdot n} = \frac{4}{\pi \sigma^2 \cdot n} = 4\sqrt{2} \bar{\lambda} \tag{1-19}$$

(2) 平均自由程与温度的关系。

平均自由程与温度的关系如下：

$$\bar{\lambda} = \frac{1}{\sqrt{2} \pi n \sigma^2 \left(1 + \frac{C_v}{T}\right)} = 3.107 \times 10^{-24} \frac{1}{p \sigma_\infty^2} \cdot \frac{T}{\left(1 + \frac{C_v}{T}\right)} \tag{1-20}$$

式中，σ_∞ 为温度无限高时气体分子的直径，m；C_v 为肖节伦德（Schollende）常数，与气体种类有关。

为了保证带电粒子能顺利地在电场中加速，加速空间必须保持良好的真空度。在正常气压下，单位体积中存在大量气体分子，阻碍加速粒子的运动，必须将真空度提高到这样的程度，即使气体分子的平均自由程大于加速空间的平均尺寸，才能使带电粒子在加速过程中减少与气体分子相碰撞，使得加速运动得以顺利进行。在真空腔中，气体分子自由程 λ 和单位体积中气体分子个数 N，取决于腔内气温和气压（或真空度）的大小。例如，在 1m^3 体积中，当气温为 20℃时，不同气压 p 条件下的平均自由程 λ 与分子数 N 见表 1-2。

表 1-2 不同气压 p 条件下的平均自由程 λ 和分子数 N

p/mmHg	λ/m	N/m^{-3}
760	6.21×10^{-8}	2.53×10^{25}
10^{-2}	4.72×10^{-3}	3.7×10^{20}
10^{-4}	4.72×10^{-1}	3.7×10^{18}
10^{-6}	4.72×10	3.7×10^{16}

由此可见，对于一般高压加速器，其加速空间的平均尺寸一般以米来量度，故真空度应在 10^{-5} mmHg 水平以上为宜。对于离子加速器，不可避免地会有气体自离子源漏入加速空间，故要求有动态真空系统，采用连续抽气方式。

1.2.2 真空系统的计算

气体分子在极高真空环境中的运动具有一定的特点，其在材料表面上的吸附及解吸也时刻影响着管道内的真空压强。当气体的解吸、吸附及加速器上真空泵的抽速达到平衡时，整个加速器真空系统沿管道方向的真空压强分布也就达到了平衡。为了获得加速器装置内的真空压强分布，需要计算真空管道的流导值。而为了让加速器装置的真空度达到设计值，也需要选用相应的真空泵来抽出管道内的气体。因此这里有必要对管道流导、抽气过程及压强分布的具体计算方法进行说明。

1. 流导计算

当管道两端存在压强差 $p_1 - p_2$ (Pa) 时，管内便出现气体流动。在稳定流动时，通过管道的流量 $Q = C(p_1 - p_2)$，其中 C 为管道的流导，单位为 m³/s。对于分子流，C 为常数；对于黏滞流，C 正比于管内平均压强。在加速器装置上，真空系统是由一系列的真空元件组成，每一个真空元件都具有一定的流导值，流导值的大小会根据元件的长度等因素变化，不同种类的气体分子也会对应不同的流导值。当真空元件串联起来时，整个管路的流导值为

$$\frac{1}{C} = \frac{1}{C_1} + \frac{1}{C_2} + \frac{1}{C_3} + \cdots = \sum \frac{1}{C_i} \tag{1-21}$$

流导的倒数称为流阻 R，单位为 s/m³。用流阻的概念，式 (1-21) 可以表示为

$$R = R_1 + R_2 + R_3 + \cdots = \sum R_i \tag{1-22}$$

当真空元件并联时，几个管道并联后所得的总流导等于各个管道流导之和，即

$$C = C_1 + C_2 + C_3 + \cdots = \sum C_i \tag{1-23}$$

如果将流量类比于电流，压强差类比于电压差，流导类比于电导，则流量与流导、压强差的关系式在形式上与欧姆定律是一致的，流导的串联、并联公式与电导的串联、并联公式在形式上也是一致的，由此可以帮助记忆流导公式。

气体在管道中的流动，因压强及流速的不同而有种种形式。当压强高且流速大时为湍流形式，随着压强的降低变为黏滞流，最后进入分子流。由于讨论的加速器通常是高真空和超高真空系统，所以只计算分子流条件下孔和管道的流导。

1) 孔流导

孔的流导值为

$$C = \sqrt{\frac{RT}{2\pi M}} A_0 \tag{1-24}$$

式中，R 为摩尔气体常量；A_0 为孔面积，m²；T 为温度，K；M 为气体摩尔质量，kg/mol。

2) 圆截面流导

圆截面长管指的是管长 $L > 20d$ (d 为管道直径)的管道,其流导值为

$$C = \frac{1}{6}\sqrt{\frac{2\pi RT}{M}} \cdot \frac{d^3}{L} \tag{1-25}$$

式中, d 为管道的直径, m; L 为管道的长度, m; T 为气体温度, K。

当管长 $L > d$ 时,管道称为长管。在长管的流导计算中,由于管道长度大于管道孔径,所以长管端口的孔径对流导计算产生的误差可以忽略不计,但是当管道满足短管条件时,流导的计算中将不能忽视管口对气流的影响。采用一种近似的解法,即短管看作是管口的孔流导和长管流导的串联,此时短管流导的计算公式为

$$\frac{1}{C_{sp}} = \frac{1}{C_0} + \frac{1}{C_{lp}} \tag{1-26}$$

式中, C_{sp} 为短管流导; C_0 为孔流导; C_{lp} 为长管流导。

对于粒子加速器,真空管道截面除了圆形外,也可以是矩形或者椭圆形。

3) 椭圆截面流导

椭圆形管道截面的流导值为

$$C = \frac{8}{3}\frac{\pi}{L}\frac{a^2 + b^2}{\sqrt{a^2 + b^2}}\sqrt{\frac{RT}{\pi M}} \tag{1-27}$$

式中, a 和 b 分别为椭圆形管道截面的短半轴和长半轴, m。

4) 其他情况

在上面的计算过程中,只考虑管道的截面形状,默认管道是直管,但是在粒子加速器装置中,二极磁铁具有偏转带电粒子的作用,拥有一定的偏转角度,因此二极磁铁内的真空管道不是直管而是具有一定弧度的弯管。在弯管中,认为气体分子走过的路径比管道实际长度要长,因此在流导计算中会用等效长度 L_{eff} 来代替弯管的实际长度。

$$L_{eff} = L + \frac{4}{3}d\frac{\theta}{180} \tag{1-28}$$

式中, L 为弯管的实际长度, m; d 为管道孔径, m; θ 为弯管的弧度, rad。

2. 抽气方程

真空泵启动后,真空系统中各部分的压强将逐渐降低。使压强降低的因素是真空泵的抽气作用,阻碍压强降低的因素是系统中各个部件内表面的放气,以及可能存在漏孔的漏气。真空系统中任何时刻的压强值,是系统的抽气、放气和漏气等因素之间的动态平衡所决定的。下面以图 1-10 所示的真空系统为例,分析这些因素的相互关系。

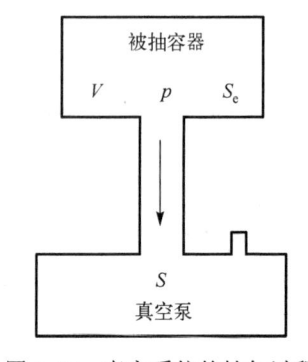

图 1-10 真空系统的抽气过程

图 1-10 中被抽容器经管道与真空泵相连通。被抽容器的体积为 V，容器中压强为 p，管道的流导为 $C[\text{m}^3/(\text{Pa·s})]$，泵入口处的抽速为 $S(\text{m}^3/\text{s})$，系统对容器的有效抽速为 $S_\text{e}(\text{m}^3/\text{s})$，单位时间真空泵对被抽容器的抽气量为 $pS_\text{e}(\text{m}^3)$。

被抽容器中除了被抽空间的气体量 pV 外，还有下列气体源：
(1) 容器内表面吸附气体的脱附量 Q_D；
(2) 容器壁上漏孔产生的漏气量 Q_L；
(3) 系统外大气对容器壁材料的渗透量 Q_P；
(4) 系统材料的蒸发量 Q_V；
(5) 电子、离子和光子激发产生的解吸率 Q_St。

这些气体源产生的气体量统称为系统的气体负载，它们是导致压强 p 增加的因素。在任一时刻 t，系统中的气体量(m^3)、气体负载(m^3)，以及泵的抽气作用对压强 p 的影响表示为

$$V\frac{\text{d}p}{\text{d}t} = Q_\text{L} + Q_\text{D} + Q_\text{P} + Q_\text{V} + Q_\text{St} - pS_\text{e} \tag{1-29}$$

这个方程称为真空系统的抽气方程，若能解出这个方程，即求出压强 p 作为时间 t 的函数，便掌握了抽气过程的基本情况。

为了简便起见，可先假设 S_e 为常数，即它与压强 p 无关，并将所有气体负载合并成两项，一项是不随时间变化的常数项 Q_const（包括漏孔、稳态渗透及材料蒸气压等），另一项是随时间变化的项 $Q(t)$（包括热脱附和粒子脱附，m^3），它随时间而衰减，因此抽气方程可表示为

$$V\frac{\text{d}p}{\text{d}t} + pS_\text{e} = Q_\text{const} + Q(t) \tag{1-30}$$

任何真空系统，抽气到最后必定达到某一稳定压强，即 $t \to \infty$，$\text{d}p/\text{d}t = 0$，这意味着 $Q(t)$ 相比于 Q_const 可忽略不计，于是可以得到极限压强：

$$p_\text{u} = \frac{Q_\text{const}}{S_\text{e}} \tag{1-31}$$

若容器为理想容器（既不放气也不漏气），假设 $t = 0$ 时，$p = p_0$，则还可求出容器中压强 p 随时间 t 的变化规律：

$$p = p_0 \text{e}^{-\frac{S_\text{e}}{V}t} \tag{1-32}$$

假设 S_e 是常数，实际上任何泵抽气到最后它的抽速都随压强降低而变小，直至为零，这时的压强称为极限真空。

3. 压强分布计算

大多数真空室的直径都很大，故可认为真空室内部的压强分布均匀。但对于加速器真空系统，真空管道又细又长，真空室内部的压强是不等的，对于这样的真空系统一般使用分布泵或集中泵来抽气。图 1-11 为一段真空管道的抽气结构。

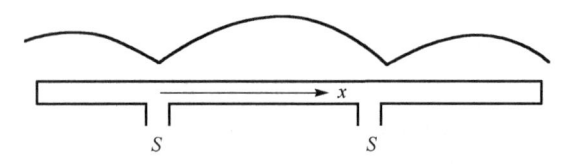

图 1-11 真空管道的抽气结构

假设整个真空室内的出气是均匀的，抽气处于稳态，两个泵口之间的距离为 $L(\text{m})$，有效抽速为 $S_e(\text{L/s})$，压强为 $p(\text{Pa})$，单位长度的流导为 $C(\text{m·L/s})$，单位长度的表面面积为 $A(\text{cm}^2/\text{m})$，出气率为 $q\ [\text{Pa·L}/(\text{s·cm}^2)]$，则气体的流量 $Q(\text{Pa·L/s})$ 为

$$Q(x) = -C\frac{\mathrm{d}p}{\mathrm{d}x} \tag{1-33}$$

而

$$\frac{\mathrm{d}Q}{\mathrm{d}x} = Aq \tag{1-34}$$

因此

$$C\frac{\mathrm{d}^2 p}{\mathrm{d}x^2} = -Aq \tag{1-35}$$

根据边界条件

$$\left.\frac{\mathrm{d}p}{\mathrm{d}x}\right|_{x=\frac{L}{2}} = 0, \quad p|_{x=0} = \frac{AqL}{S} \tag{1-36}$$

可以求得

$$p(x) = Aq\left(\frac{Lx - x^2}{2C} + \frac{L}{S}\right) \tag{1-37}$$

由式(1-37)可以求得最大压强为

$$p_{\max} = Aq\left(\frac{L^2}{8C} + \frac{L}{S}\right) \tag{1-38}$$

平均压强为

$$P_{\text{av}} = \frac{1}{L}\int_0^L P(x)\,\mathrm{d}x = Aq\left(\frac{L^2}{12C} + \frac{L}{S}\right) \tag{1-39}$$

从上面的公式可知，为了提高 L 区段的真空度，可以采用减小材料表面的放气率、增加管道的流导、缩短泵间的距离和提高泵的抽速等方法来实现。

因此在加速器真空系统设计时，要选择合适的真空管道材料和合理的真空管道表面加工、清洗工艺，以减小材料表面的放气率。应该尽量选择短而粗的真空管道来增加泵的有效抽速，当然束流管道孔径的增大将造成磁铁孔径的增大，磁铁的造价也随之提高，因而在真空管道设计时应综合考虑。在真空系统中放气率比较大的地方要安装大抽速的真空泵，以便提高系统的极限真空。

4. 蒙特卡罗模拟计算

在加速器真空系统中，复杂管道的流导计算和压强分布计算非常重要，而蒙特卡罗计算方法是一种很适合的方法。用蒙特卡罗法求解的问题往往是某事件出现的概率或某个随机变量的均值。在计算机上通过某种用数字来进行的假想"实验"，可得到这种事件出现的频率，或者这个随机变量具体取值的算术平均值，并用它们来作为问题的近似解，这就是蒙特卡罗的基本思想。在真空系统中使用蒙特卡罗方法进行计算，目前普遍采用的方法是假设实验粒子在稳定状态下流动，然后跟踪实验粒子，直到它离开真空管道为止。通过计算传递的粒子数可以计算真空管道的流导，统计实验粒子与真空管道的碰撞次数可以估算压强分布。另外，记录实验粒子在不同时间的位置，可以知道压强与时间的变化关系。

气体分子与管壁的相互作用可以用漫反射模型描述，在管壁粗糙度与分子大小同数量级时，撞击管壁的分子按余弦定律反射。漫反射意味着反射方向与入射方向无关，其所对应的物理过程为：气体分子撞击在管壁上立即被吸附，然后再发射，滞留时间可忽略不计。在一般情况下认为管壁既不吸收也不释放气体分子。若将一个分子撞击管壁时被吸附的概率称为黏附概率。当管壁以一定的概率吸附分子，分子流流量沿流动方向变化，就不再是恒定的了，具有吸收性质的表面常用来模拟泵、阱、低温板等的抽气作用。

蒙特卡罗模拟采用下列假设：

(1) 在真空管道中分子之间的运动相互独立，没有碰撞发生；
(2) 分子在真空管道表面的吸附忽略不计；
(3) 撞击真空管道壁的反射是漫反射，即分子离开表面时位于某一立体角的概率正比于该立体角与表面法线方向所成角度的余弦；
(4) 真空管道中气体的温度与真空管道壁的温度一致；
(5) 气体是理想气体，并且服从理想气体状态方程。

根据上述原理，可以编成计算机程序来计算真空系统的流导、压强分布和抽气时间。

1.2.3 粒子加速器真空系统的作用

目前加速器的发展方向是高能量、高亮度和高流强，世界范围内各大加速器实验室(如欧洲 CERN 和日本 KEK 等)陆续提出或已经建成了多台加速器，并成功向实验终端进行供束，但是在提高加速器装置性能方面依旧面临很多加速器物理问题和技术问题，极大地限制了加速器中束流流强和能量的进一步增加。尤其当加速器运行高流强的束流时，束流损失引起的动态真空效应将会破坏加速器的真空环境，极大减少束流寿命而影响加速器的正常运行。因此，为了满足科学研究对束流寿命的要求，加速器的真空系统需要保持在极高真空条件下。

理想情况下，带电粒子应该在没有任何残余气体分子的情况下产生、加速和运输。然而，残余气体分子总是存在于加速器的真空室中。高能带电粒子可以与气体分子相互作用，这些相互作用会导致加速粒子的能量损失、电荷状态的改变、残余气体的电离，以及许多其他的负面效应。不仅残余气体会影响束流，而且束流在真空室中引起的气体脱附也会导的多级组合。对于低温模块的绝热真空，虽然采用低温表面的"内置"低温泵送，但必须始终包括有足够的应急抽气系统，以处理可能的内部氦泄漏。此外，高真空系统的材料选择通常也取决于材料的成本和制造的简易性。

3. 超高真空系统

超高真空系统指的是压强不大于 10^{-6}Pa 的真空系统。超高真空系统与高真空系统的结构基本相同，差别是要求超高真空系统主泵的工作压强要能抽到超高真空；还要求高真空部分部件的放气率要低，要能烘烤到 200℃ 以上。一般，橡胶、环氧树脂和塑料等有机材料由于不耐高温、气体渗透率和放气率高，都不能用于超高真空系统中。超高真空系统部件及管道所用的结构材料，一般采用不锈钢、铝合金、玻璃等。

在加速器领域中，超高真空系统主要在同步辐射光源和对撞机用电子储存环、高强度质子和离子加速器、高强度直线加速器等对束流强度和能量要求较高的加速器应用较多。对于这些系统，一般通过溅射离子泵(Sputtering Ion Pump，SIP)、多台钛升华泵(Titanium Sublimation Pump，TSP)和非蒸散型吸气剂(Non-Evaporation Getter，NEG)泵获得超高真空甚至极高真空。涡轮分子泵和机械泵组成的机组从大气压开始对真空系统进行抽除，并且在真空室烘烤时抽除材料表面释放的气体分子。当系统真空度达到 10^{-4}Pa 时，启动离子泵、钛升华泵和吸气剂泵，抽除气体到更高的真空水平。当涡轮分子泵不工作时，通过真空阀门与束流真空管道隔开，以免在加速器运行期间涡轮分子泵漏气或反流造成真空系统污染。

1.2.5 不同粒子加速器对真空度的要求

对撞机等产生大量的同步辐射(Synchrotron Radiation，SR)会导致光电子和分子从加速器壁上解吸。这些解吸导致电子云的积累和残余气体压强的升高，两者都会降低束流寿命。本部分主要以国内外的几种大型加速器的真空系统为例，简单介绍各加速器真空系统的特点及对真空度的要求。

1. 北京正负电子对撞机

BEPCⅡ是在原北京正负电子对撞机(BEPC)基础上的重大改造项目。BEPCⅡ的储存环抽气系统必须能在大的光子致解吸条件下达到需要的真空度。为满足动态真空的要求，根据不同的位置和空间选择不同的真空泵类型和抽速，弥补了真空泵安放空间不足的缺陷。为了降低光电子引起的真空不稳定性，真空管采用带有前室的复杂结构，并在正电子真空管道内表面镀氮化钛，以减小二次电子产额。BEPCⅡ储存环真空系统自运行以来，动态压强随着积分流强的增加逐渐减小，当积分流强达到 100A·h 时，单位流强引起的压强上升小于 1×10^{-10}Pa/mA，达到了预定的设计目标。

2. 兰州重离子加速器

兰州重离子加速器冷却储存环(HIRFL-CSR)长约 500m，真空系统贯穿整个装置。根据束流寿命的要求，工作真空度必须低于 3.5×10^{-9}Pa。该装置采用超高真空清洗、高温真空除气及在线烘烤相结合的工艺，使材料出气率降低 2 个数量级以上；采用合理的加工、焊接及检漏工艺，降低气载量；选择性价比目前最优的溅射离子泵+钛升华泵作为系统的主抽气泵；实现了全系统烘烤的计算机远程控制；解决了超高真空系统大尺寸法兰金属密封难题；采取有效措施实现了 $10^{-6}\sim10^{-10}$Pa 的真空过渡。建成的储存环平均工作真空度达到 5×10^{-10}Pa，创造了我国大型真空系统的最高指标，为 HIRFL-CSR 装置的调束、供束提供了优越的真空条件。

3. 上海同步辐射光源

上海同步辐射光源(SSRF)储存环真空系统采用双室结构的薄壁 316LN 不锈钢真空室，850℃去磁和除气后，焊缝导磁率小于 1.03，尺寸公差小于 1mm；分散的光子吸收器将同步辐射光准直并引入光束线，同时吸收同步辐射光；波纹管内的高频屏蔽机构为单指型，避免了指间接触力和粉尘摩擦，增加了可靠性；SIP+NEG 复合泵和 TSP 共用，采用合理的激活 NEG 泵和升华钛丝的工艺程序，提供了强大的抽速和抽气容量。真空预调试时各段真空室的真空度达到 5×10^{-9}Pa；全环平均真空度达到 2.6×10^{-8}Pa。储存环运行在束流剂量 300A·h、能量 3.5GeV、流强 200mA 时，平均动态真空度 6.8×10^{-8}Pa，优于设计指标。束流寿命 36h，真空室阻抗和国外同类光源相当，热稳定性良好。

4. 合肥同步辐射光源

合肥同步辐射光源(NSRL)电子储存环是我国第一台专用的同步辐射光源，于 2000 年底完成了真空部分的二期改造工程。在弯转磁铁真空室下游出口增设非蒸散型吸气剂泵，改善了储存环的压强分布梯度和解吸气体快速排除力度；降低了储存环真空阻抗；完成了多种特殊真空室的设计和改造。改造后储存环的平均真空度小于 2×10^{-8}Pa，优于设计指标。

5. 大型强子对撞机

大型强子对撞机(LHC)的真空系统主要由两部分组成，分别为低温绝缘段和束流管道段。由于二者之间真空要求差别较大，所以相互之间被完全隔离。其中，低温绝缘段真空需要避免气体流导引起的热负载，要求系统真空度低于 10^{-4}Pa。而束流真空管道段必须提供满足束流寿命和实验要求的真空环境，所以要求束流运行时真空度要比低温绝缘段高几个量级。

低温段真空系统由一个接近 3km 长的连续弧形低温保持器所组成。该大型低温保持器又被划分为 14 个弯转段，每段的长度为 212m。真空隔离通过真空阀实现，阀门又将弯转段的低温保持器细分为若干部分，每个子部分的抽气系统和检漏系统相互独立。初始抽气通过常规的涡轮分子泵组实现，一旦系统被冷却下来，低温抽气作用将完全能够维持静态的绝缘真空。如果多余的氦气开始泄漏，维持装置的运行则需要增加额外的抽气过程。增加抽气可以通过连接外部真空泵，或者安装抽除氦气速度较快的木炭涂层冷冻板来实现。

作为 LHC 的升级版本，高亮度大型强子对撞机(HL-LHC)和高能大型强子对撞机(HE-LHC)由于达到新的能量和亮度会导致同步辐射的急剧增加而对真空系统的设计提出了更高的要求，这将在后面章节具体论述。

6. 未来环形对撞机

未来环形对撞机(Future Circular Collider, FCC)的整体设计包括一台 100TeV 强子对撞机(FCC-hh)、正负电子对撞机(FCC-ee)及轻子-强子对撞机(FCC-he)的可能选项。其中在 FCC-hh 中，两个质子束将达到 50TeV 的能量，导致质心 100TeV 的碰撞。束流能量的增加导致了同步辐射的急剧增加，达到了 35.4W/m 的线性功率密度水平，大约是 LHC(最大值为 0.22W/m)的 160 倍。为了避免束流诱导的热负荷过度传递到 1.9K 的腔室表面,在管道中插入了束屏,目的是在较高温度下拦截同步辐射。弯转段真空室中同步辐射被许多平均间距约为 6m 的吸收体吸收,这使得光子致解吸(Photon Stimulated Desorption,PSD)气体负载局部化。

近年来,随着等离子体物理、高能天体物理等的快速发展,相关物理实验需要粒子加速器提供更高能量、更高流强的粒子束。高能强流要求束流具有足够长的寿命,以顺利完成累积和加速过程,因此要求强流重离子加速器系统维持较高的真空水平。国家"十二五"时期提出建造的"强流重离子加速器装置"(HIAF),为开展核物理、核天体物理、原子分子物理及应用物理等基础研究,提供高能量、高流强及高功率的重离子束流。HIAF 对真空系统提出了非常高的指标要求,其中主加速器的真空度需要达到超高真空甚至极高真空范围。通过优化真空系统设计和采用极高真空材料处理工艺,实现低于 10^{-9}Pa 的极高真空。

1.2.6 粒子加速器真空系统设计难点及关键技术

粒子加速器真空系统的设计是一个需要综合考虑的复杂过程,图 1-12 是一个典型的真空系统设计流程。

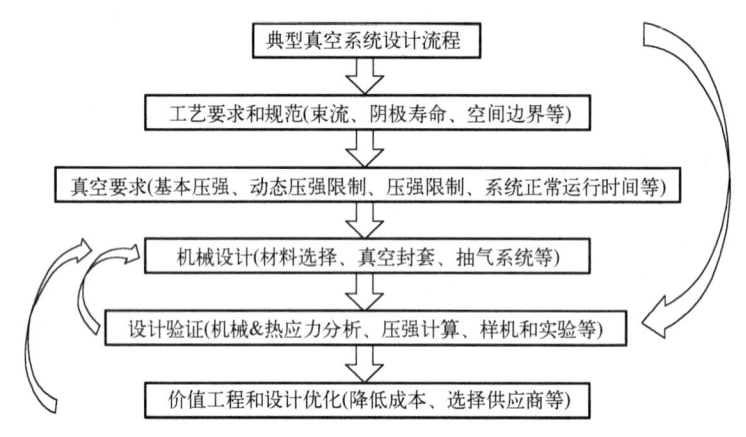

图 1-12 典型粒子加速器真空系统的设计流程

1. 真空系统设计难点

1)动态真空效应

粒子加速器真空系统设计的难点之一是如何达到束流存在时的动态真空要求。与束流相关的动力学效应会使静态压强增加几个数量级,对粒子加速器所需的真空度提出了更高的要求。经过多年研究和观察,粒子加速器中动态真空这一效应可以描述为如下的过程:束流在真空管道中和残余气体分子发生如库仑散射、电离等相互作用,粒子丢失在真空管壁上后解吸出大量气体分子,当这些气体分子不能够被真空泵及时抽走时,会导致束流与更多的残余气体分子相互作用,从而丢失更多的粒子。如此往复,使全环真空度不断上升,严重影响束流寿命,甚至可能触发真空系统连锁保护,粒子加速器装置被迫停止运行。为了降低气载,必须提高真空管道内壁的清洁度,降低光电子轰击管壁引起的放气量。同时采用特殊的真空结构设计,利用分布式或集中式的抽气方式,提高真空系统的抽气效率,以满足束流寿命对真空度的要求。对于电子存储环,本底压强通常比束流引起的动态压强低一个数量级，在低于 10^{-10}Torr 的范围内。高强度质子和重离子加速器，由于束流-气体相互作用更加敏感，因此对本底压强有更高的要求。某些特殊器件，如光阴极电子源，极高真空(Extreme Height Vacuum，XHV)环境对阴极寿命至关重要。

在对动态真空效应形成的原因进行分析后，人们提出两种解决思路来稳定粒子加速器真空系统。

(1)针对已经建成的粒子加速器，可以通过提高烘烤温度、延长烘烤时间来降低真空管壁的放气率，也可以提高真空泵抽气速率和对真空管壁内表面进行特殊处理，如氩气辉光放电清洗和镀膜等。

(2)对于处在设计阶段的粒子加速器，除了可以考虑上述方法外，还可以对束流损失分布进行模拟，然后在各损失位置上游处放置束流准直器。束流准直器是针对由电离引起的束流损失研制的，其挡块采用低气体解吸率的材料制成，束流损失在上面的气体解吸率将比在不锈钢管道上面的小 1~2 个数量级。

2)同步辐射效应

在电子储存环真空系统中，引起压强上升的气体负载除了材料的热放气外，主要是由于同步辐射光打在真空管道内壁上引起的光子解吸。在高流强的电子储存环中，粒子在弯转时沿切线方向产生同步辐射光，高能量的光子打在真空管道上将引起真空系统压强上升，这样就限制了束流的寿命，并引起对撞区本底的增加。因此，储存环的抽气系统必须能在光子致气体解吸条件下达到需要的压强。对于质子和离子加速器，同步辐射效应通常可以忽略不计。动态压强升高主要是由束流造成的。虽然束流损失很小，但质子、离子诱导的脱附比光子致解吸(PSD)高得多，其他效应(如电子云效应等)也可能导致压强上升。

2. 真空系统设计关键技术

1)真空材料及真空工艺

对于粒子加速器系统所要求的超高真空和极高真空，需要通过材料的选取和真空工艺的方法将管道材料的出气率降低到一定水平。真空材料的选用和真空工艺的使用不仅取决于真空要求，还需要满足某些特定物理设计的要求。粒子加速器系统要求束流管道材料具有一定的机械强度、较低的出气率和渗透率、良好的导热性和导电性并且能够经受高温烘烤，一般选用不锈钢、铝、铜和陶瓷作为真空管道材料。

粒子加速器在正常运行时，快速变化的磁场将会在金属真空室中产生较大的涡流损耗，通常采用氧化铝等陶瓷材料作为真空室材料来减小涡流损耗，以及涡流效应对磁场的干扰。对于高流强加速器，必须采用高电导率的材料来承载管壁上形成的感应电流。对于不受同步辐射或粒子轰击直接影响的束流管道，可以选择铜涂层的不锈钢。对于受同步辐射或强粒子撞击影响的束流室，必须使用具有良好整体电导率和热导率的材料，通常使用铝合金、铜或铜合金。此外在许多真空系统设计中，经常有相互竞争和制约的要求，既要提供足够的束流孔径，又要使磁极靠近粒子束，这些要求需要对材料的机械性能进行改善。通过提高材料机械性能，可以使腔体壁厚和复杂腔体最小化。

除了真空材料方面的考虑外，改进真空工艺也是提高粒子加速器真空系统真空度的重要手段之一。对真空元件的表面进行一定处理，可以有效减少油脂、水滴、表面氧化物等污染物对真空度的影响。主要的真空表面处理工艺有超声清洗、电化学清洗、电化学抛光及辉光放电等。

2) 真空烘烤

对于目前的粒子加速器所需要的高真空甚至超高真空系统，在极高的真空范围内达到压强要求需要对系统元器件的清洁和真空调节流程实施非常严格的程序。传统的高温烘烤可作为降低真空室表面静态和动态放气速率的一种行之有效的方法。

在特定真空系统中最终达到所需过程压强需要的温度和烘烤时间取决于许多因素。除了使用的材料外，所应用的泵，真空室的密封类型、几何形状和尺寸，尤其是其内表面对于调节真空度也起着决定性的作用。内表面的化学性质和物理性质取决于原料，同时也与其工业加工和后续处理有关。

3) 其他关键技术

在整个粒子加速器系统最终成型之前，真空系统和磁铁部分需要进行几次非常密切的协作设计。从真空系统设计者的角度来看，由于粒子加速器孔径（磁铁）的成本造成了束流管道的截面较小，即真空室的小截面，导致了低的气体流导，因此相应的也需要许多小型真空泵。在粒子加速器系统中具有较大动态出气量的部分组件，线性分布泵是首选的抽气泵解决方案。真空设备一般位于磁铁之间的间隙，因为任何其他空间占用都会减少磁铁的可用长度。在目前的粒子加速器设计中，各部件的紧凑化排布设计是非常重要的。

1.3 本章小结

本章首先从一些主要粒子加速器的原理、结构、性能和发展状况等方面对粒子加速器进行了介绍。通过粒子加速器的发展历程可以看出，随着核物理和粒子物理对微观世界研究的深入，粒子加速器技术在近一个世纪的时间内一直在向高能量、高流强和高亮度的方向发展，对束流寿命的要求不断提高。为此，人们对粒子加速器真空系统性能的要求也在不断提高，需要真空系统达到更高的真空度，以减小束流与残余气体相互作用对束流寿命造成的损失。

粒子加速器装置的真空系统处于高真空甚至极高真空环境，真空管道内的真空压强值非常低，这种稀薄气体类似于理想气体，因此可以用理想气体的性质来研究粒子加速器真空管道内的气体特性。本章从理论角度对真空技术的物理基础进行了详细介绍，涉及理想气体公式、气体吸附作用及气体流动状态、动态真空模拟计算和真空系统设计等。通过对粒子加速器真空系统的介绍，阐明了真空系统对粒子加速器的重要作用，以及不同粒子加速器对真空度的要求，为粒子加速器真空系统设计提供了一定的参考。

新一代粒子加速器对真空性能的要求促进了真空技术的发展，同时真空技术的进步又能更好地为粒子加速器服务。真空系统的设计应该与粒子加速器的其他硬件系统设计同时进行，特别是要与磁铁系统同步，注重全局的优化设计。另外，所有的真空部件在安装到系统之前都要进行严格的测试，以保证系统的可靠性，避免由于单个部件的问题影响整个工程的进度。

参 考 文 献

陈佳洱, 2012. 加速器物理基础[M]. 北京: 北京大学出版社.

陈思富, 黄子平, 石金水, 2020. 带电粒子加速器的基本类型及其技术实现[J]. 强激光与粒子束, 32(4): 1-17.

达道安, 1995. 真空设计手册[M]. 2版. 北京: 国防工业出版社.

桂伟燮, 1994. 加速器物理基础[M]. 北京: 清华大学出版社.

江亚欧, 2016. 北京正负电子对撞机改造工程进度与成本集成控制研究[D]. 北京: 中国科学院大学.

张闯, 2001. 粒子加速器的回顾与展望[J]. 核科学与工程, 21(1): 39-44.

张之远, 2018. 传统和新型台式粒子加速器的调研综述[J]. 通讯世界(10): 263-265.

ADLI E, MUGGLI P, 2016. Proton-beam-driven plasma acceleration[J]. Reviews of accelerator science and technology (9): 85-104.

BELLAFONT I, MORRONE M, METHER L, et al., 2020. Design of the future circular hadron collider beam vacuum chamber[J]. Physical review accelerators and beams, 23(3): 33201.

BENVENUTI C, CALDER R, GRÖBNER O, 1987. Vacuum for particle accelerators and storage rings[J]. Vacuum, 37(8/9): 699-707.

DABIN Y, 2002. Large accelerator vacuum system engineering[J]. Vacuum, 67(3/4): 347-357.

GROBNER O, CALDER R S, 1973. Beam induced gas desorption in the CERN intersecting storage rings[J]. IEEE transactions on nuclear science, 20(3): 760-764.

JOSHI C, 2007. The development of laser- and beam-driven plasma accelerators as an experimental field[J]. Physics of plasmas, 14(5): 55501.

MALYSHEV O B, 2020. Vacuum in particle accelerators: modelling, design and operation of beam vacuum systems[M]. Weinheim: Wiley-VCH.

NAYLOR H, 1968. A folded tandem accelerator[J]. Nuclear instruments and methods, 1(63): 61-65.

SMIRNOV V L, VOROZHTSOV S B, 2006. Modern compact accelerators of cyclotron type for medical applications[J]. Physics of particles & nuclei, 47(5): 863-883.

YANG J C, XIA J W, XIAO G Q, et al., 2013. High intensity heavy ion accelerator facility (HIAF) in China[J]. Nuclear instruments & methods in physics research (317): 263-265.

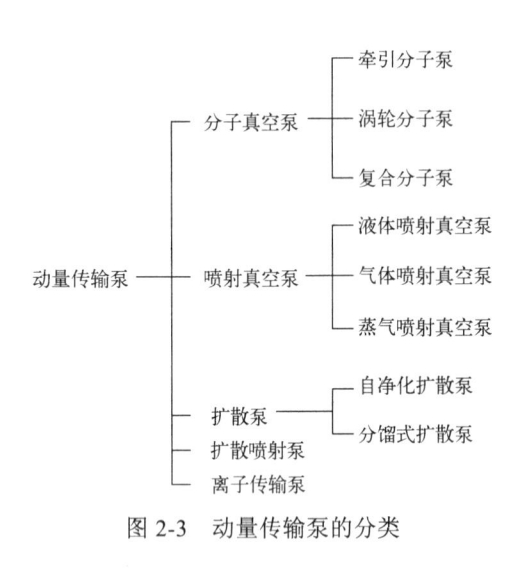

量的方式具体可分为五种类型:分子真空泵、喷射真空泵、扩散泵、扩散喷射泵和离子传输泵。

分子真空泵是利用高速旋转的转子将能量传输给气体分子,使之压缩、排气的一种真空泵。分子真空泵广泛用于电子零部件、集成电路、太阳能电池、薄膜技术、高能加速器、可控热核反应装置、重离子加速器等方面。分子真空泵有三种形式:第一种为牵引分子泵,气体分子与高速运动的转子相碰撞而获得力量,被送到出口。第二种为涡轮分子泵,泵内装有带槽的圆盘或带叶片的转子,圆盘或转子在定子圆盘(或定片)间旋转,转子圆周的线速度很高。涡轮分子泵通常在分子流状态下工作。第三种为复合分子泵,是由涡轮式和牵引式两种分子泵串联起来的一种复合式分子真空泵。

图 2-3 动量传输泵的分类

喷射真空泵是利用文丘里(Venturi)效应的压力降产生的高速射流将气体输送到出口的一种动量传输泵,适于在黏滞流和过渡流状态下工作,多用于化工领域。喷射真空泵按照工作介质的不同又可详细地分成三种:第一种为液体喷射真空泵,是以液体(通常为水)为工作介质的喷射真空泵;第二种为气体喷射真空泵,是以非可凝性气体作为工作介质的喷射真空泵;第三种为蒸气喷射真空泵,是以蒸气(水蒸气、油蒸气或汞蒸气)作为工作介质的喷射真空泵。

扩散泵是以低压高速蒸气流(油或汞等蒸气)作为工作介质的喷射真空泵,气体分子扩散到蒸气射流中,被送到出口,在射流中气体分子密度始终是很低的。扩散泵适于在分子流状态下工作。扩散泵常见于真空冶炼、真空镀膜、空间模拟实验等真空系统中。它可分为两种形式:第一种为自净化扩散泵,泵液中易挥发的杂质经专门的机械装置输送到出口而不回到泵体中的一种油扩散泵;第二种为分馏式扩散泵,具有分馏装置,使蒸气压强较低的工作液蒸气进入高真空工作的喷嘴,而蒸气压强较高的工作液蒸气进入低真空工作的喷嘴。分馏式扩散泵是一种多级油扩散泵。

扩散喷射泵是一种具有扩散泵特性的单级或多级喷嘴与具有喷射真空泵特性的单级或多级喷嘴串联组成的一种动量传输泵,油增压泵即属于这种形式。扩散喷射泵是获得中真空较为理想的抽气方式,因为其抽气量大,需要的前级泵容量小。

离子传输泵是将被电离的气体在电磁场或电场的作用下,输送到出口的一种动量传输泵。

2. 气体捕集泵

气体捕集泵是一种使气体分子被吸附或凝结在泵的内表面上,从而减少了容器内的气体分子数目而达到抽气目的的真空泵。如图 2-4 所示,按照气体分子吸附的方式,气体捕集泵分为四种形式:吸附泵、吸气剂泵、低温泵和吸气剂离子泵。

吸附泵是一种捕集式真空泵，主要依靠具有大表面的吸附剂（如多孔物质）的物理吸附作用来抽气。这类泵是获得清洁的超高真空和极高真空的重要手段，其特点是对气体的抽除有选择性。

吸气剂泵利用吸气剂来捕获气体，特别适用于超高真空（Ultra-High Vacuum，UHV）系统。吸气剂是金属或合金，通常以块状或沉积新鲜薄膜形式存在。吸气剂材料能永久性地抽除真空系统中的各种活性气体，主要是依靠与活性气体发生化学反应生成的极低蒸气压的固体化合物。

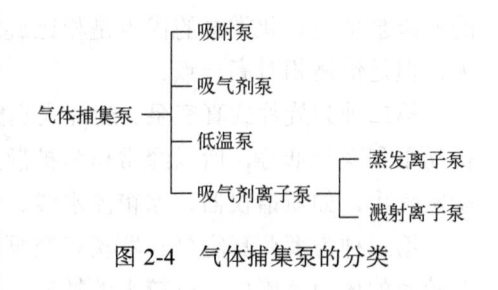

图 2-4 气体捕集泵的分类

低温泵利用低温（低于 100K）表面捕集气体，通常由三部分组成：第一部分是由低温介质（液氮）冷却的抽气表面；第二部分是各种形状和温度的辐射屏（液氮温度）；第三部分是泵体。实际应用的低温泵常将低温冷凝与吸附作用结合起来，从而达到对各种气体都能抽除的目的。

吸气剂离子泵是使被电离的气体通过电磁场或电场的作用吸附在有吸气材料的表面上，以达到抽气的目的。吸气剂离子泵有两种形式：第一种为蒸发离子泵，泵内被电离的气体吸附在以间断或连续方式升华（或蒸发）而覆在泵内壁的吸气材料上，以实现抽气的一种真空泵；第二种为溅射离子泵，泵内被电离的气体吸附在由阴极连续溅射散出来的吸气材料上，以实现抽气目的的一种真空泵。

2.1.2 基于真空度分类

基于真空度可以将真空泵分为粗真空真空泵、高真空真空泵及超高真空泵系统三大类。粗真空度是指真空度大于 10^{-1}Pa；高真空度是指真空度范围为 $10^{-1} \sim 10^{-5}$Pa；超高真空度是指真空度小于 10^{-5}Pa。

1. 粗真空真空泵

粗真空真空泵主要用于抽气量大的抽粗真空工艺过程中，用来抽除空气和其他无腐蚀、不溶于水、含有少量固体颗粒的气体，以便在密闭容器中形成真空。此类真空泵主要是机械泵，所吸气体中允许混有少量液体，是获得粗真空的主要真空设备之一。粗真空真空泵被广泛应用于粒子加速器、化工、食品、建材等领域，特别是在真空结晶、干燥、过滤、蒸发等工艺过程中更为适用。

无油立式往复真空泵是粗真空真空泵的典型代表，是卧式真空泵的更新换代产品。由于采用全密封装置，实现了曲轴箱和汽缸的完全隔离，加上活塞环使用了自润滑材料，从而实现了先进的无油润滑。由于无污水排放，所以该类真空泵特别适用于科研、化工、医药和食品等行业的真空蒸馏、真空蒸发、真空干燥、真空浓缩、真空浸渍等工艺过程中。

2. 高真空真空泵

高真空真空泵具体有以下三种类型：

第一种为滑阀式真空泵。滑阀式真空泵广泛应用于真空镀膜、真空冶金、真空热处理、真空浸渍、真空干燥、真空蒸馏、真空练泥、航空航天模拟实验等新材料、新技术、新工艺的生产与研制。滑阀式真空泵可单独使用，也可作为罗茨真空泵、油增压泵、油扩散泵的前级泵使用。此类泵的优点是相比旋片式真空泵耐用性要高好几倍,且抽气速率(抽速)大,但是价格相对高一点。

第二种为旋片式真空泵。旋片式真空泵具有很多优点,如结构紧凑、质量轻、体积小、振动小和噪声低等,所以经常作为扩散泵的前级泵使用,而且更适用于精密仪器配套和实验室使用,如质谱仪器、冰箱流水线、真空冷冻干燥机等。

第三种为罗茨真空泵。罗茨真空泵属于旋转式变容真空泵,需有前级泵配合方可使用在较宽的压力范围内,有较大的抽速,对被抽除气体中含有灰尘和水蒸气不敏感,广泛用于粒子加速器、冶金、化工、食品、电子镀膜等领域。此类泵主要用作真空机组的主泵,需要用前级泵辅助,如水环式真空泵、滑阀式真空泵、立式无油真空泵、分子真空泵等。

3. 超高真空泵系统

超高真空泵系统一般由多级组合泵构成,真空度低于 $5\times10^{-5}\mathrm{Pa}$。具体有如下五种类型:第一种真空泵系统用钛泵和扩散泵并联成主泵,扩散泵单独串联前级机械泵。第二种真空泵系统由扩散泵串联扩散泵(作为中间泵),再串联机械泵。第三种真空泵系统主泵由分子泵串联机械泵,由于机械泵有油存在,机械泵入口管道上需要设置捕集器,用来冷凝油蒸气;如果分子泵串联分子筛吸附泵(前级泵),则构成了比较清洁的无油超高真空系统。第四种为用钛泵或溅射离子泵作为主泵,并联或串联分子筛吸附泵(作为预真空泵),构成无油超高真空系统;这种系统也可以用钛泵连接预真空机械泵,但此时机械泵的入口管道上要加油蒸气捕集器。第五种为用低温泵作为主泵,串联或并联分子筛吸附泵(作为预真空泵),构成无油超高真空系统;同样也可以用机械泵作为预真空泵,在机械泵入口管道上设置油蒸气捕集器。

2.2 粒子加速器中常用真空泵介绍

真空泵的发展与真空科学的发展息息相关,泵的有限压缩比限制了可达到的极限压强,从而限制了加速器科学研究中的真空条件。机械泵用于从大气压抽到粗真空度甚至高真空度。在机械泵中,真空系统中存在的气体从低压区域转移到高压区域,为了提高抽气效率,泵必须同时拥有合适的抽速和压缩率。低温泵抽气压力范围宽,是获得清洁真空环境的一种快捷而有效的方法。扩散泵性能可靠且噪声很小,被广泛用于高真空系统中。涡轮分子泵启动快,能抗各种射线的照射,耐大气冲击,无气体存储和解吸效应,无油蒸气污染或污染很少,能获得清洁的超高真空。吸气剂泵能永久性地抽除真空系统中的各种活性气体。溅射离子泵是靠潘宁放电维持抽气的一种无油清洁超高真空泵,是目前抽惰性气体较好的真空获得设备。本节将对机械泵、低温泵、扩散泵、涡轮分子泵、吸气剂泵和溅射离子泵分别展开介绍。

2.2.1 机械泵

机械泵,又称为机械真空泵,是制造真空的一种机械。凡是利用机械运动(转动或滑动)以获得真空的泵,都称为机械泵。机械泵通过将(半)密闭空间中的空气排出或者抽除从而达到局部空间的相对真空。机械泵可单独使用来获得较低的真空度，也可作为高真空泵的前级泵。本小节将从机械泵的基本原理、适用范围和规格及型号表示方法进行介绍。

1. 基本原理

机械泵由电机和泵体两大部分组成。普通机械泵的泵轴是用电机通过皮带带动旋转；直连型机械泵没有中间传动环节，电机直接与泵轴连接。机械泵利用机械的方法，泵内吸气腔的容积被周期性地改变，容器中的气体不断被压缩到吸气腔中，最终由排气口排出泵外，所以称为机械泵。根据改变泵内吸气腔容积的方式可分为往复式机械泵、定片式机械泵和旋片式机械泵。

2. 适用范围

机械泵通常是用来获得低真空的设备，是真空应用领域中使用最普遍的一类泵。机械泵可单独使用，也可作为维持泵，扩散泵、分子泵等的前级泵和钛泵的预抽泵，可用于电真空器件制造、保温瓶制造、真空焊接、印刷、吸塑、制冷设备修理及仪器仪表配套等。常见的机械泵种类非常多，有往复式真空泵、水环泵、分子泵、旋片式真空泵、活塞式真空泵等。实际使用中机械泵可以被串联或者并联起来，串联可以提高被抽容器的真空度，并联可以提高排气量。

3. 机械泵的规格及型号表示方法

如表 2-1 所示，国产机械泵的型号通常用汉语拼音字母来表示。泵的类型用汉语拼音字母表示，泵的级数用字母前的数字表示，单级时"1"可以省略；泵的抽速(L/s)用字母后面横线后的数字表示。例如：2X-80，其中 2 表示双级；X 表示旋片式真空泵；80 表示抽气速率为 80L/s。

表 2-1 机械泵的型号与名称

型号	名称	型号	名称
W	往复式真空泵	H	滑阀式真空泵
WY	移动阀式往复泵	YZ	余摆线式真空泵
WL	立式往复泵	ZJ	罗茨真空泵
SZ	水环泵	ZJK	真空电机罗茨真空泵
SZB	悬臂式结构水环泵	F	分子真空泵
SZZ	直联式水环泵	D	定片式真空泵
X	旋片式真空泵	XZ	直联式旋片泵

2.2.2 低温泵

低温泵(Cryopump)是一种气体捕集泵，利用低温表面将被抽气体冷凝或者吸附。低温泵原则上可从大气压开始抽气，抽气压力范围宽、抽气速率大，是获得清洁真空环境的一种快捷而有效的方法，广泛应用于高能物理、等离子体研究，半导体和集成电路的研究和生产，以及真空镀膜设备和离子注入机等方面。

1. 概述

低温泵有两种类型：低温冷凝泵和低温吸附泵。低温冷凝泵基于气体冷凝原理，固体表面被液态 He 冷却到 4.2K，此时除 He 以外，大部分气体的饱和蒸气压都低于 10^{-10}Pa，即空气中主要气体成分都会被冷凝。低温吸附泵基于气体物理吸附原理，是将固体吸附剂附着在泵的低温表面上，气体分子入射到吸附剂上而被捕集。下面介绍与低温泵有关的一些概念。

1) 气体密度和压力与温度的关系

气压仅定义在当气体分子呈现方向的各向同性分布和速度的麦克斯韦分布时，在超高真空条件下，压力表不测量压力而是测量气体密度。如果两个连通容器 V_1 和 V_2 保持在不同的温度（T_1 和 T_2），则气体密度（d_{n1} 和 d_{n2}）和压力（p_1 和 p_2）分别由式(2-1)和式(2-2)给出：

$$p_1 = \sqrt{\frac{T_1}{T_2}} p_2 \tag{2-1}$$

$$d_{n1} = \sqrt{\frac{T_2}{T_1}} d_{n2} \tag{2-2}$$

在较冷的容器中，气体密度较高，而压力较低，$\sqrt{\frac{T_1}{T_2}}$ 是热分子蒸腾因子。

2) 气体冷凝

根据 Frenkel 方程所定义，当表面"足够冷"时，凝结在低温表面上分子的停留时间 τ 由式(2-3)给出：

$$\tau = \tau_0 \mathrm{e}^{\frac{E}{RT}} \tag{2-3}$$

式中，E 为汽化能量，kcal/mol；R 为常数，1.98×10^{-3} kcal/(mol·K)；T 为温度，K。表 2-2 中给出了最常见气体的汽化能量 E 的值。

表 2-2 普通气体的汽化能量和普通金属的升华能量　　　　　　　　（kcal/mol）

气体	汽化能量	金属	升华能量
He	0.020	CO_2	4.041
H_2	0.215	Ba	42
Ne	0.431	Ag	68
N_2	1.333	Cu	81
CO	1.444	Ni	101
Ar	1.558	Ti	113
O_2	1.630	Pt	122
CH_4	1.995	Mo	155
Kr	2.158	Ta	180
Xe	3.021	W	202

对于给定的气体和低温表面温度，通过逐渐增加低温表面气体分子的覆盖率，可以在气体冷凝的正向过程与反射和蒸发的逆向过程之间建立饱和平衡。相应的气压是饱和蒸气压，大多数气体在 20K 时的蒸气压不高于 10^{-11}Torr，而 H_2 的蒸气压甚至在 He 的沸腾温度 4.2K 时蒸气压为 10^{-7}Torr。在由低温泵泵送的真空系统中，压力由 $p = Q/S + p_{\mathrm{sat}}$ 给出，其中 Q 为气载；S 为抽气速率；p_{sat} 为被抽气体的饱和蒸气压。

3) 气体物理吸附

对于亚单层厚度的覆盖，气体分子会受到由低温表面施加的范德华力（低温吸附），这些力大于气体分子之间的力。根据 Frenkel 方程，低温吸附提供了更低的平衡压力。

H_2 在 20K 时可以有效地被低温吸附，而 He 在 4.2K 时可以被有效地低温吸附。通常，亚单层厚度下，所有气体可以在自己的沸腾温度下有效地被低温吸附。除 He、H_2、D_2 和 Ne 以外的所有气体可以在液氮温度下被低温吸附。此外，水蒸气在室温下被吸附，要去除水蒸气，需要加热（烘烤）到 100℃ 以上。

在给定温度下，通过逐渐增加气体在给定表面上的覆盖率而得到的平衡压力演变曲线称为吸附等温线。吸附等温线描述的压力能达到一到三个单层气体覆盖的饱和蒸气压值。

依赖于物理吸附的泵称为低温吸附泵。低温吸附泵的基本特征是需要大的吸附面积，通常使用多孔材料，如活性炭和沸石。木炭可以提供每克 1000m² 的吸附面积，并且在压力升高到 10^{-10} Torr 之前，可以在 4.2K 下吸附 $3×10^{-6}$ Torr·L/cm² 的 He。

2. 低温因素

1) 低温表面的生成

低温吸附泵通常通过闭环制冷机冷却至 10~20K，对于抽速高达 5000L/s 的小型泵，制冷功率通常可以达到大约 10W。对于给定的制冷机，低温表面的温度取决于热负荷，如果需要较低的温度，就必须将低温表面的热负荷降至最低。为此，必须将低温表面屏蔽在约 80K 的温度，这是制冷机第一级可提供的温度。

对于低温冷凝泵，低温表面通过液氦来实现，通常降低液氦的压力，保持温度低于 4.2K，低温表面通过液氮来屏蔽热辐射。当热负荷为 0.7W 时每小时可以蒸发 1L 液氦，而每小时要蒸发 1L 液氮则需要热负荷达到约 45W。

2) 热负荷

低温表面的热负荷来源于环境的热传导、气体释放的吸附热和泵体壁板的热辐射。通过合理设计泵的结构，可以将环境的热传导降低到可以忽略的值。对于超高真空系统，泵送气体释放的吸附热也可以忽略不计。根据 Stefan-Boltzmann 定律，温度为 T 的表面释放热（电磁）辐射为

$$Q = \varepsilon\sigma AT^4 \tag{2-4}$$

式中，Q 为辐射功率，W；ε 为表面发射率，$0 \leqslant \varepsilon \leqslant 1$；$A$ 为表面积，cm²；σ 为常数，$5.67×10^{-12}$ W/(cm²·K⁴)；T 为表面温度，K。对于 $T = 300$K 和 $\varepsilon = 1$（黑体），$Q = 45$W/cm²，对于中等大小的表面，热负荷可能很容易达到几瓦。

由于辐射功率正比于温度的四次方，因此降低温度时辐射功率会迅速降低。例如，当温度从 300K 降低到 77K 时，辐射功率减少比例为 $(300/77)^4 = 230$。因此，通常采用液氮冷却挡板进行屏蔽，以降低热辐射产生的热负荷。

3. 低温吸附泵和低温冷凝泵

低温吸附泵通常通过两级制冷机来实现冷却，该制冷机在第一级降温到大约 80K，在第二级降温到 10~20K。这些温度通过机械接触传递到隔热板和低温表面。低温表面的一部分涂有多孔材料（如木炭）作为吸附剂，以提供较大的 H_2 抽除能力（每克木炭吸附几 Torr·L 的（H_2），具体取决于温度和所需的压力）。低温吸附泵根据所用吸附剂不同可分为三种类

动的冷凝液加热到所需温度。然后，挥发性成分从流回沸腾室的泵流体中蒸发，并与抽出的气体一起通过前真空管排出，在这里，挥发性成分由于高蒸气压而无法冷凝。同时，该脱气装置可将真空过程中产生的挥发性物质从刚进入泵就从泵油中清除，最初包含在泵流体中的污染物也被清除。

2.2.4 涡轮分子泵

涡轮分子泵是现代真空系统中的一项理想技术，具有超高真空性能，这种泵同时拥有比较宽的抽速范围和高真空度。

1. 工作原理

涡轮分子泵的泵送由包括转子和定子组成的叶片完成，工作原理是将脉冲从快速旋转的叶片传输给被泵送的气体分子，与叶片碰撞的气体分子被吸附在叶片上，然后在一段时间后再次离开叶片。在该过程中，叶片速度被传递到气体分子热运动速度上。为确保由叶片传输的速度不会因与其他分子碰撞而损失，分子流必须在泵中占主导地位，即分子的平均自由程必须大于叶片间距。

涡轮分子泵的真空性能参数主要取决于转速、入口直径和叶片形状，其中转速和入口直径之间是一对相互矛盾的设计变量。由于材料强度的限制，叶片的叶尖速度将阻碍较高的旋转速度。特别是对于大抽速型泵，叶尖速度通常可以达到 400~500m/s，达到了气体分子的热运动速度。此外，由于转子共振会严重影响临界转速下的稳定性和可靠性，因此必须在设计阶段准确评估转子模式。为了保持泵的稳定运行，转子不仅必须具有合理的动力学设计，而且还必须具有可靠的散热设计。

对于超高真空电子显微镜(UHV Electron Microscope，UHVEM)和俄歇电子能谱仪(Auger Electron Spectrometer，AES)等超高真空分析仪器，越来越多地使用涡轮分子泵(Turbomolecular Pump，TMP)和/或干式无油真空泵(Dry Vacuum Pump，DVP)来消除样品污染，使用此类无油泵(TMP 和 DVP)需要注意的是振动和噪声。

2. 涡轮分子泵的分类

涡轮分子泵主要有两种类型，即机械轴承型和电磁轴承型涡轮分子泵。电磁轴承型在泵内不使用任何润滑油，并且其振动远小于机械轴承型，为了将电磁轴承型应用于高分辨率透射电子显微镜，在泵和排气管之间仍然需要安装减振阻尼器。

如果将带有机械轴承的涡轮分子泵与带有电磁轴承的涡轮分子泵或带有混合轴承系统的涡轮分子泵进行比较，带有磁悬浮涡轮分子泵(Magnetically Levitated Turbomolecular Pump，MLTMP)具有高可靠性、无振动、无烃和安装位置自由等特点。电磁轴承没有磨损，所以可靠性高，由于缺少机械接触，因此不需要润滑剂，这直接减少了泵的维护成本和降低碳氢化合物的污染。

3. 机械强度和转子动力学分析

1) 叶片机械强度分析及材料选择

MLTMP 的转子设计有两个主要的机械约束。转子直径受到限制，以使其在高转速下的离心力保持低于材料的应力。转子的轴向长度受其刚度限制，以使其能够脱离第一临界速度运行，这是由于转子动力学对电机性能和可靠性的影响最大。因此，为了使机械故障的可能性最小化，从机械角度出发，需要对叶片式转子的强度和动力学进行设计和优化。

为了使直径 350mm 的叶片的顶端速度达到 400m/s，转子的转速必须达到 24000r/min。相同的约束条件（24000r/min 的速度和环境温度）下，叶片的最大应力随转速急剧增加。对于 Inconel718，在额定速度下，最大应力将达到 1927MPa，这将超过允许的屈服强度。对于钛合金 TC4，在额定速度下，最大应力将达到 1022MPa，这也将超过其允许的屈服强度。因此，仅铝合金 7075 在额定速度下在容许的应力范围内，叶片底部的最大应力为 469.7MPa。

2）基于等效建模方法的叶片转子模态分析

当高速旋转的励磁频率等于横向振动的转子固有频率时，转子将发生共振。因此，泵的转子动力学设计必须考虑避免叶片变形的临界速度，在设计阶段准确计算转子固有频率至关重要。为了获得叶片转子的模态，使用一种等效的建模方法，即简化叶片，从而避免了计算模态集中在叶片的某一阶。基于质量和惯性矩的守恒，叶片可以简化为实体模型。对于第 i 个修正环，原始模型的惯性矩和质量是已知数，可以直接在商业三维（3D）建模软件 Solidworks 中获得。

2.2.5 吸气剂泵

吸气剂泵作为化学吸附泵能吸收各种活性气体，如氢气、氧气、氮气、二氧化碳、一氧化碳等。吸气剂与活性气体反应生成极低蒸气压的固体化合物，从而永久性地抽除真空系统中的各种活性气体。吸气剂泵特别适用于超高真空（UHV）系统。

1. 概述

1）分子平均自由程

$$\lambda = \frac{7.3T}{10^{20}\pi r_0^2 p} \quad (\text{cm}) \tag{2-5}$$

式中，T 为热力学温度，K；p 为压力，Torr；πr_0^2 为碰撞横截面，cm^2。对于氮气，$\pi r_0^2 = 4.26 \times 10^{-15}$ cm^2。

2）电导率和表面吸附

孔的电导 C（近似零壁厚）可以表示为

$$C = 3.64\left(\frac{T}{M}\right)^{\frac{1}{2}} \quad [\text{L}/(\text{s}\cdot\text{cm}^2)] \tag{2-6}$$

式中，T 为热力学温度，K；M 为分子量。

如果捕获了所有撞击在表面上的分子，则 C 表示表面的特定抽气速率 S，即

$$S = \alpha 3.64\left(\frac{T}{M}\right)^{\frac{1}{2}} \quad [\text{L}/(\text{s}\cdot\text{cm}^2)] \tag{2-7}$$

式中，α 为黏附概率，$0 \leqslant \alpha \leqslant 1$。当 $\alpha = 1$ 时，在室温下，对于氢气，$S \cong 44\text{L}/(\text{s}\cdot\text{cm}^2)$；对于氮气，$S \cong 12\text{L}/(\text{s}\cdot\text{cm}^2)$。

危险性影响了激活温度的下限（350～400℃）。与 Ti 升华泵相比，NEG 泵存在粉末剥落（过度加热或氢脆）的风险，并且抽气能力较低。但是，NEG 泵可以实现沿管道抽气和被动激活。如果激活温度与插入 NEG 的腔室的烘烤温度兼容，则可在烘烤过程中激活吸气剂。

（1）NEG 泵的特点。

NEG 泵是非常紧凑且无振动的设备，能够以最小的功率需求和电磁干扰提供非常高的泵送功率。NEG 泵是捕获泵，通过化学反应去除撞击在其表面上的分子，使用通常由 Zr 或 Ti 等金属制成。通过选择吸气合金成分、几何和物理结构及工作温度，可以优化 NEG 泵的抽速和吸附能力。

NEG 泵通常在 10^{-5}～10^{-11}Pa 的范围内工作，并具有一些独特的性能：

① 对 H_2 抽速高，H_2 是超高真空和极高真空系统中的主要残余气体。

② 所有活性气体（如 O_2、CO、CO_2、H_2O、N_2）的不可逆吸附。

③ 在超高真空至极高真空状态下恒定的抽速。

④ 最低功率要求。

⑤ 无油，无振动。

⑥ 对电磁场的影响可忽略不计。

⑦ 非常紧凑和轻便，可以安装在真空系统内部。

NEG 泵常温不能泵送惰性气体和 CH_4，CH_4 是一种相对稳定的分子，很难在室温下解离，但是在较高温度（250～350℃）下可以泵送 CH_4。而较大且较不稳定的碳氢化合物和有机物（如甲苯、癸烷和甲基丙烯酸甲酯）的吸附则发生在室温下。

（2）NEG 泵操作原则。

为了吸收气体，首先必须"激活"NEG 泵。激活过程是在真空（或稀有气体气氛）下，在中等温度（350～500℃）下加热吸气剂短时间（通常约 1h）进行的。这种处理可以使覆盖表面的氧化物和碳化物在吸气剂材料本体结构内部分解和扩散，从而留下一个干净的活性金属表面，为化学吸附撞击所需的分子做好准备。随着吸气剂表面逐渐被化学吸附的分子饱和，泵送效率降低。当抽速下降到指定值以下（取决于应用）时，需要再次激活吸气剂（"重新激活"）。吸气剂可以多次激活，从而提供持久且总成本低的泵送解决方案。

在某些情况下，吸气剂表面部分激活就足够了。实际上激活效率与初始标称抽速成正比，例如，60%的激活效率仅表示 NEG 泵初始抽速为标称值的 60%，这在给定的应用中可能足够或可以接受。在激活过程中，吸气剂会释放出气体，当温度从室温升高到大约 200℃时，首先释放出物理吸附的气体，温度升高，然后释放出氢气和甲烷。氢离子以固溶体形式自然存在于吸气剂中，扩散到表面，在其中重新结合成氢分子并被解吸。甲烷（和其他碳氢化合物）可通过碳和氢原子的热激活重组在吸气剂表面生成。经过适当的调节后，物理吸附气体和甲烷的解吸速率显著降低。氢气仍然是在温度进一步升高时释放的主要气体。即使部分排放的氢气已被泵组除去，在激活过程中高达 10^{-2}～10^{-3}Pa 的压力并不罕见，因为吸气剂可作为氢气的储存容器。当激活过程结束时，在 NEG 泵冷却期间，气相中的氢气最终被吸气剂完全吸收。即使必须进行激活过程才能将钝化层转变为金属活性表面，也应尽可能减少物理吸附气体和氢气的排放，因为物理吸附气体和氢气的排放可能成为污染源或成为真空系统的负担。实际上，如果泵不能有效地处理大量的气体排放，则会导致非常漫长而烦琐的激活过程。为此，原则上优选具有低的氢平衡等温线合金的 NEG 泵。

(3) NEG 泵适用范围。

NEG 泵涵盖了广泛的应用领域，包括表面科学、用于材料制备和表征的真空设备、半导体加工、检验和检查工具或计量设备。NEG 泵比较紧凑且功耗最低，非常适合便携式和小型化设备(如手持式质谱仪、放射性计数器或 UHV 手提箱)。由于没有电磁干扰，NEG 泵可以安装在特别靠近离子/电子源的地方，如扫描电子显微镜和透射电子显微镜及光刻设备中，在这些设备中真空是最关键的。NEG 泵还用于对撞机和同步加速器的主环和光束线，以及许多其他实验设施中。

(4) NEG 泵分类。

最初，NEG 以带状形式生产，以便安装在 CERN 的粒子加速器真空室中。NEG 粉末被"压制"并粘在一条细金属带上，细金属带与真空室电绝缘。

之后随着技术的发展，金属带可折叠多次以获得具有相同作用表面的更紧凑的抽气单元，这些抽气单元通常被称为晶圆模块。带状 NEG 和晶圆模块 NEG 作为最初的两种类型，结构比较简单。NEG 泵的第三种类型是 NEG 筒式泵，基于晶片模块，弯曲成圆柱形并安装在 Conflat 法兰上。

(5) 真空管道内镀 NEG 薄膜技术。

20 世纪 90 年代，CERN 开发了一种新的 NEG 技术，是基于通过溅射技术将 NEG 材料薄膜直接沉积在真空容器的内表面上，并且基于新 NEG 合金(TiZrV)的发现，其激活温度非常低，为 180~200℃，而上一代 NEG(SAESSt707)的激活温度高达 400~450℃。

TiZrV 涂层的优点在于热和光子诱导的气体解吸率极低。此外，TiZrV 涂层不需要专用的加热系统，这是因为其较低的激活温度可以在正常的 UHV 烘烤过程中"被动"激活。这个特征提供了开发新型真空室的机会，特别适用于粒子加速器：可以获得压强分布平缓的窄管道，且压强很低。

2000 年，NEG 涂层技术作为永久部件安装在粒子加速器的真空管道中的首次应用是在欧洲同步辐射装置(ESRF)，随后类似的真空室于 2002 年初安装在意大利同步加速器光源 Elettra 上。

2.2.6 溅射离子泵

具有化学抽气和电离抽气作用的泵通常称为溅射离子泵。早期的设计对电子源和钛蒸发有多种布置，现在最常见的设计是基于潘宁单元，之所以被称为溅射离子泵，是因为离子泵所用的钛膜是通过溅射过程产生的。

1. 工作原理

溅射离子泵的抽气效果通过吸附过程产生，吸附过程是离子化的气体颗粒释放，抽气速率由并联的多个潘宁单元决定。溅射离子泵基本上由两个电极(阳极和阴极)和一块磁铁组成(图 2-6)。阳极通常是圆柱形的，并且由不锈钢制成，位于阳极管两侧的阴极板由用

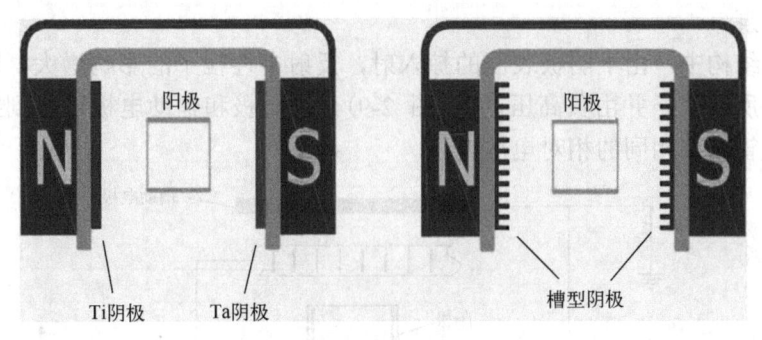

图 2-8 带有钽和槽型阴极的二极管单元

一个单元的抽速取决于几个参数,即其直径、长度、电场和磁场,并且这些参数已在一些理论研究和实验测试中得到优化。溅射离子泵的常见设计使用的阳极直径为 15~25mm,磁场为 1~1.5kGs(1Gs = 10^{-4}T),电压为 3~7kV。在这种结构中,作为潘宁单元主要参数的 I/P(泵电流/压强)值为 0.03~0.25A/Pa,而一个单元的典型抽气速率为 0.3~2L/s。

标准二极管泵对所有活性气体的抽速较高,而对稀有气体的抽速则较低。氩气是最常见的稀有气体(空气中为 1%),在标准二极管中的抽速仅为标称抽速的 2%~5%。抽除稀有气体时,可以观察到以下机理。轰击阴极表面的一些稀有气体离子被中和并反弹,从而保留了一部分能量。然后稀有气体离子可以不受阳极或磁场的影响而到达阳极或泵壁或阴极的其他区域,高能中性离子的穿透深度远大于通过库仑力在块状材料中迅速减速的离子的穿透深度。当标准二极管泵在"漏气"的情况下抽气时,氩气的不稳定性就会产生。标准潘宁单元中心的高轰击力离子侵蚀了阴极材料,在泵送了相对大量的氩气之后,先前被捕获的分子被释放,泵急剧而反复地释放出部分捕获的分子。

2) 惰性气体二极管泵

解决氩气不稳定性的方法是增加气体离子的数量,这些气体离子以中性粒子的形式"反弹"并沉入阳极或泵体中,并且被永久深埋。反射概率是离子种类与阴极材料的质量比的函数,并且还取决于撞击离子在阴极表面上的入射角。

当离子轰击钛阴极的表面并被中和时,大部分离子的动能就会被吸收到块状材料的晶格结构中。例如,当钛阴极被钽阴极替代时,反弹的中性粒子的穿透力会增加。钽也是一种化学活性材料,但原子质量非常重(Ta = 181u,Ti = 48u)。当离子撞击钽表面时,弹性碰撞的次数会增加。此时已中和并反弹的离子将保留其大部分原始动能,并且可以深埋在阳极或泵壁中。这种类型的泵,拥有较高的稀有气体抽气速率,为稳定条件下空气抽气速率的 20%。但是,使用相同的潘宁单元结构,与标准二极管相比,钛和钽的总溅射速率降低,这导致可吸收气体的总抽速降低(通常降低 15%)。

增加"反弹"离子数量的另一种方法是设计具有"槽型阴极"的二极管泵。在标准二极管中,离子在法向入射下或多或少地轰击阴极。使用开槽的阴极(图 2-8),可以获得更好的入射角,掠入射时阴极材料的反射概率和溅射产率比法向入射角的高得多。氩气的抽气速率可以达到空气抽气速率的 5%~10%,并且相当稳定,可以提高气体的抽气能力。

3) 三极管泵

在三极管结构中,由于阴极表面的掠入射,反射中性粒子的影响增大。阴极板被多个钛制成的栅极所取代,并由负高压供电(图 2-9)。当阳极和辅助电极连接到接地电位时,可获得与二极管结构相同的相对电压电位。

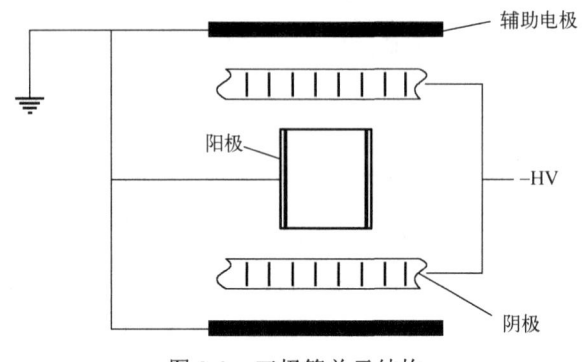

图 2-9 三极管单元结构

在三极管泵中,高能离子在掠入射下以高溅射率的钛轰击阴极栅极。由离子撞击阴极栅极产生的高能中性粒子撞击辅助电极或被反射回并留在阳极中。对于高能离子,不可能到达泵体或阳极,不会发生阳极或阳极的溅射,吸附的惰性气体会残留在这些表面上。即使在长期抽气之后,稀有气体的抽速也非常稳定,其抽速提高到空气抽速的 20%~25%。与标准二极管泵相比,三极管泵阳极的长度减少了,导致可吸收气体的总抽速降低(通常降低 20%),另外在高压($>10^{-4}$Pa)下,三极管泵的抽气速率更高。

3. 工作压强范围

溅射离子泵的抽速随压强而变化。工作压强在小于 10^{-2}Pa 的范围内,因为在较高的压强下,潘宁单元中的空间电荷变为辉光放电,溅射过程停止,最大抽速,也称为额定抽速(S_N),对应的压强为 10^{-4}Pa。只有在溅射离子泵烘烤后,才能达到 10^{-9}~10^{-8}Pa 的极限最低压强范围。

4. 运行特点

如上所述,由于离子的碰撞,溅射离子泵的阴极被溅射掉。当泵在高压下运行时使用寿命有限,例如,在 10^{-2}Pa 的压强下,阴极在 400h 内被腐蚀,但是在 10^{-4}Pa 的压强下,其寿命超过 40000h。为了延长泵的使用寿命,建议在低于 10^{-4}Pa 的压强下启动溅射离子泵。

溅射离子泵的压强下限为 10^{-9}~10^{-8}Pa,只有在溅射离子泵与其他泵送方法结合使用时,才能达到 10^{-10}Pa 的较低压强。例如,溅射离子泵与钛升华泵(TSP)或非蒸散型吸气剂(NEG)泵的组合效果非常好。

在基本工作范围内,溅射离子泵中的电流与压强成正比(图 2-10)。通过测量溅射离子泵中的电流可以提供有关真空系统的压强信息,从而可以很好地了解安装有大量泵的加速器中压强分布。通过将多个溅射离子泵连接到一个电源,可以减少电源数量,并可以使用安装在泵和电源之间的高压分流器中的分流电阻器来测量各个泵的电流。

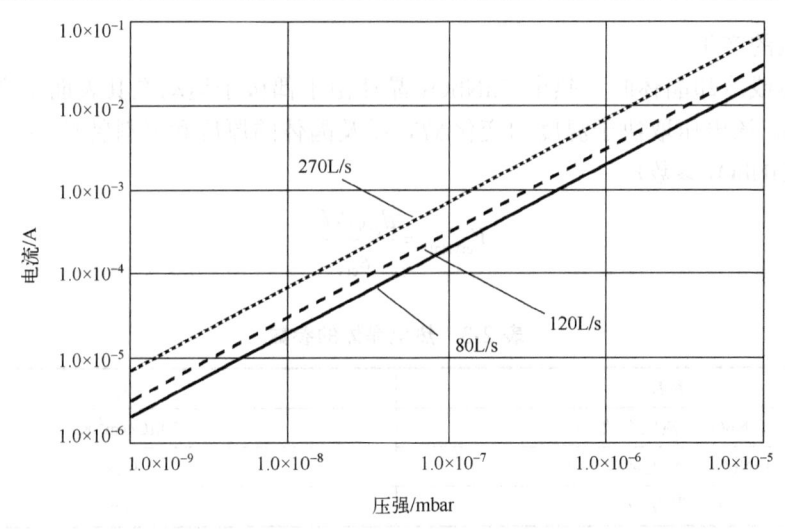

图 2-10 不同抽速下溅射离子泵的电流与压强的关系

可以得出结论，对于大多数加速器，需要极好的真空条件，因此需要尽可能高的抽气速率。对于大多数应用，标准二极管泵可以满足这些要求，并且从经济角度来看是最佳的。但是，为了达到 $10^{-10} \sim 10^{-9}$ Pa 的极限压强状态，需要将溅射离子泵与 TSP 或 NEG 泵组合使用。在高压范围（$> 10^{-5}$ Pa），组合泵的效率降低，这些高压范围是三极管泵适用的领域。当真空系统需要对稀有气体具有高抽速性能时，钽阴极二极管泵或三极管泵是最佳选择。

5. 溅射离子泵的最新发展

最新的研究将热电效应用于产生高电压和发射电子来获得离子泵，称为热电铌酸锂（$LiNbO_3$）电子溅射离子泵。加热或冷却会改变热电晶体的极化，从而在其晶体表面产生较大的电压，这些电压具有未补偿的电荷。在低压气氛中，即使温度略有变化，也会从这些晶体表面发射电子，如图 2-11 所示，发射的电子在 Ti 电极产生的热电场和外部电场中被加速。腔室中的分子通过与这些电子碰撞而被电离，之后被电场加速。带电物质（电子和离子）以高速度（$> 10^4$ m/s）撞击 Ti 电极并被捕获，从而形成了离子泵。热电离子泵无须任何机械运动部件，具有较低的运行功率和较小的泵送热载，从而为实现小型密封微系统的高真空奠定了基础。

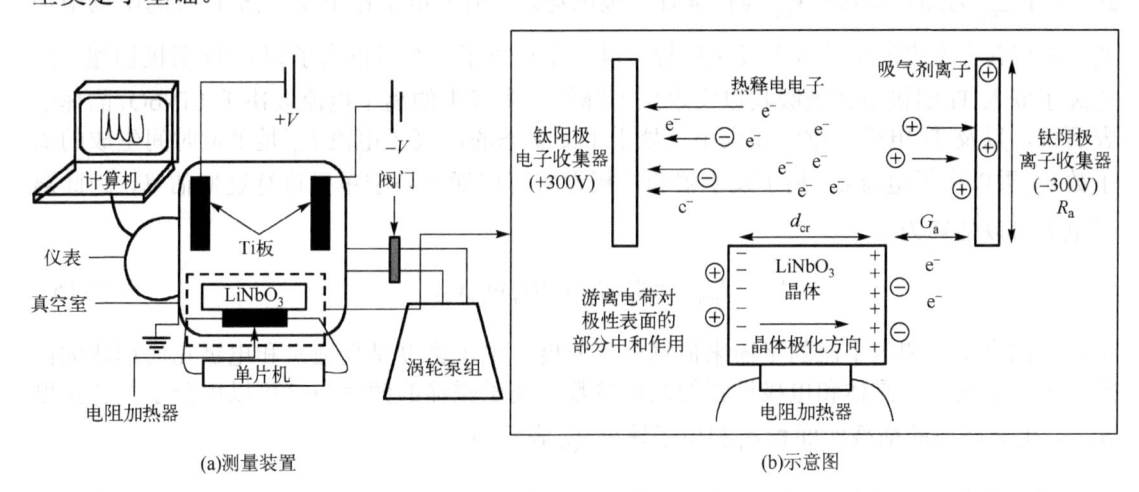

图 2-11 用以测量热电离子泵抽速的装置和 $LiNbO_3$ 加热周期中热电高电压产生和电子发射示意图

空 0Pa，因此，真空泵所抽的真空值要比理论真空值高。所以绝对压强数值前面没有负号。

3. 抽气量

衡量真空泵抽速的其中一个因素是抽气量，其单位通常用 L/s 和 m^3/h 表示。由于实际情况中容器或者管路或多或少会产生漏气，而真空泵抽气量大时可以减少漏气造成的真空度下降的影响，因此抽气量大的真空泵很容易抽到人们所需的真空度。所以在进行真空泵选型时，抽气量大的真空泵是人们的优先选择。

2.3.1 真空泵的选型和设计原则

本节详细介绍真空泵的选型和设计原则，具体为以下几个方面。

1. 工艺要求达到的真空度

为了满足工艺工作压力要求，真空泵在选型时真空度应该比真空设备需求真空度高半个到一个数量级，一般情况下，水环式真空泵在绝对压强高于 3300Pa 时优先选择，否则选用旋片式真空泵或更高真空级别的真空泵作为真空获得装置。

2. 工艺要求的抽气量（抽气速率）

抽气速率表示真空泵在其工作压力下排出气体、液体、固体的能力，单位一般是 m^3/h、L/s 或 m^3/min。具体可根据式(2-18)进行计算：

$$S = \frac{V}{t} \ln\left(\frac{p_1}{p_2}\right) \tag{2-18}$$

式中，S 为真空泵抽气速率，L/s；V 为真空室容积，L；t 为达到要求真空度所需时间，s；p_1 为初始压强，Pa；p_2 为要求压强，Pa。

3. 判定被抽物体的成分

(1) 旋片式真空泵在被抽气体中含有水汽或少量颗粒性和粉尘等杂质时慎重选用，较高真空度条件下使用旋片式真空泵做真空获得设备时应增加过滤装置加以过滤。

(2) 选旋片式真空泵时要知道被抽气体的 pH，如若含有酸碱腐蚀或有机腐蚀等因素的气体则要过滤或中和处理。

(3) 如果被抽气体中含有污染橡胶或者泵油的物质，则应在真空泵的进气口管路上安装冷凝器、过滤器、除尘器等相应辅助设备；抽与泵油起作用的气体，选择无油真空泵或者将油蒸气排到室外。

(4) 判断真空泵的振动、噪声和外形对工厂的影响程度。

(5) 设备的质量、运输及其维修和保养费用等也应作为购买真空泵和真空设备的优先考虑因素。

4. 工作时间

连续工作时间能保证一个工艺循环的基本要求，不能因为连续工作时间短而影响设备的运行。

5. 正确组合真空泵

有时候需要选择组合真空泵，这是由于真空泵对所抽的气体有选择性，单一的泵不能满足抽气要求。例如，钛升华泵对氢气有很高的抽速，但不能抽氩气，而三极溅射离子泵（或二极非对称阴极溅射离子泵）对氩气有一定的抽速，这两种泵组合起来，互相补充就能够满足抽气要求。另外，不能在大气压下工作的真空泵需要预抽真空；出口压强低于大气压的真空泵需要前级泵。

6. 真空设备对油污染的要求

设备严格要求无油时，应该选水环泵、分子筛吸附泵、溅射离子泵、低温泵等各种无油泵。如果不严格，可以选择有油泵，加上一些冷阱、挡板、挡油阱的防油措施等，来达到真空清洁的目的。

7. 正确选择真空泵的工作点

每台真空泵都有一定的工作压强范围，其稳定的工作压强范围为760～60mmHg。在这个压强范围内，真空泵的抽速随压强而变化（详细变化情况参照泵的性能曲线）。因而，真空泵的工作点应该选在该范围内比较合适。

8. 其他注意事项

(1) 真空泵在工作压力下，要满足能抽出真空设备工艺过程中产生的所有气体的要求。
(2) 尽可能要求在临界真空度或临界排气压力的高效区内运行。
(3) 应避免在最大真空度或最大排气压力附近运行。因为在此区域内运行时效率极低，易产生振动和噪声，工作很不稳定。对于真空度较高的真空泵而言，在此区域内运行往往还会出现导致泵体、叶轮等零件损坏的汽蚀现象，使真空泵无法工作。

2.3.2 常用真空泵参数比较

从工作压强范围、抽气速率和主要特点对各类具有代表性的真空泵进行比较，结果见表2-5。

表 2-5 各类主要真空泵比较

名称	工作压强范围/Pa	抽气速率/(L/s)	主要特点
往复式真空泵	$1\times10^5\sim1.3\times10^2$	15～5500	又称活塞式真空泵、干式真空泵，不怕水蒸气、牢固、操作容易，一般不适用于抽除腐蚀性的气体或带有颗粒灰分的气体，被抽气体的温度一般不超过35℃
旋片式真空泵	$1\times10^5\sim6.7\times10^{-2}$	4～100	低真空，结构紧凑、体积小、质量轻、噪声低、振动小，适用于作扩散泵的前级泵，不能抽除含粉尘及水分的空气
水环式真空泵	$1\times10^5\sim2.7\times10^3$	5～130	粗真空，结构简单紧凑、容易加工，吸气均匀，工作平稳可靠，可以抽除易燃、易爆的气体，带尘埃的气体，可凝性气体和气水混合物，效率低，真空度低
罗茨真空泵	$1.3\times10^3\sim1.3$	30～10000	真空机组的主泵，抽速较大，振动小，运转平稳，对被抽气体中所含的少量水蒸气和灰尘不敏感，压缩比较低，对氢气抽气效果差
涡轮分子泵	$1.3\sim1.3\times10^{-8}$	几十到几千	能抗各种射线的照射，耐大气冲击，无气体存储和解吸效应，抽速大、启动快、无油污染、维护简单、结构复杂、制造成本高

续表

名称	工作压强范围/Pa	抽气速率/(L/s)	主要特点
水蒸气喷射泵	$1\times10^5\sim1.3\times10^{-1}$	几十到几百	启动快，工作压力范围宽，抽气量大，能直接排入大气，结构简单，因无运动构件而运行可靠，使用期长
油扩散泵	$1.3\times10^{-2}\sim1.3\times10^{-7}$	几到十几万	无运动部分、无磨损、寿命长，结构简单，维护方便，制造方便，工作时安静，工作介质是油，存在油污染，被抽气体不能易燃、易爆且需无腐蚀性，启动慢
油蒸气喷射泵	$1.3\times10\sim1.3\times10^{-2}$	几百到几万	中真空泵，可以用作主抽泵，也可串联在油扩散泵与机械真空泵之间
溅射离子泵	$1.3\times10^{-3}\sim1.3\times10^{-9}$	几十到几百	无油清洁超高真空泵，是目前抽惰性气体较好的真空获得设备，无振动、无噪声、低功耗、笨重、成本高
钛升华泵	$1.3\times10^{-2}\sim1.3\times10^{-9}$	几千到几万	结构简单、抽速大、无油污染、抗辐射及无振动和噪声，不能作为主泵抽除空气，一般需与溅射离子泵配合使用
锆铝吸气剂泵	$1.3\times10\sim1.3\times10^{-11}$	$50\sim3500$	对活性气体抽速大、清洁无油、无活动部件、无振动、室温抽气
低温泵	$1.3\sim1.3\times10^{-11}$	几百到几万	清洁无油，无振动，在抽除水蒸气和其他潮湿混合气方面具有较大抽速，在要求大抽速的真空设备中低温泵是最经济的

2.4 本章小结

本章首先基于工作原理和真空度两大方面介绍了真空泵的分类，随后比较详细地讲述了粒子加速器真空系统中常用真空泵(如机械泵、低温泵、扩散泵、涡轮分子泵、吸气剂泵和溅射离子泵)的工作原理、基本特性及应用领域等，最后讨论了粒子加速器中真空泵的选择和设计原则。

粒子加速器的建造是一个复杂的工程，需多学科配合，其中真空系统是必不可少的。为确保粒子与残余气体分子不发生碰撞散射现象，真空度必须达到粒子直线运动的要求，否则不但会引起束流损失或粒子达不到需求的能量，而且易发生真空绝缘不够而导致粒子加速器击穿，使粒子加速器不能处于正常工作状态。只有合理地选择和组合真空泵才能获得所需的真空度，并维持清洁良好的真空系统。

参 考 文 献

达道安，姜万顺，1984. 加速器中的真空技术问题[J]. 真空与低温(2)：21-33.

王超，高逊懿，罗根松，等，2017. 机械真空泵噪声机理研究与控制[J]. 真空科学与技术学报(10)：76-78.

张以忱，1995. 真空技术及应用系列讲座：机械真空泵[J]. 真空(4)：42-50.

张志军，张世伟，韩进，等，2019. 扩散泵的现状及发展趋势[J]. 真空，56(5)：12-20.

FUJINA G A, 2010. Recent developments of diffusion pumps for ultrahigh vacuum use[J]. Journal of the vacuum society of Japan, 8(9): 283-291.

HABLANIAN M H, 1988. The emerging technologies of oil-free vacuum pumps[J]. Journal of vacuum science & technology A: vacuum, surfaces, and films, 6(3): 1177-1182.

HAO C Y, WU D Z, YOU Z M, et al., 2007. Upgrade of roughing vacuum system of HIRFL post-beam line experimental terminals[J]. 兰州重离子加速器实验室年报（英文版）(1): 165.

MANINI P, CRABB D G, PROK Y, et al., 2009. Non evaporable getter (NEG) pumps: a route to UHV-XHV[J]. AIP conference proceedings, 1149: 1138-1142.

SENGIL N, 2012. Performance increase in turbomolecular pumps with curved type blades[J]. Vacuum, 86(11): 1764-1769.

TEIXEIRA P, 1999. Basic principles of vacuum pump selection and operation[J]. World pumps, 1999(397): 26-29.

ZHANG X, HAN B C, LIU X, et al., 2019. Prediction and experiment of DC-bias iron loss in radial magnetic bearing for a small scale turbomolecular pump[J]. Vacuum, 163: 224-235.

第 3 章 真 空 规

3.1 真空度测量概述

真空度测量是指在低于大气压的条件下，对气体压强进行测量，采用的仪器称为真空计或真空规。加速器中的真空度测量是指对加速器真空室气体压强的测量。由于大气和真空室中的残余气体由不同的气体组分组成，每一种气体组分都有分压，因此测量可分为气体总压强测量和气体分压强测量。不同的加速器对压强有不同的要求，例如，同步加速器要求压强低于 $1\times10^{-7}\sim5\times10^{-8}$Torr，重粒子加速器要求低于 5×10^{-8}Torr。随着高能加速器，特别是粒子对撞机的发展，对真空技术的应用提出更高的要求。

真空规一般由真空规管和控制线路两部分组成，其中真空规管是测量部分(传感器)。真空规管将测量到的真空度值以电信号的形式传给控制线路，控制线路将电信号转换成相应的真空度数字值，并显示出来。真空规又可分为绝对真空规和相对真空规。绝对真空规是从所测出的物理量就能直接计算出气体压强的真空规。相对真空规是根据输出信号与气体压强之间的关系，通过真空度测量标准校准后才能确定的真空规。

一般采用不同类型的真空规测量不同压强区间内的气体压强。目前，从标准大气压到 10^{-10}Pa 范围内的真空度测量问题已经基本得到解决。此压强范围内已有各种类型的绝对真空规和绝对真空校准装置，并以此开展了各种真空量值的比对工作，取得了较好的一致性。但在 $10^{-10}\sim10^{-8}$Pa 范围内的真空值没有进行过比对。因此，要达到真空度量值的国际统一还有大量的工作要做。此外，$10^{-13}\sim10^{-11}$Pa 范围内的极高真空度测量方面进展缓慢。真空系统中稀薄气流的非均匀分布问题，以及对非均匀气流的压强测量，已成为近年来研究的课题。

真空度量值的单位采用压强的单位，目前国内外已经统一采用国际单位制中的"牛顿/米^2"为单位，称为帕[斯卡](Pa)，即 $1\text{Pa} = 1\text{N/m}^2$。由于在工程实际中帕的量值太小，因此又常用 kPa 和 MPa 为单位来表示压强。

测量压强大于 100Pa 的低真空时，也可以用真空度百分数 δ 来表述，即

$$\delta = \frac{1\times10^5 - P}{1\times10^5}\times100\% \tag{3-1}$$

式中，P 为压强，Pa。

真空度测量技术中最常采用的单位是"毫米汞柱"(mmHg)，指 0℃时，1mm 高的水银柱所产生的静态压强。

$$1\text{mmHg} = 13.5951\text{g/cm}^3 \tag{3-2}$$

此外，也常用托(Torr)作为真空度的单位，1Torr = 1/760atm(标准大气压)。

真空度测量技术有如下特点。

(1) 测量范围宽。真空技术的发展已从 1.1×10^5Pa 到 10^{-14}Pa，宽达 19 个数量级的压强范围，因此不可能依靠一种测量原理和一种真空规来实现整个范围的真空度测量。不同种类的真空规对应各自不同的压强测量范围，即有不同的量程。

(2) 多为间接测量。除了压力较高的真空区域(10^5～10Pa)采用直接测量外，大部分低压空间气体测量都是利用低压下气体的某些特性(如热传导、电离等)进行间接的真空度测量，因此对相对真空规的校准工作就显得尤为重要。

(3) 通常采用非电量电测技术。由于间接测量的真空规大多数采用非电量电测技术，因此测量反应迅速、灵敏度高，为实现自动化创造了条件。

(4) 测量值与气体种类有关。大部分真空规的读数与被测气体的种类和相关成分有关，因此测量时应注意被测气体的种类和成分，以避免造成误差。

(5) 精度不高。在间接测量压强的过程中，往往需要引进外加能量(如热能、电能、机械能、放射能)。这些外加能量的引用将不可避免产生测量误差，而稀薄气体所能产生的测量信号本身很微弱，这就决定了真空规的测量精度远比其他物理仪器的测量精度低。

本节对真空度测量中的一些基本概念、真空度的单位及真空度测量的特点进行介绍。但因为真空规是用来测量压强的仪器，压强又分为总压强和分压强，所以对于真空规的介绍通过总压强测量和分压强测量两部分来进行。

3.2 总压强测量

在理想热力学平衡条件下，压强 P 可以用式(3-3)表示：

$$P = \frac{F}{A} \tag{3-3}$$

式中，F 为气体压力，N；A 为面积，m^2。由于 F 垂直作用于 A 上，根据国际单位制，压强单位为

$$1[P] = 1[F]/1[A] = 1\text{N/m}^2 = 1\text{Pa} = 0.01\text{mbar} \tag{3-4}$$

环境大气和加速器的真空室中的残余气体都由不同的气体成分组成，它们各自都有分压 P_{part}，根据道尔顿定律，将所有气体成分的分压相加，得到总压强 P_{total}：

$$P_{\text{total}} = \sum_i P_{\text{part}} \tag{3-5}$$

根据气体压强的不同，可以使用以下不同的物理效应来测量总压强：

(1) 力效应；

(2) 气体的电离效应；

(3) 气体黏度；

(4) 气体的热导率。

式中，h 为两毛细管中水银面的高度差，m；g 为重力加速度，9.80665m/s²；ρ 为水银的密度，kg/m³。

当水银面停在如图3-3所示的位置时，测量毛细管内气体体积为 V_1，压强为 P_2，比较毛细管内气体压强仍为 P，测量毛细管和比较毛细管液面高度差 $h = h_1 - h_2$，则测量毛细管内的压强 $P_2 = \rho g h + P$。其中，ρ 为水银密度，g 为重力加速度。根据玻意耳定律可写出：$PV = P_2 V_1 = (\rho g h + P) \times V_1$，即 $P = V_1/V \times (\rho g h + P)$，因为一般用压缩式真空规测量低压，即 $P \ll \rho g h$，故等式右边项中的 P 可以忽略，则可以写成 $P = V_1/V \times (\rho g h)$，又因为测量毛细管压缩后的气体容积

$$V_1 = \frac{\pi d^2}{4} \cdot h_1 \tag{3-9}$$

代入上式，整理后可得

$$P = \frac{\pi d^2}{4V} \rho g h_1 \cdot (h_1 - h_2) \tag{3-10}$$

式(3-10)即为压缩式真空规的基本方程式。式中 V 和 d 在吹制压缩式真空规时可测得，为已知数据，则

$$P = K \cdot h_1 \cdot (h_1 - h_2) \tag{3-11}$$

$$K = \frac{\pi d^2}{4V} \rho g = 1.05 \times 10^5 \frac{d^2}{V} \tag{3-12}$$

式中，P 为待测压强，Pa；h_1 和 h_2 为液面差，m；K 为真空规常数，Pa/m²。

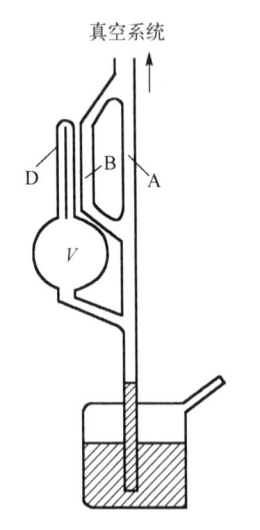

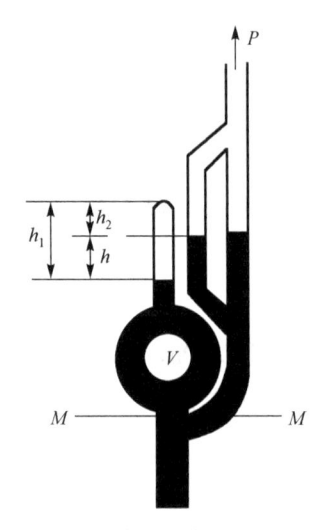

图3-2 压缩式真空规结构　　　　图3-3 压缩式真空规测量原理

3.2.4 基于力效应的真空规

1. 布尔登规

如图3-4所示，布尔登(Bourdon)规是一种用富有弹性的金属材料制成的椭圆形截面的

空心管，全管弯成弧形，一端封死并与指针相连接，另一端与被测系统相连。当管内压强增高时，截面形状向圆形变化，使弯管向外扩张而拉动指针偏转。反之，当管内压强下降时，指针则朝相反方向偏转。金属布尔登规主要用于测量高压强，很少作为真空规使用。指示大气压以下的压强时表盘上用红线来标度，这种标度是很粗略的。

这种类型的真空规的优点是非常坚固，并且涵盖了从高于大气压强的压强到低真空(约10mbar)的压强测量范围，但它的准确性和可重复性相对较差，因此不适用于精密测量，并且其在真空度测量中的用途受到限制。

图 3-5 所示为用石英制成的布尔登规，空心的扁平石英管被绕成螺旋形，在封死的一端吊一个小镜，通过小镜利用光杠杆的方法测量布尔登管上下运动的距离，再求得压差值。此规灵敏度较高，可检测出 10Pa 的压差。

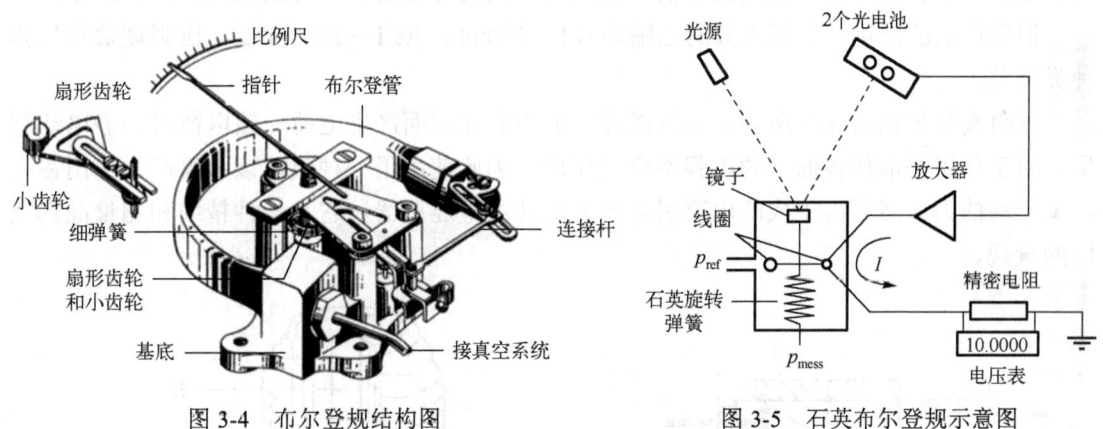

图 3-4 布尔登规结构图

图 3-5 石英布尔登规示意图

2. 电容薄膜真空规

用金属弹性薄膜将规管分隔成两个小室，一侧接被测系统，另一侧作为参考压强室。当压强变化时薄膜随之而变形，其形变量可用光学方法测量，也可转换为电容或电感量的变化从而用电学方法测量，还可用薄膜的应变进行测量。

近年来，电容薄膜真空规的发展很快，被广泛应用于科研和工业领域。电容薄膜真空规分为两种类型：一种是将薄膜的一边密封为参考真空，称为"绝压式"电容薄膜真空规；另一种是薄膜的两边均通入气体，称为"差压式"电容薄膜真空规。电容薄膜真空规具有卓越的线性、较高的测量精度和分辨率。

电容薄膜真空规的测量范围可覆盖 5 个数量级的压强区间，短期稳定性优于 0.1%，长期稳定性(一年)优于 0.4%。电容薄膜真空规的灵敏度与气体种类无关，可测蒸气和腐蚀性气体的压强，结构牢固，使用方便。

电容薄膜真空规的基本结构如图 3-6 所示。它由两个结构完全相同的圆形固定电极和一个公用的活动电极组成。活动电极薄膜将空间分成互相密封的测量室和参考室，固定电极和活动电极薄膜构成差动电容器并作为电桥的两个桥臂。当活动电极处于中间位置时，两个电容器的电容量相等，一旦活动电极由于压差作用偏离中间位置时，则一个电容器的电容增加而另一个电容器的电容减小，电容变化造成电桥不平衡，因而产生输出电压，这个电压经过放大器放大后,由检波器转换成直流电压进行测量。不同的输出电压对应于不同的压强,电容薄膜真空规就是利用这样的原理达到测量压强的目的。

电容薄膜真空规的压强测量范围与膜片的厚度、直径、材料及其张力等有关,目前可供选择的电容薄膜真空规包括满量程 13.3Pa、133Pa、1.33kPa、13.3kPa、133kPa、1.33MPa 和 3.32MPa 的传感器,可覆盖的压强为 $10^{-3} \sim 10^6$ Pa。

3. 压阻真空规

压阻真空规由一个小的真空容器组成,该真空容器在暴露于要测量压强的空间的一侧用薄的硅隔膜封闭。在该膜片的一侧放置由蒸发产生的薄膜压阻器,并连接形成桥式电路。通过硅膜片的变形使电桥失去平衡。为了避免腐蚀性气体损坏硅膜片,可在硅膜片和真空之间放置一小体积充满特殊油的容器。注满特殊油的容器用作不可压缩的压强传感器。

根据仪表的结构,压强读数的范围为 0.1~200mbar 或 1~2000mbar。压强读数与气体种类无关。

压阻真空规如图 3-7 所示。石英晶体上的力会在表面产生电荷,该电荷可由静电计测量。由于作用在晶体各面上的压强不会起作用,因此使用了一种膜,该膜仅产生作用在石英梁一端的力。然后将生成的电荷引导到静电计的电连接器。它是一种精细和测量高真空度的量规。

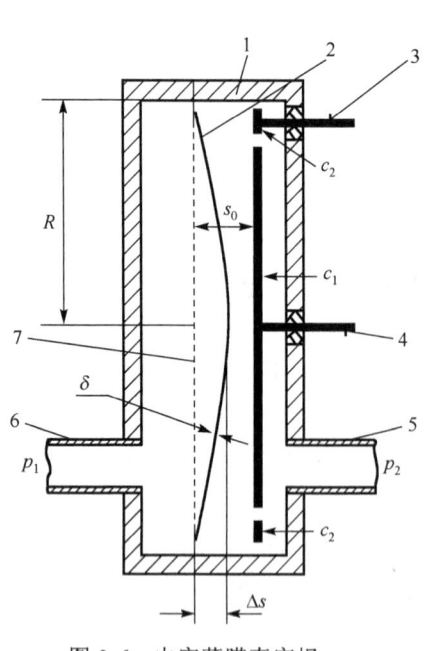

图 3-6 电容薄膜真空规

1—外壳;2—薄膜;3,4—给电容器的电流;
5—进气口(参考方);6—进气口(测试方);
7—膜在零位;c_1、c_2—电极;p_1、p_2—压强

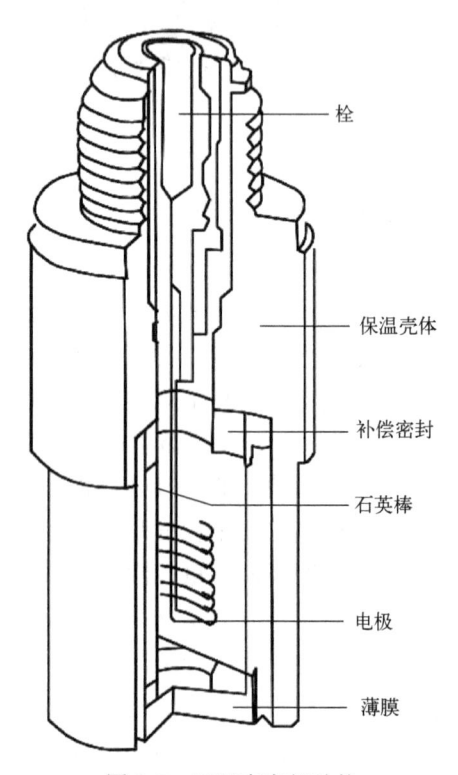

图 3-7 压阻真空规结构

压阻真空规的传感器为压阻绝对压强传感器。它是利用集成电路的扩散工艺将四个等值电阻制作在一块硅膜片上,连接为平衡电桥。硅膜片利用机械加工和化学腐蚀方法制成

硅环，然后用金硅共熔工艺或其他特殊工艺将硅环与衬片烧结在一起。硅环膜片内侧为标准压强(约 1×10^{-3}Pa)，外侧为待测压强。当硅环膜片外侧的压强变化时，硅的压阻效应使电桥四个臂的阻值发生变化，电桥失去平衡，得到对应于待测压强的电压信号。此信号经过放大器、控制单元、显示单元等，显示出相应的压强数值。此规的测量范围为 $10\sim10^{5}$Pa。

3.2.5 基于气体比热效应的真空规

1. 热传导真空规

热传导真空规是基于气体分子热传导能力在一定压强范围内与气体压强有关的原理而制成的。其结构原理如图 3-8 所示，在一个由玻璃或金属制成的圆形管壳内，其中心线处设置一根与两个电极连接的热丝；当热丝通电加热后，其温度高于周围气体和管壳的温度，于是在热丝和管壳间产生因气体分子热运动而引起的热传导。热传导速率的大小与管内气体分子密度的大小有关。当达到热平衡时，热丝的温度取决于气体的热传导，因此也就对应于气体的压强。如果事先将规管进行校准，就可以通过测量热丝的温度变化来指示气体的压强了。热传导真空规实际上就是测定规管的热丝温度随管内气体压强变化的一种真空度测量仪器。

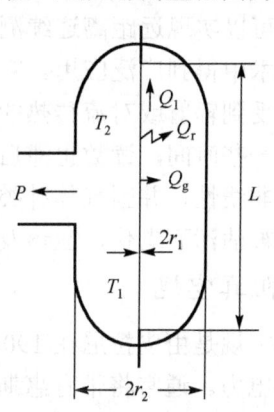

图 3-8 热传导真空规工作原理图

Q_l—热丝引线热传导的热量散失；Q_r—热丝辐射的热量散失；
Q_g—气体分子热传导的热量散失；r_1—热丝半径；r_2—管壁半径；
L—热丝有效长度；T_1—热丝中部温度；T_2—管壁温度

目前，常用热传导真空规根据热丝温度测量方法的不同，可分为测量热丝电阻随温度变化的电阻真空规和采用热电偶直接测量热丝温度的热电偶真空规两种类型。

根据热平衡定律，当热传导真空规规管热丝温度达到热平衡时，在不存在对流的情况下，热丝通电后单位时间产生的焦耳热总热量 Q 应等于热丝引线热传导散失的热量 Q_l、热丝热辐射散失的热量 Q_r 及气体分子热传导散失的热量 Q_g 三者之和，即热平衡方程式为

$$Q = Q_r + Q_l + Q_g \tag{3-13}$$

式中，Q_l 和 Q_r 与气体压强无关；Q_g 与气体压强有关，三者单位均为焦耳(J)。当 $Q_l+Q_r \ll Q_g$ 时，总的热量散失 Q 与压强 P 有关，并在一定的压强范围内与压强近似成正比。这表明在一定的加热条件下，可根据低压强下气体分子热传导，即分子对热丝的冷却能力作为压强的指示。这就是热传导真空规的基本工作原理。

气体分子运动研究表明在低真空($\lambda \ll d$)范围内，气体分子的热传导能力与气体压强无关。对应于 $\lambda \approx r_1$ 的压强，就是热传导真空规压强测量上限的理论值，大约为 10^2Pa，通过适当提高热丝的工作温度、采用细而短的热丝及利用热对流现象等，可以将压强测量上限延伸至 $10^3\sim10^4$Pa。进入中真空($\lambda \geqslant d$)状态后，其导热能力随压强有明确的对应变化关系，为正常工作区段。进入高真空($\lambda \gg d$)状态后，虽然气体分子散热量与压强成正比，但总散热能力已极低。Q_g 变得很小，所能引起的热丝温度变化也自然很小，如果这种变化已无法

从噪声中检测出来，则此压强即是压强测量的下限，一般为 $10^{-1} \sim 10^{-2}$Pa。热传导真空规的测量范围应属于中真空规，在 $10^{2} \sim 10^{-1}$Pa 区域内有较高的测量精度。

热传导真空规结构简单，易于制造和使用操作，规管工作温度和工作电压低，因此没有显著的热放气和电子清除现象，热丝在突然暴露于大气时也不易被烧毁，所测读数为全压强；并且可以实现远距离连续测量。由于热传导真空规具有上述一系列特点，因此在真空度测量技术中得到广泛应用。它的主要缺点是：测温受外界温度影响较大，故规管必须安装于不易受到辐射或对流传热的位置；热丝具有一定的热惯性，压强变化时热丝温度的改变常滞后一些时间，读数也滞后一些时间；作为相对真空规，读数刻度需要校准，而且校准曲线为非线性，并因气体种类而异，故对空气的校准曲线不能直接用于其他气体；热丝易因表面被沾污而老化，应该及时校准。

2. 电阻真空规

电阻真空规是由皮拉尼在 1906 年发明的。将加热的电线作为惠斯通电桥的一部分，以提供必要的电力。通常将带有惠斯通电桥的真空规称为皮拉尼规。但是，它有几种不同的操作模式：加热元件温度保持恒定的仪表是最准确的仪表，其测量范围最大，价格也最昂贵。或者，可以将加热电压、电流或功率保持恒定（后者是潘宁所发明的），然后测量导线的温度（电阻）。

用于保持导线温度恒定的皮拉尼规的电路如图 3-9 所示。导线的直径为 10μm 或更小。电阻 R_2、R_3、R_4 和 R_D 具有大约相同的电阻值。R_T 用于补偿周围机柜的温度变化。

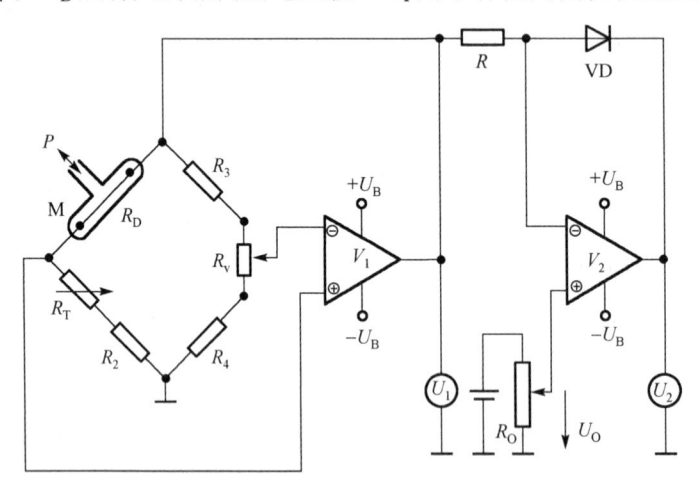

图 3-9 电阻真空规的电路

M—测量室；R_D—电热丝电阻

电阻真空规的结构如图 3-10 所示，在规管壳内封装一个用电阻温度系数高的电阻丝绕制的圆柱螺旋形热丝，热丝两端用引线引出规管，接测量线路。规管壳可用金属或玻璃制成，金属外壳具有耐用、热丝拆卸方便等优点，缺点是密封性能较差、价格高；玻璃外壳具有密封性能好、价格低等优点；缺点是易损坏。常用的热丝材料有钙、铀和镍三种。为了保证热丝的工作稳定性，除对热丝表面进行清洁处理外，有时还在热丝表面敷一层薄玻璃或石英等，以避免热丝在高压强下使用时被氧化或沾污，但这会使其热惯性增大。

3. 热偶真空规

热偶真空规是借助于热电偶直接测量热丝温度的变化，热电偶产生的热电势可用于表征规管内的压强。

热偶真空规的结构原理如图 3-11 所示。它由热偶式规管和测量线路两部分组成。热偶式规管主要由热丝和热电偶组成，热电偶的热端与热丝相连，另一端作为冷端经引线引出管外，接至测量热电偶电势用的毫伏表。测量线路比较简单，包括热丝的供电回路和热电偶电势的显示回路。

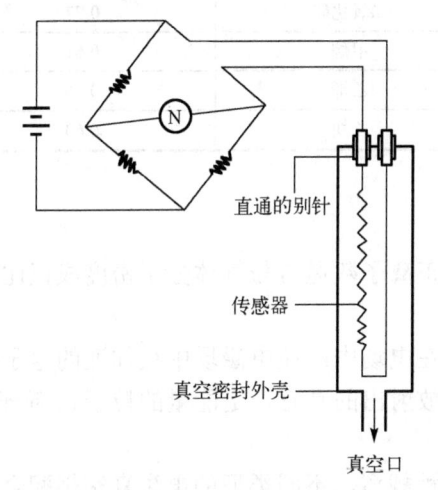

图 3-10 电阻真空规的结构

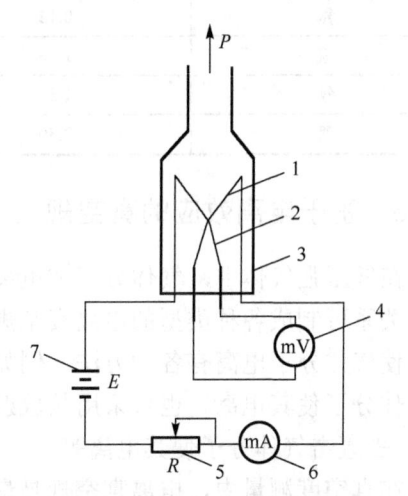

图 3-11 热偶真空规结构原理图

1—热丝；2—热电偶；3—管壳；4—毫伏表；
5—限流电阻；6—毫安表；7—恒压电源

测量时，规管热丝通以一定的加热电流。在较低压强下（$\lambda \geqslant r_2$），热丝温度及热电偶电势 E 取决于规管内的压强 P。当压强降低时，气体分子传导走的热量减少，热丝温度随之升高，故热电偶电势 E 增大，反之，热电偶电势 E 减小。

若规管加热电流发生改变，对其灵敏度和测量范围都会有影响。如果加热电流增大，则规管灵敏度提高，能测较高的压强，但测量范围变窄；反之，如果加热电流减小，则规管灵敏度降低，只能测量较低压强，但测量范围较宽。在加热电流一定的情况下，如果预先已测出热电偶电势 E 与压强的关系，那就可以根据毫伏表的指示直接给出被测系统的压强。

热偶真空规对不同气体的测量结果是不同的，这是由不同气体分子的导热系数不同引起的，但各种气体的 $P\text{-}E$ 校准曲线形状都类同。因此，在测量不同气体的压强时，可根据干燥空气（或氮气）刻度的压强计读数，再乘以相应的被测气体相对灵敏度，就可得到该气体的实际压强，即

$$P_{\text{real}} = S_r P_{\text{read}} \tag{3-14}$$

式中，P_{read} 为以干燥空气（或氮气）刻度的压强计读数；P_{real} 为被测气体的实际压强；S_r 为被测气体对空气（或氮气）的相对灵敏度。

通常以干燥空气(或氮气)的相对灵敏度为 1,其他一些常用气体和蒸气的相对灵敏度如表 3-2 所示。相对灵敏度表明气体热传导的性质,对于气体分子中具有相同原子数的气体或蒸气,其相对灵敏度随分子量的增大而增大。

表 3-2 常用气体和蒸气的相对灵敏度

气体或蒸气	S_r	气体或蒸气	S_r
空气	1	一氧化碳	0.97
氢	0.57	二氧化碳	0.94
氦	0.12	二氧化硫	0.77
氩	1.56	甲烷	0.61
氖	1.31	乙烯	0.86
氙	2.30	乙炔	0.60

3.2.6 基于电离效应的真空规

在低压强气体中,气体分子被电离所生成的正离子数通常与气体分子密度成正比,利用此关系可制成各种类型的电离真空规。

使气体分子电离有各种方法。例如,可采用在电场中或在电磁场中被加速的电子去轰击气体分子使其电离,也可采用从放射性物质中放射出的具有一定能量的粒子(α 粒子或 β 粒子)去轰击气体分子使其电离等。

在真空度测量中,电离真空规是最主要的一种规型。不同类型的电离真空规配合使用能够测量从大气压至目前所能测量的最低压强。在超高真空和极高真空区域中,电离真空规是最实用的规型。

在电离规(Ionization Gauge,IG)中,需要测量该规体积中的分子数密度 n。因此,重要的是要记住平衡状态下封闭系统的理想气体定律:

$$P = nKT \tag{3-15}$$

式中,K 为玻尔兹曼常量,1.381×10^{-23} J/K;T 为气体热力学温度,K;n 为单位体积内的分子数,即气体的分子数密度,m^{-3}。

1. 冷阴极电离真空规

冷阴极电离真空规是潘宁(Penning)于 1937 年发明的。他利用在磁场和电场中的冷阴极放电现象来测量压力,通过限流电阻在阳极和阴极之间施加 1000~2000V 直流电压。在低压(< 1Pa)下,只有在磁场穿过电场的情况下才能维持这种放电。磁场极大地增加了电子从阴极到阳极的路径长度,因此它可以通过撞击气体分子以维持放电而产生另一个电子。

事实证明,放电电流与压强计中的压强从 1mPa~0.1Pa 几乎呈线性比例。由于磁场的作用,电子无法直接流向阳极,而是沿螺旋状移动通过压强计。离子由于质量大,基本不受磁场的影响,直接行进到阴极。通过离子轰击从阴极释放的二次电子起着建立和维持放电的作用。

在交叉场规中,放电通常不稳定。在早期的设计中,放电低于 10^{-3}Pa 时会变得不稳定,并且经常在 10^{-4}Pa 时完全熄灭。因此,科学家在此基础上进行改进,旨在增加放电的有效容积并减少不连续性。图 3-12 是潘宁在 1949 年发明的版本，其中阳极从其原始版本的圆环更改为开放的圆柱体。这种几何形状目前已广泛用于离子泵中，但仅适用于简单的真空规。

潘宁规的结构和工作原理如图 3-13 所示，它的外壳是金属材料并且接地。

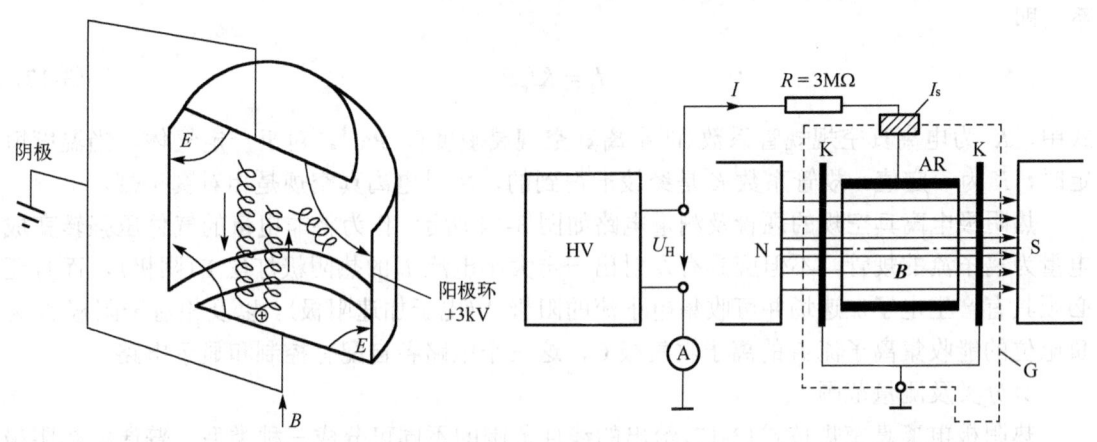

图 3-12 潘宁规中的电极布置场和轨迹

图 3-13 潘宁规的结构和工作原理
AR—阳极棒；G—测量电路；N、S—磁体的北极和南极；
HV—高电压；K—阴极

冷阴极电离真空规的工作原理也是利用低压下气体分子的电离电流与压强有关的特性，用放电电流作为真空度的测量指示，由电流表 A 作为真空度指示仪表给出读数。冷阴极电离真空规是靠冷发射（场致发射、光电发射、气体被宇宙线电离等）所产生的少量初始自由电子，在正交电磁场作用下，能够长时间在两块阴极极板之间往返做螺旋线形运动，直至与被测气体分子发生碰撞使其电离。最后电子被阳极所吸收，而电离产生的正离子则高速地打到阴极上，并且产生二次电子发射。气体分子电离产生的电子和阴极发射的二次电子也在阴极极板间长期运动，使电离过程连锁地进行，从而使气体分子在极板间产生复杂的繁流放电（也称为潘宁放电），产生的电流和空间的气体分子密度有关，因此可以用来指示相应的气压。

由于正常放电时在冷规规管内部空间的电荷密度很大，因此它的工作特性与热规相比较有所不同。实验表明，潘宁放电的放电电流 I(A) 与气体压强 P(Pa) 的关系可用式(3-16)表示：

$$I = KP^n \tag{3-16}$$

式中，K 为冷规规管系数（即规管灵敏度）；n 为与阴极材料、电场强度、磁场强度及气体种类有关的常数，取值通常为 1~2。

2. 热阴极电离真空规

1) 工作原理

在热阴极电离真空规规管中，由具有一定负电位的高温阴极灯丝发射出来的电子，经阳极加速后获得足够的能量，在气体中与分子碰撞可以引起分子的电离，产生正离子与电子。由于电子在一定的飞行路程中与气体分子碰撞的次数正比于气体分子的密度（单位体积中的分子数)n，也就是正比于气体的压强 P，因此电离碰撞所产生的正离子数也与气体压强成正比。利用收集极将正离子接收起来，根据所测离子流的大小来指示气体压强的大小，这就是热阴极电离真空规的基本原理。

收集极所接收的离子流 I_1 在一定压强范围内与阴极发射电流 I_e 和气体压强 P 呈线性关系，即

$$I_1 = KI_e P \tag{3-17}$$

式中，K 为电离真空规规管系数(即电离真空规灵敏度)，Pa^{-1}。对于一定气体，当温度恒定时，K 为一定值。规管系数 K 是经校准得到的，所以电离真空规是相对真空规。

热阴极电离真空规的规管及测量电路如图 3-14 所示，作为将非电量的气体压强转变成电量为离子流的规管，不但应具有发射出一定大小电流 I_e 的热阴极灯丝 F(阴极)，而且还必须具有产生电子加速场并可收集电子流的阳极 A(电子加速阳极)，以及相对于阳极 A 为负电位的能收集离子流 I_1 的离子收集极 C，这三个电路各自配有控制和显示电路。

2) 分类及测量范围

热阴极电离真空规按式(3-17)给出的线性范围的不同可分成三种类型：普通型热阴极电离真空规，压强测量范围为 $10^{-1} \sim 10^{-5}$Pa；超高真空热阴极电离真空规，压强测量范围为 $10^{-1} \sim 10^{-8}$Pa，有的下限可达到 10^{-10}Pa；高压强热阴极电离真空规，压强测量范围为 $10^3 \sim 10^2$Pa。限制热阴极电离真空规测量上限的主要因素是离子流与压强的关系在高压强下偏离线性而趋于饱和，其上限值由电极结构、电极间电位分布及发射电流的大小所决定。

规管系数 K 在气体压强 P 很低时仍可保持为常数，但离子流 I_1 随压强 P 降低而减小到一定程度后，将难以与其他和压强无关的本底电流区分开，因而达到其压强测量下限 P_{min}。这种本底电流包括软 X 射线光电流、电子诱导脱附离子流和阴极材料蒸气的离子流等。

(1) 普通型热阴极电离真空规。

图 3-15 中是巴克利最早发明于 1916 年的一种电离规，也称为圆筒形电离真空规。

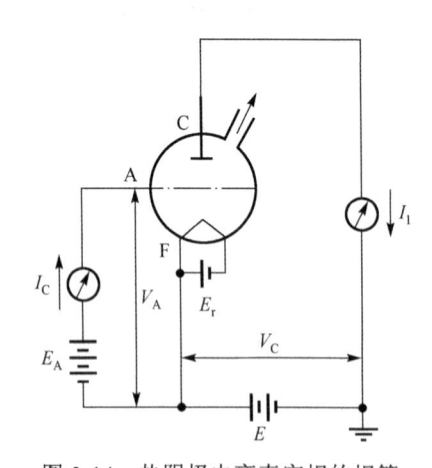

图 3-14　热阴极电离真空规的规管及测量电路示意图

F—热阴极灯丝；A—电子加速阳极；C—离子收集极

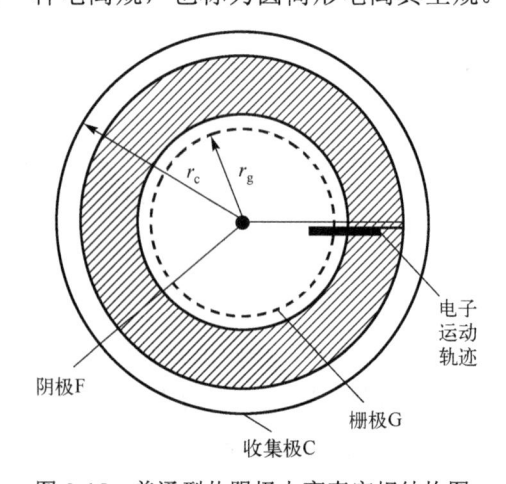

图 3-15　普通型热阴极电离真空规结构图

在图 3-15 中，规管中心热阴极 F 的电位为零，栅极 G 的电位 V_g 为正，收集极 C 的电

位 V_c 为负。从 F 上发射的电子在 V_g 的作用下飞向 G，越过 G 趋向 C，在 G-C 间的排斥场作用下电子逐渐减速，在速度变为零以后，电子反转并飞向 G，再超过 G 趋向 F，又在 G-F 间的排斥场作用下逐渐减速，在速度变为零以后，电子再一次反转并飞向 G。在这样的往返运动中，电子不断地与气体分子碰撞，将能量传递给气体分子，使气体分子电离，最后被栅极捕获。在 G-C 空间产生的正离子被收集极 C 接收形成离子流。离子流与气体压强 P 的关系如下

$$P = \frac{1}{K} \cdot \frac{I_+}{I_e} \tag{3-18}$$

式中，K 为规管系数，Pa^{-1}；I_+ 为离子流，A；I_e 为电子流，A。

由于各种气体的电离电位 V_i 是不相同的(表 3-3)，所以电离真空规的系数 K 与气体种类有关。电离真空规的相对常数 R 被定义为

$$R = K / K_{N_2} \tag{3-19}$$

式中，K 为电离真空规对某种气体的常数，Pa^{-1}；K_{N_2} 为电离真空规对氮气的常数，Pa^{-1}。

表 3-3　气体电离电位 V_i

气体	V_i/V	气体	V_i/V
He	24.5	CO_2	13.7
Ne	21.5	NO_2	11
Ar	15.7	H_2	15.4
Kr	14	N_2	15.5
Xe	12.1	O_2	12.2
Rn	10.7	Cl_2	11.6
W	8.0	CO	14.1

电离规的常数还与规管结构和电离参数有关。许多学者用实验方法测定了一些气体的相对常数 R，但他们所测定的相对常数之间零散性较大。这是由于每个人所选用的规管结构、电参数、实验条件不尽相同，也和他们在实验中选用的真空标准有关。应当特别指出，1960 年以前，这些实验中的电离规是以压缩式真空规作为真空标准的，因为那时还没有发现压缩式真空规中的水银蒸气流效应，因此所获得的相对常数数据是有问题的。表 3-4 是综合了有关数据而得到的相对常数平均值。

表 3-4　电离规对各种气体的相对常数 R

气体	R	气体	R	气体	R
N_2	1.0	空气	0.98	Xe	2.73
O_2	0.85	Hg	3.38	D_2	0.38
H_2	0.48	He	0.18	CH_4	1.4
CO	1.04	Ne	0.32	C_2H_6	2.6
CO_2	1.45	Ar	1.38	NH_3	1.2
H_2O	1.29	Kr	1.81		

(2) 高压强热阴极电离真空规。

采用 DL-2 型规管的普通型热阴极电离真空规的压强测量上限为 10^{-1}Pa，但在实际应用中常常要求能测量高于 10^{-1}Pa 的压强，因此将普通型电离真空规与热偶真空规组合在一起的复合式真空规得到广泛应用，其压强范围宽达 10^4~10^{-5}Pa，但是在测量时需要两种规管，给使用带来许多不便。此外，热偶真空规压强测量下限与电离真空规的测量上限都是 10^{-1}Pa，由于其测量原理的不同，常出现在 10^{-1}Pa 处两种真空规不衔接的问题。而 10^{-1}Pa 正好是真空冶金、真空热处理、半导体单晶制备等应用技术的工作压强，需要准确地进行测量。因此，扩展测量上限以实现较高压强的测量是电离真空规的一个重要发展方向。该类电离真空规习惯上称为高压强电离真空规或中真空电离真空规。

图 3-16 所示的中真空电离真空规的结构是：一根直丝阴极放置在两平行板之间，一板作为阳极，另一板作为离子收集极，阴极与阳极之间的距离为 1.6mm。从阴极上发射出的电子经过 1.6mm 的行程直接到达阳极。因为这样短的电子渡越距离，已经相当于气体压强为 10^2Pa 时电子在气体中的平均自由程，所以在气体压强低于 10^2Pa 时，此规中的电子行程不再受压强的影响而与压强无关。由于电子行程短和阳极电压仅为 60V，所以此规管的系数低（$K_{N_2} = 4.5 \times 10^{-3}$Pa），当气体压强为 200Pa 时，电子电离气体分子所产生的二次电子流 I_s 才相当于发射电流 I_e 的 10%。又由于离子收集极面积远大于阴极面积，并且在收集极上施加了 $V_c = -60$V 的电压，所以保证了收集极能够有效地收集大部分离子。

此外，图 3-16 所示的中真空电离真空规还采用了直径为 0.13mm 的镀有氧化钍的铱丝作阴极，具有较好的抗氧化性能，适于在较高压强下工作。此规的量程为 10^2~10^{-3}Pa。

(3) 超高真空热阴极电离真空规。

普通热阴极电离真空规的测量下限约在 10^{-6}Pa 数量级。早在 20 世纪 30 年代就曾发现：即使由表面效应估计压强已低于 10^{-8}Pa 时，传统电离真空规指示值也不低于 10^{-6}Pa。直至 20 世纪 50 年代初期，诺丁汉（Nottingham）提出软 X 射线光电流假说：栅状阳极受电子轰击会产生较 X 射线波长稍长、穿透能力较弱、被称为软 X 射线的一种射线，离子收集极接收此射线会发生光电子发射。由于这时收集极发射光电子与它收集到的离子是等效的，因此在离子收集极电路中就形成了一个与压强无关的本底光电流，测量时则表现为约 10^{-6}Pa 的压强读数。

为消除本底光电流的影响，从而扩展热阴极电离真空规测量下限，可采取如下措施：

① 从电极的几何结构上减小离子收集极被软 X 射线照射的面积，这就是 B-A 型电离真空规的设计依据。

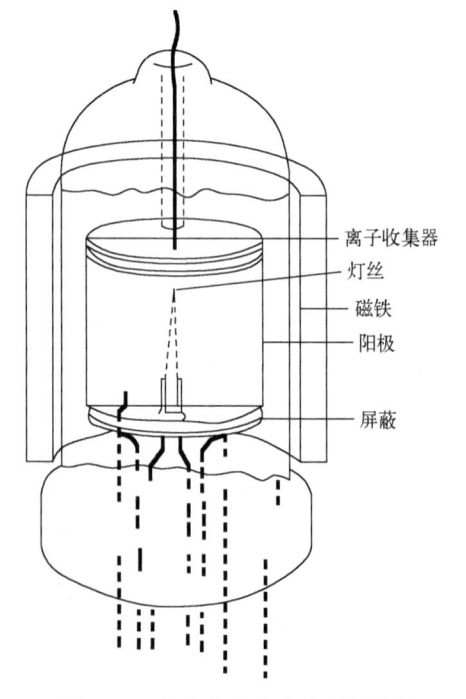

图 3-16 中真空电离真空规结构图

② 在离子收集极附近安装一相对于离子收集极为负电位的电极（抑制极），可以使离子收集极表面发射的光电子被电场折回，以消除本底光电流，这种方法称为光电子抑制法，也就是抑制式电离规的设计依据。

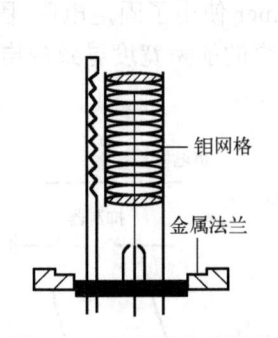

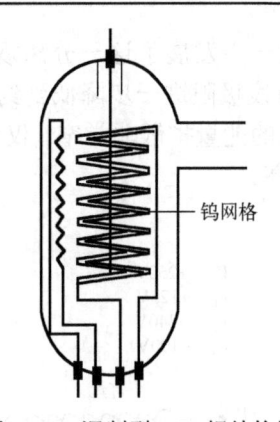

图 3-19 抑制式电离规结构　　图 3-20 调制型 B-A 规结构图

当 $V_m = V_c$ 时，收集极上的电流为

$$I_2 = aI_+ + I_x \tag{3-21}$$

在较高压强下，上述两式中的 I_x 可以忽略，使两式相除可以获得 a 值。在低压强下，上述两式相减，可以消去 I_x 而得到真正的离子流：

$$I_+ = (I_1 - I_2)/(1 - a) \tag{3-22}$$

但是更深入的研究指出，当调制极电压 V_m 从 V_g 变到 V_c 时，不但对离子流进行了调制，对 X 射线电流也进行了调制，而且还改变了栅网中的电位分布，使规管常数发生变化。此外，在很低压强下，调制极处于两种不同电位时的出气状态也不同，改变了规中的压强。因此，调制型 B-A 规的测量下限一般仅能延伸到 10^{-9} Pa。

ⅳ）分离规。

分离规属于外收集极式规管的一种（图 3-21），在这种规中，将离子收集极移出了栅格。在栅格和收集极之间引入一个简单的透镜，以将离子引出到收集极。离子反射器用于将离子反射到收集极上，增加灵敏度，类似于传统的 B-A 规。这样可以测量大约 10^{-10} Pa 的压强。同样在这种类型的压强计中，静电放电（Electrostatic Discharge）的效果也大大降低了。这是因为通过电子轰击从栅格表面释放的离子具有足够的能量以到达反射器电极并且未被收集。

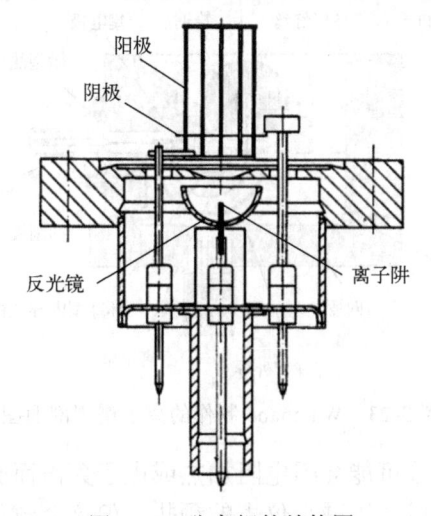

图 3-21 分离规的结构图

Helmer 进一步发展了这一分离规原理。通过用 90°偏转器将离子束引导到集电极上（图 3-22），X 射线极限进一步降低到约 $2×10^{-11}$Pa。Helmer 使用了固定电压，因为 B-A 规（中心没有集电线）的能量扩散非常窄，仅为 5eV。这种较窄的能量宽度导致静电分析仪工作的收集效率足够高。

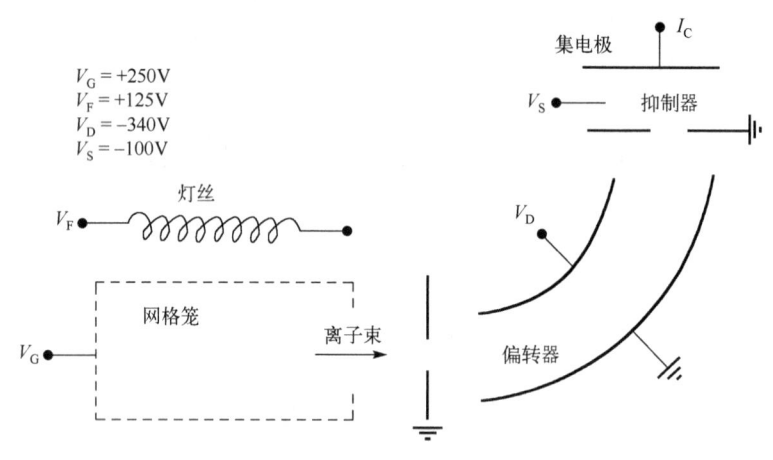

图 3-22 Helmer 设计的分离规

v) 离子谱规。

Watanabe 在 1992 年发明了一种非常复杂的离子规，称为离子谱规，如图 3-23 所示。该压强计使用分离规方案，但有一个半球形偏转器，使离子收集板完全远离网格的视线。该收集极配备有抑制器电极，以抑制由反射的 X 射线离开收集极产生电子。半球形偏转器内部电极处于接地电位，外部电极处于可变正电位，可以根据它们的能量分离产生离子。由于从栅极到收集极的电势梯度及空间电荷效应，在阳极栅极产生的离子（电子激发的解吸效应）比在气相中产生的离子具有更高的能量。在 Helmer 真空规中也使用了这种效应，但是在离子谱规中使用了球形栅格，以增加电子在其中心的空间电荷。与 Helmer 真空规相比，通过这种方法，离子谱规可以更有效地分离静电释放离子和气体离子。

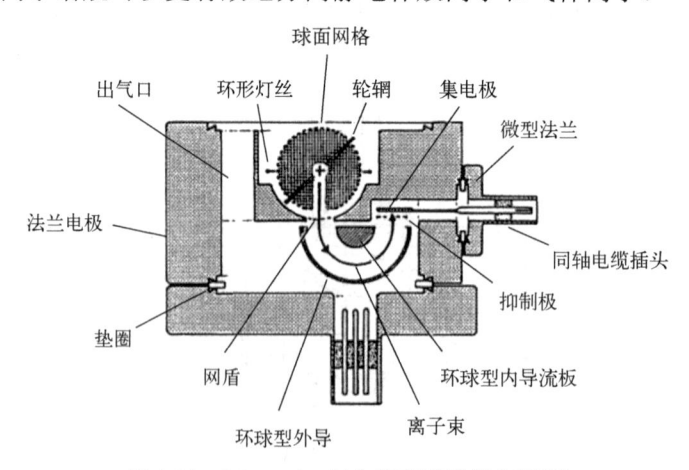

图 3-23 Watanabe 制作的离子谱规剖面图

规管靠近热丝的那些部分可能会因电阻加热或电子轰击而脱气。另外，规管的外壳由高热导率材料（如铜或铝）制成，以减少仪表的预热，但这会致使氢气释放。

本小节对真空规进行了详细的分类及介绍。每一种真空规都只能适用于一定的压强范围,有的能测出全压强,有的则只能测出永久性气体的分压强;有的反应迅速,有的反应缓慢。目前真空规种类繁多,因此应对其进行分类。真空规的分类主要有两种方法:一种是按真空规读数的刻度方法进行分类,即前面所叙述的绝对真空规和相对真空规。前者如U形管压强计、压缩式真空规、热辐射真空规等;后者如热传导真空规、电离真空规等。另一种是按真空规的测量原理进行分类,也有两种,即直接测量真空规和间接测量真空规。前者是以直接测量单位面积上的力为原理,如静态液位真空规、弹性元件真空规等;后者是通过低压下与气体压强有关的物理量的变化来间接测量出压强的变化,如压缩式真空规、热传导真空规、热辐射真空规、电离真空规、黏性真空规、分压强真空规等。

3.3 分压强测量

随着真空技术的不断发展,不但要求准确测量气体的全压强,而且还希望对真空容器内残余气体的成分进行分析,了解气体的纯度,掌握气体中各种组分气体所占份额;或者直接测量真空中混合气体组分和相应的分压强值。这就是残余气体分析或分压强测量技术。所用的仪器称为残余气体分析仪或分压强真空规。由分压强真空规测得的混合气体各组分压强之和就是其全压强,这就能同时给出真空的量与质两个方面的指标。

3.3.1 分压强测量或残余气体分析的过程

分压强测量所使用的仪器大多数是专用的小型质谱类仪器——真空质谱计。由于目前的分压强真空规大多数精度不高,只能用于分析气体各种成分的存在并估计其大小,尚未能进行准确定量测量,这时称为残余气体分析仪。

分压强真空规或残余气体分析仪的真空质谱计都属于电离类型的,按原子离子或分子离子的质荷比进行分析,其工作过程可分为以下三个阶段:

(1)在离子源中通过电子碰撞将气体电离。

(2)在质量分析器中利用磁偏转、共振、飞行时间不同等质量分析技术,将离子按质荷比进行分离。

(3)检测器(或离子收集极)接收分离的离子,将离子流放大,在显示装置上依次显示出每一质荷比的离子流强度。

3.3.2 四极质谱仪

四极质谱仪的结构如图3-24所示。

四极质谱仪由离子源、分析器和收集器三部分组成。离子源由灯丝、反射极和阳极等组成。电子由加热的灯丝发出,被阳极加速,有一部分穿过阳极孔而进入离化室;电子在离化室内与气体分子碰撞使其电离产生正离子。离化室内的离子被离子入口膜片加速并吸出,进入分析器。分析器由四个对称排列的双曲面四极杆组成,两个相对的极杆彼此连接起来,两对极杆之间对称施加直流电压和高频电压,直流电压和高频电压幅值保持一定比值(一般约为1/6)。当直流电压和高频电压低时,质量小的离子在四极场中运动轨迹稳定(有界），且运动轨迹幅度小于四极场半径，故低质量的离子可以通过四极杆空间，经过离子出口打到离子收集极上。当直流电压和高频电压高时，质量大的离子可通过四极场空间。在某一特定的电压和频率下，只有一种质量的离子可以通过，其余的离子都通不过，所以称为质量过滤器或简称滤质器。依据滤质器的特点，在每一个测量周期中，当直流电压和高频电压由小逐渐变大时，质量不同的离子，从质量小到质量大依次通过分析器到达离子收集极，这一过程称为质量扫描。根据收集极离子流的变化，可以判断各种气体的成分和相对比例。

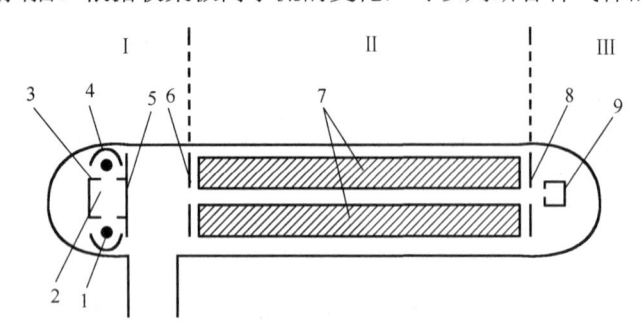

图 3-24 四极质谱仪的结构示意图

1—灯丝；2—离化室；3—阳极；4—反射极；5—离子膜片；6—离子入口；7—四极杆；8—离子出口；9—离子收集极；
Ⅰ—离子源；Ⅱ—分析器；Ⅲ—收集器

四极质谱仪对不同气体的灵敏度，虽然经过电离概率的修正，但仍不相同。在测量中表现为相同峰高的两种气体，即使电离概率相同，也并不对应压强相同；或者说相同分压强的两种气体，谱图上峰高并不相同。这种现象称为质量歧视现象。四极质谱仪的质量歧视严重，因此不易进行分压强定量标定。

3.3.3 射频质谱仪

射频质谱仪属于能量平衡型质谱计，没有磁铁，只靠电场来达到质量分析的目的。其工作原理见图 3-25。K 为阴极，$G_1 \sim G_5$ 为等距的栅极，C 为离子收集器。以阴极电位为参照，G_1 加正电位，作电子收集极。G_5 加正电位，对向离子收集器运动的离子形成一个适当的排斥场。在 G_3 与 G_2、G_4 间加高频电压，于是 G_2、G_3 间的电位差为

$$V_{23} = V_0 \sin(\omega t + \theta) \tag{3-23}$$

G_3、G_4 间的电位差为

$$V_{34} = -V_0 \sin(\omega t + \theta) \tag{3-24}$$

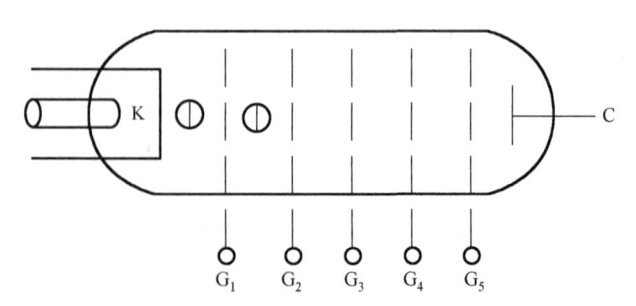

图 3-25 射频质谱仪结构原理图

K—阴极；$G_1 \sim G_5$—栅极；C—离子收集器

因为 G_1 正而 G_2 负,故阴极发射的电子在 G_1 前后来回振荡。电子在 G_1、G_2 间产生的离子群受 G_2 加速后,除 G_2 截获一部分外,其余进入高频电场,在 G_2、G_3 和 G_4 间进行分析。离子经 G_2 加速后不同质量的离子已具有不同的速度,在合适相位时进入高频电场的离子就会受到电场的加速。如果有一种离子,它们的速度使得当其飞抵 G_3 并开始进入 $G_3 \sim G_4$ 时电场相位正好改变,那么它们就能从电场获得最大能量;其余离子因速度不合适,能量有大有小,但都未能达到最大值。这样便可以调节 G_5 的排斥场,使只有动能最大的离子才能穿过 G_5,飞抵离子收集器。质量扫描由改变高频电场的频率来实现。

3.3.4 飞行时间质谱仪

飞行时间质谱仪是根据"渡越时间"的原理进行质量分离的。该仪器由离子源、无场漂移管、电子倍增器及相应的测量与控制电路所组成,如图 3-26 所示。

从图 3-26 可以看出,由阴极 F 发出的电子受到电离室 A 上正电位的加速,以很窄的束流通过电离室到达电子收集极 P。在飞行时间质谱仪中,电子束在平时处于截止状态;工作时,将一个宽度很窄(约 0.25μs)的正脉冲加到控制栅上,把电子束引入电离室,使气体分子电离,电子束的能量在 0~100eV 内可调。紧接着电子束脉冲消退后不久,在聚焦栅上加上一个约 270V 的负脉冲(宽度约为 2.5μs),将离子引出电离室 A,进入加速区。加速栅 G_2 上是施加 2.8kV 的负高压 U,它使离子加速以速度 v 飞越长度为 L 的无场漂移管,最后到达离子检测器——电子倍增器 C。如果位于漂移管起始端的不同质量的离子群均具有相同的能量,那么不同质量的离子将在漂移管内按其质量分成若干小群。轻质量离子的速度较快,先到达离子检测器,重质量离子的速度较慢,后到达离子检测器;测出这些离子到达离子检测器的时间就可得到一个完整的质谱。上述过程可以重复进行,重复频率可达数万赫兹。也就是说,这种仪器可以在几十微秒内记录一组质谱。

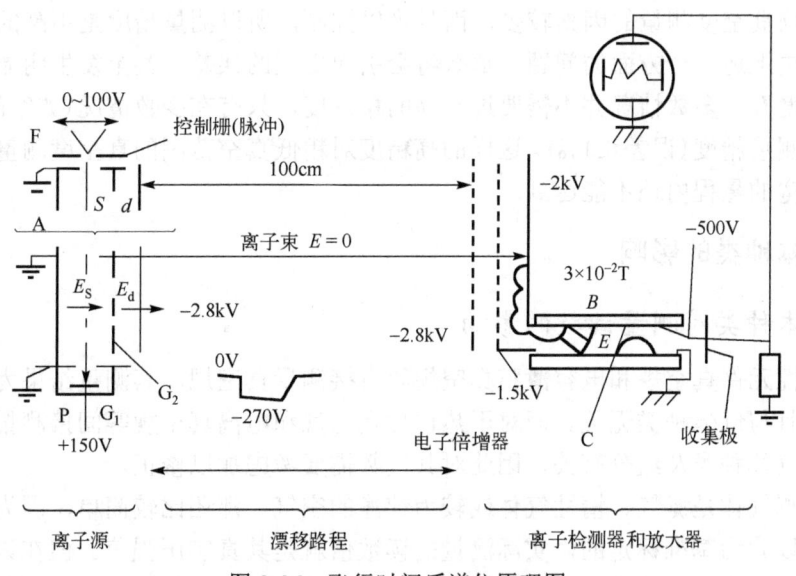

图 3-26 飞行时间质谱仪原理图

除了按很高的重复频率记录整个质谱外,仪器还可采用选峰扫描方式。此时,要求离子检测器具有多路输出能力,磁式连续打拿极倍增器就具有这种功能。这种倍增器可以有六个模拟门,如果在门电极上加一个负电压脉冲,就可收集到质谱信号的脉冲电流,并可将其按模拟形式输出到记录仪上。这样就可实现同时监控质谱中所感兴趣的六个峰。

飞行时间质谱仪的优点是:机械结构简单;不需要磁铁;反应和记录速度快,能在数十微秒内记录一组质谱;灵敏度高;能在较高的压强下工作。其缺点为:仪器体积较大;测量与控制电路复杂。

3.4 真空度测量的影响因素

在真空度测量实践中,要用真空规精确地测量被研究的稀薄气体压强以达到预期的目的,必须考虑下列三个问题。

(1) 首先要对研究对象有一般性的了解:
① 是可凝的气体还是可凝的蒸气?是单一气体还是混合气体?是惰性气体还是活泼性气体或腐蚀性气体?
② 气流状态是稳态还是瞬态?是均匀气流还是非均匀气流?
③ 所处的温度是等温还是不等温?是高温还是低温?
④ 有无磁场、电场、振动、冲击、加速度、带电粒子、辐射等特殊条件?

(2) 根据研究对象的情况和研究目的,正确选用真空规,并需对所选用的真空规有较深入的了解,即了解其原理、量程、特殊和局限性,以便正确地使用它。

(3) 要研究真空规与被测对象之间的相互作用。真空规的引入可能会使被测对象的原来状态发生畸变,同时被测对象也可能改变真空规的性能、干扰真空规的正常工作。

由此可知,要比较精确地进行真空度测量,仅仅孤立地研究真空规还是很不够的,必须全面地研究与上述三个方面问题有关的测量技术。

由于影响真空度测量的因素较多,而且难以控制,所以测量精度是不高的。如果再不能很好地解决上述三个方面的问题,那么将会引起更大的误差,甚至发生明显的错误。从真空应用角度看,多数情况并不需要过于高的精确度,只有在少数情况(如空间研究中)下才要求高的测量精度(误差≤1%)。这样的高精度对粗低真空范围的真空度测量是可以满足的,但在更宽的量程内还不能达到。

3.4.1 气体种类的影响

1. 气体种类对测量读数的影响

对于弹性元件真空规和电容薄膜真空规等直接测量真空规,其测量结果为气体和蒸气的全压强,且与气体种类无关。而对于热传导真空规和电离真空规等间接测量真空规,其测量结果与气体种类及组分有关,因此对其读数需要考虑加以修正。

如果被测气体是氮气、惰性气体或较为纯净的空气,那还比较简单,因为普通真空规出厂前都是以此为基准标定的,实际测量的读数值就是其真实压强值。但在许多情况下,被测气体往往是空气、特殊的工艺放气、水蒸气、油蒸气等多种气体和蒸气的不同组合,从而会影响相对真空规的测量结果。因此,通常引入相对灵敏度的概念,针对不同气体加以修正。

2. 气体种类对真空规的影响

被测气体中的各种蒸气会对真空规造成影响，其中尤以氧气、水蒸气、油蒸气等组分对真空规的影响严重。采用电阻真空规测量时，氧气和水蒸气会氧化规管热丝，改变热丝的表面状态；油蒸气附在规管的热丝和管壁上，会改变表面性能，因此都将引起规管零点漂移和灵敏度的改变，导致读数不准。采用高压强热阴极电离真空规测量时，氧气和水蒸气会明显损耗规管的热阴极；油蒸气在高温阴极表面或电子轰击下分解生成的碳氢化合物会污染电极和规管壁，使规管灵敏度和特性发生明显变化。因此在粗低真空区，测量氧气、水蒸气或油蒸气的压强通常采用电容薄膜真空规。

1) 氧气

氧气是理想气体，所以可用压缩式真空规进行测量，但分压过高时会使水银表面发生氧化，从而污染玻璃毛细管的内表面，导致水银毛细管压强值的无规则变化，产生很大的测量误差。氧气对水银 U 形压强计也有同样的影响。

氧气会使热传导真空规的热丝氧化，改变热丝的表面状态，引起规管零点漂移和灵敏度的改变。例如，采用抗氧化性好的白金丝作热丝则能使规管性能稳定。

电离真空规的热阴极在氧气中工作会有明显的损耗。如果在高于 10^{-2}Pa 的氧压下工作，钨阴极很快就会被烧坏。如果在低于 10^{-3}Pa 的氧压下工作，钨阴极就可以长时间使用。热阴极电离真空规对氧气有较大的抽速，冷阴极电离真空规对氧气的抽速更大。

在粗低真空区间测定氧压的最好规型是薄膜规（尤其是不锈钢制的电容薄膜真空规）。也可以采用 α 规和 β 规。测量空气（N_2、O_2）压强时应考虑真空规与氧气的作用。

2) 水蒸气

可凝性水蒸气的压强一般不能用压缩式真空规来测量。

若用热传导真空规测量水蒸气的压强，也会与测氧压一样，引起规管零点的漂移和灵敏度的改变。

用具有钨阴极的电离真空规测量水蒸气压强时，水蒸气会被高温钨表面分解并与钨反应生成氧化钨和原子态氢，氧化钨蒸发后附着在玻璃壁上，原子态氢则从玻璃壁上的氧化钨中夺取氧再变成水蒸气，这样循环下去，水蒸气就起着"输运"钨的作用，致使钨不断"蒸发"。在高于 10^{-2}Pa 的水蒸气压强下使用钨阴极时，会使钨严重"蒸发"，此时钨的消耗速率相当于在氧气中的 1/5，与在大气中的消耗速率差不多。例如，在电离真空规中采用铼或铼钨阴极，则可用来测量高达 10^{-1}Pa 的水蒸气压强。

通常对可凝性水蒸气测量，在粗真空区间可用 U 形压强计，在低真空区间可用薄膜规和 α 规，在高真空区间可用黏滞规和克努森（Knudsen）规。

真空规对于水蒸气的可靠校准方法至今还没有建立，一般只是用对氮气校准过的真空规来测量，而以等效氮压强来表征水蒸气压强。

3) 油蒸气

在拥有油的抽气系统（扩散泵和机械泵）中存在分子量很大的有机油蒸气及其分裂物。它们的蒸气压一般比较低，因此不能用压缩式真空规测量。如果用压缩式真空规测量机械泵的极限压强，测得的数据要比热传导真空规约低一个数量级。

用 U 形压强计测量油蒸气压强时，因为工作油可以溶解油蒸气，所以也不能得到正确的指示。

用热传导真空规测量时，油蒸气附在热丝和规壁上，会改变表面性能，引起热传导真空规零点漂移和灵敏度的改变。用电离真空规测量时，油蒸气会被高温阴极表面所分解或由电子轰击而分解，生成碳氢化合物，污染电极和管壁，使规管的灵敏度和特性发生明显变化。规管对油蒸气的灵敏度要比氮气高 10 倍。要校准电离真空规对高分子碳氢化合物的灵敏度是很困难的，不同资料对低分子量碳氢化合物校准的结果也不一致，但综合有关数据可得出电离真空规对不同碳氢化合物的相对灵敏度的规律。

通常测量油蒸气压强，在粗低真空区间可用薄膜规测量；在高真空区间可用克努曾规测量。

3.4.2 温度的影响

真空规管的实际使用温度与出厂校准温度不相同，规管温度与被测系统温度不相同，被测系统温度不均匀或发生变化，均会引起被测系统中气体温度变化，影响真空度测量结果，从而引进测量误差甚至发生明显错误。假设规管出厂校准时的温度为 T_0（一般为 293K），规管现场使用温度为 T_1（单位为 K），规管的读数压强值为 P_{1m}（单位为 Pa），对应气体的真实压强和气体分子数密度分别为 P_1 和 n_1（单位为 m^{-3}），此时被测真空系统中的温度为 T_2，气体压强和气体分子数密度分别为 P_2 和 n_2。在不同的压强范围内，可以按以下公式进行修正。

(1) 高压强（$\lambda \ll d$）时，系统平衡条件是各处压强相等，即

$$P_1 = P_2 \cdot \frac{n_1}{n_2} = \frac{T_2}{T_1} \tag{3-25}$$

如果用直接测压强的真空规，规管温度、被测系统温度及规管校准温度各不相同，不引起误差，$P_1 = P_2$，不需要修正。而采用测密度的间接测量真空规（热传导真空规和电离真空规）测量时，必须修正到校准温度：

$$P_2 = P_1 = \frac{T_1}{T_0} P_{1m} \tag{3-26}$$

(2) 低压强（$\lambda \gg d$）时，系统平衡时两处的压强和密度都不相等，而是

$$\frac{P_1}{P_2} = \sqrt{\frac{T_1}{T_2}}, \quad \frac{n_1}{n_2} = \sqrt{\frac{T_2}{T_1}} \tag{3-27}$$

用测压强的方法直接进行真空度测量时，$P_1 = P_{1m}$，并按式（3-26）进行修正。用测密度的方法间接进行真空度测量时，则要修正到标准温度，此时有

$$P_1 = \frac{T_1}{T_0} P_{1m}, \quad P_2 = \sqrt{\frac{T_2}{T_1}} P_1 = \frac{\sqrt{T_2 T_1}}{T_0} P_{1m} \tag{3-28}$$

3.4.3 管规和裸规的影响

1947 年布利斯(Blears)首先观察到，在用管规和裸规同时测量油扩散泵系统的极限压强时，裸规读数要比管规高 10 倍。这现象称为布利斯效应。产生布利斯效应的主要原因是管规连接导管对油蒸气的吸附作用。它相当于一个挡油阱，使管规只能测出理想气体的分压，而裸规测量的则是理想气体的分压与油蒸气分压之和。

实验证明，连接导管对油蒸气的流导为对空气流导的 $1/10^4$。只有在连接导管内表面吸附的油蒸气达到饱和时，管规与裸规的读数才趋于一致。但是达到饱和的时间是十分长的，需 3～4 个星期。

此外，造成管规和裸规压强读数不同的原因还有：

(1) 电离真空规对油蒸气的灵敏度比对氮气的灵敏度高 10 倍。

(2) 油分子进入管规后，一方面被管规壁吸附，另一方面被热阴极分解后被清除。当管壁上因电极材料蒸发形成吸气膜时，对油蒸气及其分解物的抽速更大。

(3) 管规玻璃外壳的电位对管规灵敏度影响较大。

(4) 管规与被测容器的连接导管的流导 C 的影响也较大。若管规(特别是电离真空规)存在抽气或放气时(经严格去气的管规抽气作用大，而未经严格去气的管规放气作用大)，连接导管流导 C 的影响会使管规压强 P_1 与被测容器压强 P_2 不相同。例如，管规抽气或放气量为 q_G (放气时 q_G 为正值，抽气时 q_G 为负值)，则

$$P_1 = P_2 - \frac{q_G}{C} \tag{3-29}$$

一般测量均匀平衡系统的全压时，裸规读数要比管规更正确。但存在定向气流的系统中，管规可测出反映方向性的"有效压强"，而裸规的读数则没有明确的含义。

3.4.4 规管吸放气的影响

测量系统(规管及其连接管)对被测系统的影响，可以概括为"气沉"和"气源"两个动态效应的综合。尤其是在很低压强的测量中，这两个效应的影响是十分严重的。例如，用两支 B-A 规通过各自的导管接在静态真空系统上测量系统的压强。假设其中规 1 的"气源"效应强，而规 2 的"气源"效应弱，那么规 1 将比规 2 指示出较高的压强。也可假设规 1 中"气沉"效应小，而规 2 中"气沉"效应大，同样可得到规 1 比规 2 指示出较高压强的结果。因此，仅从外表上看很难断定哪支规管的测量值更正确些。要能作出正确的判断，必须研究规管和其连接管中"气沉"和"气源"的位置、大小和它的形成机制。

在不同形式的真空规中，以电离真空规的"气沉"和"气源"效应最严重，而其余各种真空规的影响很小，可以不考虑。下面仅讨论电离真空规中的"气沉"和"气源"效应。

1) 电离真空规中气体再释放

(1) 热解吸。热阴极电离真空规的高温阴极本身就是一种气源，它的高温热量辐射到其他电极和规壁上，将引起气体的热解吸。此外，栅极接收电子、收集极接收离子时，也会因发热而导致气体的热解吸。为了消除热解吸对测量的影响，要预先对规各电极和规壁进

行充分除气。可以采用烘箱烘烤、电子轰击、欧姆加热、高频加热等方法来除气。尤其是在超高真空环境中使用热阴极电离真空规时,必须采用严格的除气规程。

(2) 电解吸。由于电子收集极上存在气体吸附层,当电子打在其表面时会使吸附层的气体解吸,或先在表面将气体电离后再以离子形式解吸出来,这就是电子碰撞解吸(EID)效应。它是热阴极电离真空规的一个重要的下限因素。

(3) 光解吸。光解吸指的是固体表面受光辐照时,表面上的分子解吸和分解现象。在超高真空度测量中需要注意此现象。光解吸截面与光的波长有关。

由于在高能加速器和受控聚变反应器中存在着强烈的辐射,所以这种真空装置中的光解吸问题更为严重。

2) 电离真空规的抽气作用

(1) 电子清除。电子碰撞气体分子使其电离并产生离子,具有一定能量(约 100eV)的离子打到规管壁上或被收集极接收。这些离子或被束缚在其表面上,或被埋入内表层被清除掉,这称为"电子清除"。束缚得最牢的离子,只有在 300℃下烘烤才有可能再释放。如果规管内壁存在溅射的金属薄膜,则对氦气(He)有强烈的抽气作用。

电子清除抽气的抽速(S_E)与电子流、各电极电位、规管壁温度及有无磁场等因素有关。若电子流增大,离子流随之呈线性增大,所以电子清除抽气的抽速与电子流也近似呈线性关系;若栅极(加速极)电位改变,将引起电离概率和电子能量改变,故电子清除抽气抽速也随之改变;若有磁场存在(如冷磁控规),因其电离效率高,所以电子清除的抽速更大。规管壁温度及其电位对电子清除抽气的抽速也有很大的影响。规管壁温度降低,会使电子清除抽气的抽速增大和被束缚的分子再释放速率下降。当规管壁电位改变时,也会使电子清除抽气的抽速变化。例如,当规管壁电位与栅极等电位时,其电子清除抽气的抽速是规管壁与阴极等电位的五分之一。

为了降低电子清除作用,需降低灯丝发射的电子流和栅极电压。例如,在 B-A 规中,$I_e = 10\text{mA}$,$S_E = 0.03\text{L/s}$;$I_e = 100\text{UA}$,$S_E = 3\times10^{-4}\text{L/s}$。

(2) 化学清除。电离真空规规管对氮气的抽气作用较大,其原因是除了有电子清除抽气外,还有化学清除抽气作用。化学清除抽气有以下几种:

① 化学活性气体(H_2、N_2、CO_2、CO 等)在固体表面上的化学吸附效应。当表面形成一个单分子层时,化学吸附效应渐趋饱和。

② 高温钨丝的氧化作用。氧气与钨作用形成三氧化钨,三氧化钨沉积在规管壁上形成黑色膜。随阴极温度 T_w 上升,此效应增大,在 $T_w = 2200\text{K}$ 时,对氧气的化学清除抽速 $S_c = 0.6\text{L/s}$。

③ 气体在高温钨表面上的分解作用。氢分子在高温钨表面可分解为氢原子,氢原子易被吸附在规管壁上,在 $T_w = 1475\text{K}$ 时,这种作用对氢原子的抽速 $S_c \approx 0.1\text{L/s}$。氧分子也能在钨表面分解为氧原子,然后被吸附在规管壁上,在 $T_w = 1700\text{K}$ 时,对氧原子的抽速 $S_c \approx 0.04\text{L/s}$。这些现象都存在饱和情况。

3.4.5 热表面与气体相互作用的影响

规管中热丝与气体的作用包括氧化、分解和反应生成新的气体。前两种作用造成化学清除,后一种作用将引起被测系统的气体成分发生变化。例如,炽热的钨丝与气体(H_2)作用可分解成原子(H)，它很容易被吸附在不同的表面上，并且在表面与其他气体或物质合成碳氢化合物，从而大大改变被测系统中的气体组成。

另外，二氧化碳与热丝作用可生成氧气和一氧化碳；甲烷与热丝作用也会被分解。

采用低功函数的低温阴极，如氧化钍-钨丝(ThO_2/W)等，可以降低上述效应。如果在氧气中进行高温预处理来降低钨丝中碳的杂质浓度，则可以大大降低所产生一氧化碳的数量。

3.4.6 规管选择、安装及规程的影响

1. 选择

低于大气压的气体全压测量的范围很广，而且存在着各种气体成分组合、各种气流状态、不同环境条件等因素，情况比较复杂。在选用真空规和测量方法时要考虑如下几点。

(1) 测量范围、精度、反应速度。
(2) 所选真空规与被测气体间的相互作用。
(3) 被测气体成分的性质。
(4) 被测气流的状态。
(5) 环境条件。
(6) 特殊要求。

各类型真空规的性能比较见表 3-5。

表 3-5 各类型真空规的性能比较

名称	量程/Pa	精度/%	反应时间
汞 U 形压强计	$10^2 \sim 10^5$	10	数秒
油 U 形压强计	$1 \sim 2 \times 10^3$	1	数秒到数分钟
压缩式规	$10^{-3} \sim 10^3$	<3	测一次数分钟
布尔登规	$10^3 \sim 10^5$	<10	数秒
电容薄膜规	$10^{-2} \sim 10^3$	<1	<1s
电阻规	$10^{-2} \sim 10^4$	$10 \sim 100$	定温型约 1s
热偶规	$10^{-1} \sim 10^2$	$10 \sim 100$	数秒
电离规	$10^{-5} \sim 10^{-1}$	$10 \sim 20$	10^{-3}s
B-A 规	$10^{-8} \sim 10^{-1}$		
潘宁规	$10^{-5} \sim 1$	$20 \sim 50$	0.1s
热偶电阻规	$10^{-1} \sim 10^2$	$10 \sim 100$	数秒

2. 安装

原则上应尽可能地将真空规规管安装在接近被测量的部位，连接管道应尽量短而粗。这样才能正确测量出被测部位的实际压强。如果由于某种原因必须在其间安置导管、冷阱、挡板、过滤器等部件时，要进行相应的修正。此外，必须注意不应在真空系统中存在气源的地方安装规管。

对于没有定向气流的静态平衡真空系统，其各处压强相同，所以对规管安装无特殊要求。但是对于存在定向气流的非静态平衡系统，各处压强不相等，所以在安装规管时必须

注意"方向效应"。还需注意在存在温差的系统中，温差也可能引发气体的定向流动。规管安装方法如图 3-27 所示，如果要测静态压强，规管开口应如图中 1、4 所示。如果导管开口如图中 2、3、5 的形式，则测出的是方向性压强。由气流流速造成的动态压强，规管 2、5 测得的压强高于规管 1、4，而规管 3 测得的压强低于规管 1、4，规管 2 和规管 3 的测量结果可相差两倍。

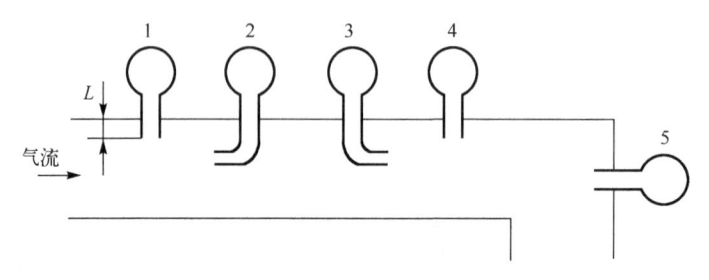

图 3-27 规管安装方法

3. 规程

要使真空规能获得精确的测量结果，必须科学地制订校准规程和测量规程。要做到真空量值的国际统一，除了要具有准确的真空度测量标准和良好的相对规以外，还必须科学地制订出统一的校准规程和测量规程。某一压强用同样的真空规测量，如没有按照统一的校准规程和测量规程操作，也会得出不同的结果。科学地制订校准和测量规程，就要求对测量实践中提出的一系列问题进行深入的分析和探讨。

本小节对真空度测量的影响因素进行了详细介绍，主要有气体种类对真空度测量的影响，温度、管规和裸规的影响，规管吸放气的影响，热表面与气体相互作用的影响，以及规管选择、安装、规程的影响。其中，对于弹性元件真空规和电容薄膜真空规等直接测量真空规，其测量结果为气体和蒸气的全压强，且与气体种类无关。而对于热传导真空规和电离真空规等间接测量真空规，其测量结果与气体种类及组分有关，因此对其读数需要考虑加以修正。而温度的影响主要是由真空规实际使用温度与出厂校准温度不相同所引起的。另外，还需注意不应在真空系统中存在气源的位置安装规管。总之，影响真空度测量的因素还有很多，避免这些因素还应当提高研究人员使用规管的水平。

3.5 真 空 检 漏

3.5.1 真空检漏概述

理想情况下，关闭泵后，真空室应永远保持所达到的真空压强。但是，如果没有主动抽气，实际系统中的压强将随着时间而上升。这个压强升高是由放气（气体分子从壁上自然逸出），以及气体分子通过泄漏而渗透且从外部渗透进入真空系统引起的。图 3-28 是压强随时间呈线性变化的三个典型曲线：线性排气开始和一旦排气蒸气压强达到平衡就趋于平稳，以及由于泄漏引起的线性增加和两种效果的组合曲线。

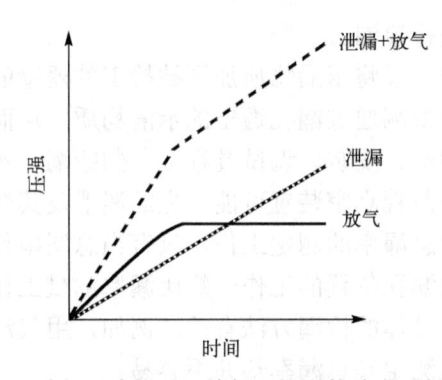

图 3-28 由于放气、泄漏以及放气和泄漏的结合而导致压强升高

实际上，不可能建立一个完全密封的真空系统，甚至没有必要。另一方面，泄漏率必须足够小以允许达到所需的压强水平。因此，为每个真空系统指定可接受的泄漏率很重要。在制造真空容器之后，必须证明其符合密封性要求。在组装和安装期间及组装之后，都需要进行进一步检查，以找出在先前步骤中可能产生的泄漏。因此，泄漏检测是产生真空以确保所需压强和气体成分的重要步骤，确保可以达到真空系统的条件。在过去几十年中，随着工业需求的不断增长，已经开发出足够的方法和检漏设备。

本小节将首先介绍有关泄漏率和泄漏类型的概念，然后介绍各种泄漏检测方法，并详细介绍使用最广泛的氦气检漏仪及其不同的应用。

真空检漏技术中的常用基本概念主要有如下各点：

(1) 虚漏：是相对于实漏而言的一种物理现象。这种现象大多数是由于材料的放气、解吸、凝结气体的再蒸发或系统内存在的封闭空间中气体的流出等原因而引起真空系统或容器中压强升高的一种现象。进行真空检漏作业时需要排除虚漏的影响。

(2) 气密性：是表征真空系统或容器室壁对空气不可渗透程度的一种性能。

(3) 漏孔：是指真空器壁上存在的形状不定、极其微小的孔洞或间隙。大气通过这种小孔或间隙进入真空系统或容器中。

(4) 漏率：即漏气速率。它是指单位时间内通过漏孔或间隙流入到真空系统或容器内的气体量。

(5) 最小可检漏率：是指采用某种检漏方法或仪器可能检测出来的最小漏率。

(6) 检漏灵敏度：或称有效灵敏度，即检漏仪器在最佳工作状态下能检测出的最小漏率。

(7) 反应时间：又称响应时间，是指从检漏方法开始实施(如开始喷射示漏气体)到指示方法或仪器指示值上升到其最大值的63%时所需要的时间。

(8) 消除时间：是指从检漏方法停止(如停止喷吹试漏气体)到指示方法或仪器指示值下降到停止值的37%时所需要的时间。

(9) 漏孔堵塞现象：是指由尘埃或液体所造成的漏孔堵塞。这些堵塞常常是指检漏作业操作不当而导致发生的一种暂时现象，检漏时似乎不漏气，但一经排气又会出现漏气的一种现象。

3.5.2 真空检漏的目的

对于大多数真空系统、容器、器件，如果真空抽不上去，首先应判断漏气是不是主要因素，然后确定是否需要进行检漏。

真空检漏就是用一定的手段将示漏物质加到被检工件器壁的某一侧，用仪器或某一方法在另一侧怀疑有漏的地方检测通过漏孔逸出的示漏物质，从而达到检测目的。

检漏人员的职责：在制造、安装、调试过程中，判断漏与不漏、漏率大小，找出漏孔的位置；在运转使用过程中监视真空装置可能发生的漏泄及其变化。

检漏程序：一般先进行总漏率的测定工作，只有当总漏率超出允许值后，再进行漏孔的定位工作。这是因为找出漏孔位置的工作一般比漏率测量工作更困难一些。当然这也不是绝对的，它与漏孔大小及具体的检漏方法有关。例如，用气泡法检漏能容易地找出较大漏孔的位置，而用这种方法测定其总漏率却并不容易。

3.5.3 漏孔及泄漏率

1. 漏孔

如图 3-29 所示，由于漏孔形状复杂，存在的形式各不相同，若想通过其几何尺寸来确定漏孔的大小是不可能的。因此，在真空检漏技术中，通常用漏气速率（简称漏率）来表征漏孔的大小。

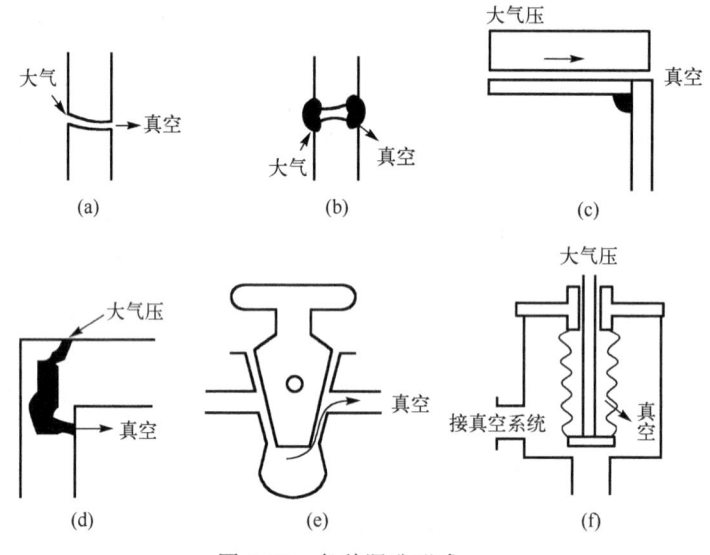

图 3-29 各种漏孔形式

用漏率表示漏孔大小时，如果不加特殊说明，则是指在漏孔入口压强为 1.01×10^5Pa，温度为 (296 ± 3)K 的标准条件下，单位时间内流过漏孔的露点温度低于 248K 的空气的气体量。漏率的单位是 Pa·m^3/s，有时用 Pa·L/s。

实际真空系统存在漏气是绝对的，不漏气是相对的。如果漏孔漏率足够小，漏入的气体量不影响真空装置或系统的正常工作，那么这种漏孔的存在是允许的。真空装置或系统在正常工作情况下所允许存在的最大漏率称为最大允许漏率，它是真空装置设计时必须提出的一个重要指标。

对于动态真空系统，即工作时依靠泵的持续抽气来维持系统压强的系统，只要其平衡压强能够达到所要求的真空度，这时即使存在漏孔也可以认为该系统的漏率是允许的。一般认为动态真空系统的最大允许漏率 $q_{L,max}$ 应该低于系统抽气能力一个数量级，即满足条件：

$$q_{L,max} \leqslant \frac{1}{10} P_w S \quad (3\text{-}30)$$

式中，P_w 为系统工作压强；S 为系统的有效抽速。

对于静态真空系统，即工作时与泵隔离开的密闭容器或封闭容器，要求在一定时间内，其压强应维持在容许的压强以下，这时即使存在漏孔同样可以认为该系统的漏率是容许的。如果要求在时间 t 内，容积为 V 的系统压强由 P 升至 P_t，则其最大允许漏率 $q_{L,max}$ 应满足的条件是

$$q_{L,max} \leqslant (P_t - P) \frac{V}{t} \quad (3\text{-}31)$$

2. 泄漏率

泄漏率定义为通过泄漏的气体的量，主要与气体类型、压差和温度有关。在体积为 V 的系统中，泄漏率 Q_l 由式(3-32)给出

$$Q_l = V \times \frac{\Delta P}{\Delta t} \quad (3\text{-}32)$$

式中，ΔP 为在时间间隔 Δt 内的压强上升。表 3-6 列出了常用的泄漏率单位及其转换系数。

表 3-6　各种系统单元中泄漏率的转换系数

单位	mbar·L/s	Torr·L/s	Pa·m³/s	cm³/s
mbar·L/s	1	0.75	0.1	0.99
Torr·L/s	1.33	1	0.133	1.32
Pa·m³/s	10	7.5	1	约 10
cm³/s	1.01	0.76	0.101	1

例如，对于高真空系统，可以将以下给出的泄漏率作为经验法则：

(1) $Q_l < 10^{-6}$ mbar·L/s：非常密封的系统。
(2) $Q_l < 10^{-5}$ mbar·L/s：密封系统。
(3) $Q_l < 10^{-4}$ mbar·L/s：泄漏的系统。

以下示例说明了孔的大小、相应的泄漏率和进入真空系统的气体量之间的关系。为了简化，假设孔是圆形的直通道，直径为 0.01mm（约为一根头发的直径），对应的泄漏率为 10^{-2} mbar·L/s。对于泄漏率 $Q_l = 10^{-10}$ mbar·L/s = 10^{-10} cm³/s 的孔，体积为 1cm³ 的天然气需要 317 年才能流经泄漏通道。

3.5.4　泄漏类型

由于材料内部和/或连接区域的各种缺陷，可能会出现抽气泄漏：

(1)通过钎焊、焊接或胶合的固定连接，特别是在玻璃-金属和陶瓷-金属等不同材料之间的过渡。

(2)机械应力或热应力造成的毛孔和毛发裂缝在一定程度上始终存在，因此，毛孔和毛发裂缝的尺寸和数量必须足够小，以免引起干扰。

(3)法兰连接。

(4)在极端温度下，冷/暖泄漏会增加，通常是可逆的。

(5)虚拟泄漏，气体从内部小孔、死角等处蒸发，最终导致较长的抽气时间。

(6)来自供应管线的间接泄漏，如冷却系统的冷却水或气体/液体（He、N_2）。

(7)渗透，即材料的自然孔隙率。

因此，在设计和制造过程中必须格外小心，以免存在潜在的泄漏。

3.5.5 检漏影响因素

泄漏搜索的目的是定位泄漏和/或确定总泄漏率或局部泄漏率。根据泄漏的大小，可以将各种效果用于泄漏检测。所有方法基于在容器的一侧测量的物理特性的变化，而在另一侧改变气体的压强或性质。如前所述，大的泄漏会产生机械效应，而较小的泄漏则需要更复杂的机制方法。

1)机械作用

应用可测量的机械效果的方法仅限于大泄漏。例如，超声检测器可以用于监测由泄漏附近的气体产生的振荡。此方法的检测极限仅限于 10^{-2} mbar·L/s 的泄漏率。灵敏度可以达到 10^{-4} mbar·L/s。

这些方法简单、执行迅速、便宜且可以定位泄漏。但是，由于灵敏度有限，它们被限制在高压区域。

2)改变残余气体的物理性质

通过添加气体(示踪气体)局部改变泄漏附近的空气成分，可以改变残余气体的成分，从而改变其物理性能。由于有了对许多气体性质的测量方法，测量这些变化可以用来确定泄漏的位置和大小。这种方法的敏感性是足以检测很小的泄漏。下面简要介绍目前最广泛使用的方法。可以使用皮拉尼真空规和乙醇、二氧化碳或氢气作为示踪剂来检测热导率的变化。如果是氢气，压强会上升，否则会下降。使用(重)稀有气体，可以通过离子规甚至溅射离子泵的信号来监控电离截面的变化。

分析残余气体的质量是定位泄漏的最敏感、最广泛的方法。使用优化的质谱仪和氦气作为示踪气体，可以检测到低至 10^{-12} mbar·L/s 的泄漏率。

3)示踪气体

示踪气体应具有以下特性：

(1)残余气体质谱图中有明确信号。

(2)化学和物理惰性，非爆炸性和经济实惠。

(3)空气中的含量极低。

(4)易于抽除，并且不会污染系统。

氦气可以满足上述所有条件，因此最常用。例如，假设压强差为1bar，通常以氦气标准泄漏率给出从空气到真空的泄漏率。氦原子的直径很小，因此可以检测到非常小的泄漏。由于氦气的速率是空气速率的3倍，因此与空气相比，灵敏度也提高了3倍。

此外，氩气经常用作示踪气体。但是，残余气体质谱图中的信号具有混合特征，对于Ar^+和碳氢化合物，质荷比为40；对于Ar^{++}、^{20}Ne和$^{18}OH_2$，质荷比为20。另外，周围空气中氩气的自然含量明显高于氦气。

3.5.6 氦检漏器

1. 概述

原则上任何类型的残余气体分析仪都可以作为质谱仪氦检漏器。它具有180°的磁扇区，目的是优化检测质量。

为了检测微小的泄漏，要测量的电流是非常小的。最小测量是在10^{-12}mbar下电流的最高灵敏度低至10^{-15}A时实现，可在检漏器中使用电子倍增器来实现。

在质谱仪中，要收集的离子的典型路径长度约为15cm。由于离子应在不与其他气体分子碰撞的情况下通过，工作压强应低于10^{-4}mbar，对应于60cm的平均自由程。

2. 历史和原理

氦泄漏检测方法的起源是"曼哈顿计划"和铀浓缩工厂所需要的前所未有的密封要求。由于其工业用途，所选用的材料（最初是玻璃）变得十分脆弱，在用户多次投诉后，人们开发并设计了一种新的方案。该仪器的灵敏度从1946年的约10^{-7}Pa·m³/s，增加到1970年的约10^{-10}Pa·m³/s。目前，最敏感的检漏器的灵敏度为10^{-13}Pa·m³/s。

氦检漏器的中心部分是将残余气体电离并在质谱仪中加速和过滤产生的离子。大多数电流探测器像最初的设计一样，使用磁扇区将氦离子与其他气体分离。永磁体一般用于产生磁场。通过改变离子能量来调整氦峰的选择。为了检测小泄漏，要测量的电流也非常小。

氦检漏器的灵敏度由氦流通过泄漏与电池内分压增加的比值给出。为了提高灵敏度，必须降低示踪气体的抽气速率。这必须在不降低其他气体（主要是水蒸气，因为泄漏检测通常发生在未烘烤的系统中）的抽气速率的情况下进行，以保持发射电离电子的灯丝的适当工作压强。

3. 氦泄漏检测

当在真空容器中寻找泄漏时，示踪气体从外部进入系统，在检漏器中测量其浓度。对于泄漏位置，示踪气体被局部喷涂；而对于总泄漏测量，真空容器被示踪气体完全包围，如图3-30所示。

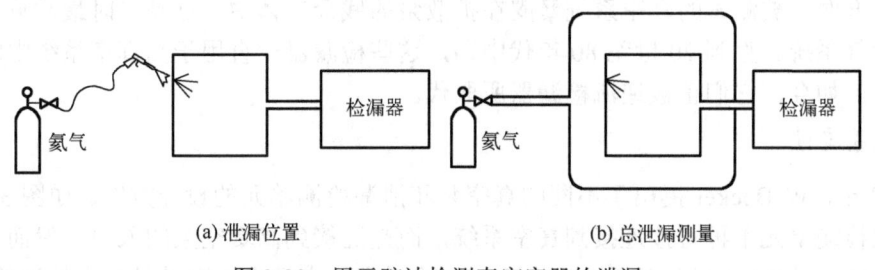

(a) 泄漏位置　　　　　　　　　(b) 总泄漏测量

图3-30　用示踪法检测真空容器的泄漏

对于加压系统,通常采用检测器方法。所要研究的装置用示踪气体加压。对于泄漏位置,探测器探头通过毛细管或针阀连接到传统的氦检漏器上,以将大气压强降低到约 10^{-4}mbar 的最大容许压强[图 3-31(a)]。约 10^{-7}mbar·L/s 的"嗅探法"的检出限是由空气的天然氦气含量决定的。对于总泄漏测量,容器放置在一个测试室与探测器单元中,如图 3-31(b)所示。

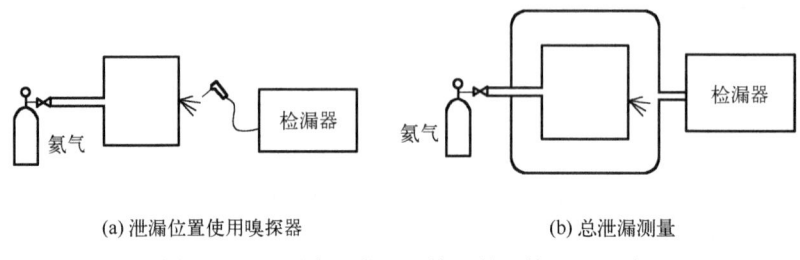

(a) 泄漏位置使用嗅探器　　　　　　(b) 总泄漏测量

图 3-31　压强容器的泄漏检测使用检测器方法

4. 直流法

在直流检漏器中,真空系统按图 3-32 连接泄漏检测单元及相关真空泵。

为了提供选择性,在泄漏检测单元和检漏器的输入法兰之间安装了液氮陷阱。捕集器的高抽气速率使检测单元中的压强降低,因此,泄漏检测可以更早开始,而不会降低氦的灵敏度。这种能够在小型系统上探测低至 10^{-12}Pa·m³/s 的漏率。当检漏器运行时,需要定期重新填充液氮陷阱:需要一个容易获得的液氮来源。这个陷阱也阻碍了扩散泵油-蒸气回流到检测单元。这对于避免在电离电子束与油蒸气相互作用过程中形成的绝缘涂层在电池容器中沉积是非常重要的。另外,由于扩散泵的升温时间,启动所需时间约为 15min,操作复杂。

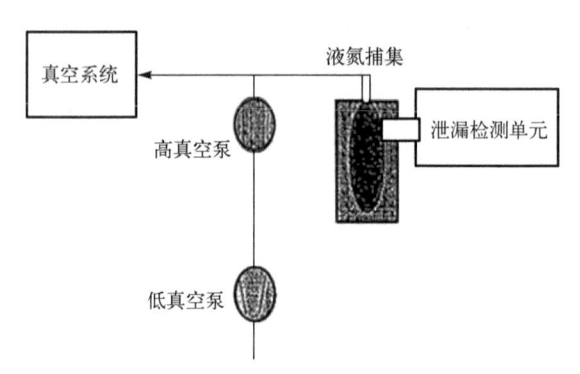

图 3-32　直流法示意图

另一方面,被测试的真空系统暴露在扩散泵的残余气体中,这是当时最常见的产生高真空的抽气系统。直到 20 世纪 80 年代中期,这些检漏器一直用于高真空系统中的大部分泄漏检查。如今,它们正被逆流检漏器所取代。

5. 逆流法

1968 年,W. Becker 提出了不同的真空泵和泄漏检测单元的设计方案。如图 3-33(a)所示,泄漏检测单元不再直接连接到真空系统,而是连接到高真空泵的入口。然而,逆流法的实现仍需要数年的时间。直到 20 世纪 70 年代中期,市场上才有满足要求的涡轮分子泵。

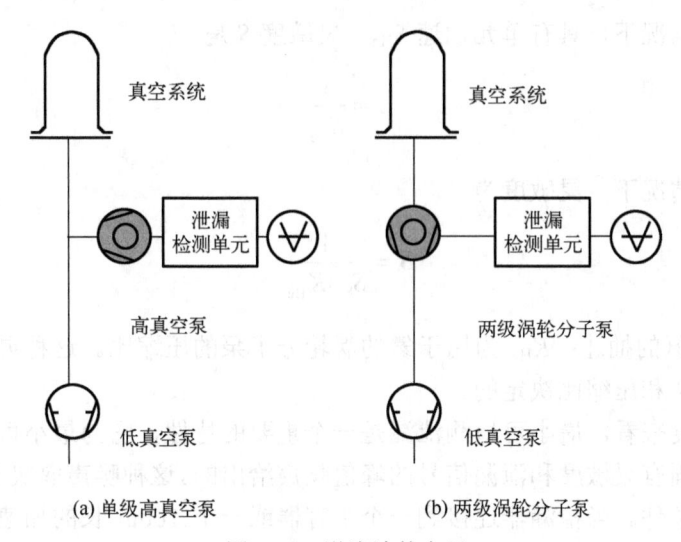

图 3-33 逆流法的布局

(a) 单级高真空泵　　　(b) 两级涡轮分子泵

该方法基于涡轮分子泵（和扩散泵）的压缩比 K 随着泵送气体的质量迅速增加的理论基础。因此，通过在泵的排气处注入被测容器中的气体，就有可能在其入口获得一种主要用于较轻气体的回流通量。涡轮分子泵全速运行压缩比的典型值是 $K_{He}=50$，$K_{H_2O}=4000$ 和 $K_{N_2}=30000$。与直流法相比，涡轮分子泵通过 K 因子降低了检测单元内的氦气分压 P_{He}，导致泄漏率 Q_{He}：

$$Q_{He}=P_{He}S_{eff,He}K \tag{3-33}$$

式中，$S_{eff,He}$ 为泵对 He 的有效抽速。

这种简单方法的一个主要缺点是被测试的真空容器与粗抽泵直接连接，有可能被油蒸气污染。此外，抽气特性的稳定性对于确保精确检漏所需的稳定性也很重要。粗抽泵的典型小抽气速率显著增加了泄漏检测的时间常数。

为了解决上述问题，使用专门设计的涡轮分子泵开发了更复杂的商业检漏器。例如，在真空容器和低真空泵之间安装第二个涡轮分子泵，可以确保高抽速的清洁泵，从而保证短时间的恒定。目前，两级涡轮分子泵的应用最为广泛，在两级泄漏检测单元之间有一个出口法兰。或者，一个简单的逆流检漏器可以连接到涡轮分子泵的出口。随着干泵的快速发展，市场上有越来越多的使用干泵的逆流检漏器，从而避免了来自油蒸气的污染。

与直流检漏器相比，逆流检漏器具有多种优点，如不需要冷陷阱，示踪气体不再直接通过检测单元流动，而是通过高真空泵回流。因此，对于相同的流量，检测单元中的压强较低，检测可以更早开始，即在较高的压强水平 $P\approx 10^{-1}$ mbar。

6. 氦检漏器的特性

氦检漏器的灵敏度往往与最小可检测泄漏混淆。本征灵敏度 S 定义为泄漏流量 Q_1 与氦气分压 P_{He} 之间的比值：

$$S=\frac{Q_1}{P_{He}} \tag{3-34}$$

在直流检漏器的情况下,具有单元抽速 S_{He},灵敏度 S 是

$$S = \frac{1}{S_{He}} \tag{3-35}$$

在逆流检漏器的情况下,灵敏度为

$$S = \frac{1}{S_b \times K_{He}} \tag{3-36}$$

式中,S_b 为泵对氦的抽速;K_{He} 为用于氦的涡轮分子泵的压缩比。这种灵敏度是由检漏器的结构、泵的抽速和压缩比决定的。

从操作的角度来看,最小可检测泄漏是一个重要的特性,它为最小可检测泄漏信号。它是由检漏器的固有灵敏度和泄漏信号的峰值噪声给出的。这种噪声取决于电池的总压强,因此取决于操作条件。当检漏器连接到一个小容器或一个 100m 长的加速器扇区时,最小可检测泄漏是不同的。为了避免任何混淆,测量最小可检测泄漏的确切操作条件必须在规范中定义。

检漏器的长期漂移问题需要注意:在具有长时间常数的大型系统泄漏检测中尤为重要,并定义了在给定周期内信号百分比的稳定性。

由于各种原因,检漏器有时会接收到大量的氦气流。重要的是要测量检漏器在这种事件发生后所需的恢复低氦信号的时间。当然,这种测量必须在隔离检漏器时进行,以消除真空系统本身引入的时间常数。高氦背景信号的另一个可能的原因是在检漏器周围的大气中存在高氦气浓度。在这种情况下,氦气可以通过渗透弹性体垫片或通过检漏器内部的小泄漏来穿透检漏器电路。这也会导致高背景信号,因此,必须进行校准和测试。

事实上,如果在超过 10Pa 的压强下能够以可接受的灵敏度进行泄漏检测,则开始泄漏检测之前的等待时间是通过去除容器中所含气体来确定的。在低于 10Pa 的压强下,壁的脱气起着越来越大的作用。在这种情况下,泄漏检测单元中的压强降低,即总流量的衰减与时间成反比。相反,如果操作压强大于 10Pa,则可以使用抽速较大的辅助泵来减少达到检测阈值所需的时间,并可以在检漏过程中关闭该泵。

7. 实践经验和实例

1)泄漏的早期检测

在实际应用中,选择合适的检漏器是很重要的。根据要检测的体积(如小装置相对于加速器部分)、真空水平(如 O 形环密封系统相对于金属密封系统)、可容忍/预期的泄漏率或频率,市场上有各种检漏器系统。

大系统的泄漏检测需要系统并复杂的工作。首先检查检漏器的正常功能和气密性,这一步是强制性的。小泄漏最初可能被水堵塞,只有在足够长的抽水时间后,甚至在烘焙后才会打开。这可能需要在不同的真空水平上进行几次泄漏检查。

记录真空系统下泵运行过程中的压强和其他相关参数,可以节省分析和诊断的时间。如果第一次对系统进行抽气,则需要更多的经验来评估压强曲线。由于在实验室中比在加速器中更快、更容易发现并且修复泄漏,建议在安装前仔细检查所有组件。此外,应在所有密封表面使用金属垫圈。

2) 虚漏检漏

一个虚漏在压强下降或压强上升曲线中看起来像一个真正的泄漏，然而在检漏器中不会有信号，所以它不能从外部定位。造成这种泄漏的通常原因是真空容器的设计不良和/或制造不良，如螺丝死孔、焊缝中的空气外壳或狭窄的狭缝导致过多的出气。可以使用残余气体分析仪进行诊断，并用氩气测量排气前后的气体成分。经过这样的排气后，氩气取代了虚漏中的氮气，导致第二次抽气后残余气体中的氩气增多。

3) 冷漏

当在极端温度(热或冷)下操作真空系统时，额外的泄漏可能会发生，如图 3-34 所示。

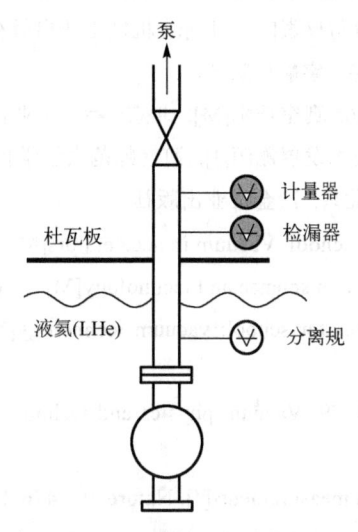

图 3-34 在 4.5K 以下温度下测试液氦超导腔的装置

超导腔工作在温度低于 4.5K 时被浸入液氦中，但在一般的泵中，真空计、检漏器和残余气体分析仪在系统的室温条件下工作。当冷漏存在时，原子将直接从液体进入真空容器，至少部分吸附到冷壁上。因此，进入系统的原子与探测器中重要氦信号之间的延迟可能很长。在实践中，这样的系统在一定时间内被加热到大约 10K，从冷壁上释放氦原子，以测量总泄漏率，泄漏位置检测要求系统加热到室温；然而，冷漏在加热后是检测不到的，这并非例外。

3.6 本章小结

本章介绍了加速器系统泄漏检测的各种方法。由于分子泵的发展，在超过 10Pa 的压强下能够检测泄漏的检漏器的可用性在减少紧急干预期间加速器的停机时间方面是一个巨大的优势。尽管现在商用的设备质量很高，但泄漏检测仍然是一项复杂的工作，需要训练有素的技术人员对真空系统有很好的了解。即使有最好的技术人员使用最先进的设备，紧急泄漏测试也是一项耗时和非常昂贵的操作。由于这些原因，必须根据良好的真空实践规则进行精心的机械设计和施工。安装前必须对部件进行初步测试，因为这样更容易进行，而且可以避免昂贵的安装和拆卸故障设备。另外，关于泄漏检测一些理论上的考虑仅仅是成为"一个专业的检漏猎人"所需的所有知识中的一小部分，而通过实践才是最有效的方式。

参 考 文 献

达道安,2004. 真空设计手册[M]. 3 版. 北京: 北京国防工业出版社.

郭元恒,1982. 真空度测量与仪表[J]. 仪器仪表学报(2): 113.

李得天,张虎忠,冯焱,等,2013. 用于真空度测量的场发射阴极制备及研究进展[J]. 真空与低温 (1): 1-6.

刘玉贷,1992. 真空测量与检漏[M]. 北京: 冶金工业出版社.

孙企中,陈建中,1981. 真空度测量与仪表[M]. 北京: 机械工业出版社.

唐政清,1992. 真空度测量[M]. 北京: 宇航出版社.

王晓东,巴德纯,张世伟,等,2006. 真空技术[M]. 北京: 冶金工业出版社.

杨鸿鸣,王荣,2001. 真空度测量技术发展溯源[J]. 河南师范大学学报,29(1): 106-108.

张以忱,等,2005. 真空材料[M]. 北京: 冶金工业出版社.

BRANDT D, 2006. CERN accelerator school. Vacuum in accelerators[M]. Spain: Platija da Aro.

Lafferty J M, 1998. Foundation of vacuum science and technology[M]. New York: John Wiley & Sons.

TURNER S, 1999. CAS-CERN accelerator school: vacuum technology[M]. Snekersten: Scantion Conference Centre.

WEISSLER G L, CARLSON R W, 1979. Vacuum physics and technology[J]. Methods of experimental(14): 58-60.

WORREL F T, 1963. Units in vacuum measurements[J]. Nature(9): 476-477.

YOSHIMURA N, 2008. Vacuum teachnology[M]. Heidelberg: Verlag Berlin Heidelberg.

第 4 章　气体吸附与解吸

粒子加速器真空系统的真空度是反映系统内残余气体密度的度量，保障粒子加速器系统所需的超高真空度不能仅依靠外部的高效抽气泵组，更需要清楚气体来源，从源头减少残余气体。本章重点分析了粒子加速器真空系统内的气体来源，阐述了气体吸附、热致解吸、光子致解吸、电子致解吸、离子致解吸等气体吸附与解吸过程的机理及相应的数学物理模型，同时，根据已有实验数据讨论了影响气体解吸过程的因素。

4.1　粒子加速器真空腔室的气体来源

粒子加速器真空腔室与真空泵相连，腔室内残余气体的压强和组分取决于腔室初始状态、进入腔室内的气体流量及真空系统的布局。下面列出了真空腔室内残余气体的产生机制，如图 4-1 所示。

(1) 抽气后原始填充气体的残留（氮气或空气等）。

(2) 法兰、焊缝、阀门等处的泄漏，气体注入系统的注入，真空泵气体回流。

(3) 真空系统内残留液体的蒸发，机械运动、应力及形变导致气体释放，系统内化学反应产物。

(4) 热放气过程：材料表面气体分子热致解吸，腔室壁面及其他构件的气体扩散，材料表面原子或分子的扩散重组。

(5) 粒子轰击致气体解吸：光子致解吸、电子致解吸、离子致解吸及其他粒子致解吸。

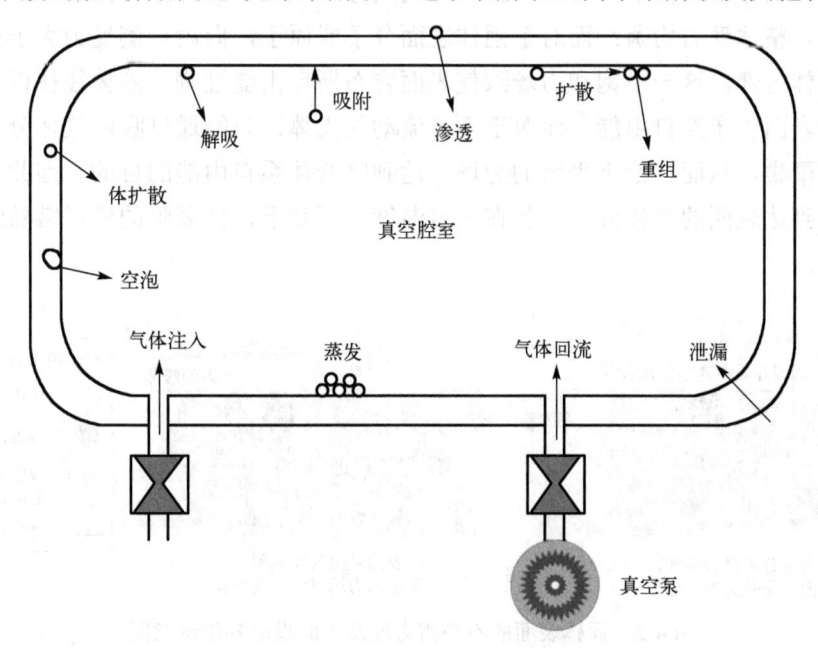

图 4-1　真空腔室中残余气体的产生机制

粒子加速器真空腔室的制造、储存和组装过程往往在空气中进行，因此，腔室中的初始气体是空气，主要成分是 N_2(78%)、O_2(21%)、Ar(0.9%)和部分水蒸气。抽气系统的运行可以排出这些气体，若经过足够长时间的抽气后，腔室气体组分仍表现为空气，则可能存在空气泄漏，必须优先消除漏气现象。在没有真空泄漏或气体注入的情况下，超高真空系统中的残余气体成分与空气有较大差异：对于未经烘烤除气的真空系统，真空室内壁不断有水蒸气解吸离开壁面，因而水蒸气是重要的残余气体组分；而在烘烤后，水蒸气通常被去除，残余气体成分主要是 H_2、CH_4、CO 和 CO_2；若抽气系统以油为工作介质，则残余气体还将存在一些油蒸气及其他有机物。本章后续对粒子加速器真空腔室内气体行为的讨论都基于真空腔室不存在泄漏的假定。

4.2 气 体 吸 附

如 4.1 节所述，在无泄漏及无外部气体注入时，粒子加速器真空系统内的气体主要来源于壁面吸附气体分子的解吸，而气体解吸过程中也同时存在气体吸附过程。本节主要介绍气体吸附理论和气体吸附平衡曲线。

4.2.1 气体吸附基础理论

当气体分子与固体表面碰撞接触时，会发生气体分子自动附着在固体表面的现象，称为吸附。被吸附的气体分子称为吸附质，发生吸附的固体材料称为吸附剂。相应地，已被吸附的气体分子在自身热运动或外部作用下脱离固体表面，返回到气相，称为解吸或脱附。

固体表面对气体分子的吸附能力，源自固体表面层分子的特殊状态，如图 4-2 所示。对于固体内部的分子或原子，受到来自周围同类分子或原子的各个方向的作用力，各方向力相互抵消，整体受力均衡；而对于固体表面分子或原子，向内一侧受力大于向外一侧，合力指向固体内部，这一不饱和力场致使表面吉布斯自由能过剩。液体往往以收缩表面的方式来降低表面吉布斯自由能，而对于不可流动的固体，只能通过吸附气体分子，使气体分子在表面聚集，从而补偿不平衡的力场，达到降低体系自由能的目的。因此，固体表面趋向于吸附到达表面的气体分子，且在一定温度和压强下，被吸附的量通常随吸附面积的增加而增大。

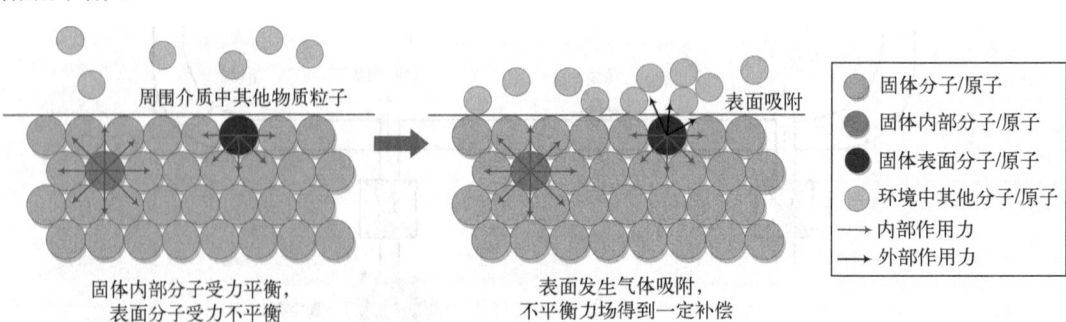

图 4-2 固体表面的不平衡力场及表面吸附补偿示意图

依据固体表面与被吸附气体分子之间作用力的不同，可将吸附分为物理吸附和化学吸附。物理吸附是固体表面与气体分子之间通过分子间力（范德华力、氢键）相互吸引形成的吸附现象，是一种物理作用。物理吸附具有以下特点：

(1) 吸附热较小：气体分子被吸附时，分子运动速度降低并释放出热量，这一热效应称为吸附热。物理吸附的吸附热接近气体液化热，通常小于 25kJ/mol，不引起化学键断裂。

(2) 无选择性：由于分子间力在同类或非同类分子间普遍存在，故物理吸附可以发生在任意固体与任意气体之间。

(3) 易解吸：由于吸附作用力即分子间力较弱，容易发生解吸。

(4) 单层或多层分子吸附：吸附机理类似于气体液化或冷凝，气体分子可在固体表面形成单层或多层分子吸附。

(5) 可逆：活化能为零或很小，过程可逆。

化学吸附是固体表面分子与气体分子依靠化学键结合，是一种化学作用。化学吸附具有以下特点：

(1) 吸附热较大：吸附热与化学反应的放热接近，通常为 40~400kJ/mol。

(2) 选择性较强：吸附位点只吸附可与之发生反应的气体分子，如酸性位点吸附碱性分子，反之亦然。

(3) 稳定：由于化学键较强，一旦形成吸附，不容易解吸。

(4) 需要活化能：化学吸附需要活化能，较低温度下吸附速率比较小，升温可以提高吸附与解吸速率。

(5) 单分子层吸附：化学吸附是单分子层的，吸附量的大小与吸附化学键的能量高低有关。

4.2.2 吸附等温线

在一定温度和压强下，随着吸附解吸过程的进行，吸附与解吸会达到动态平衡，即吸附速率等于解吸速率，吸附量不再变化，这一状态称为吸附平衡。达到吸附平衡时，表面对气体分子的吸附量称为平衡吸附量，即单位表面积吸附气体的分子数量，molecules/cm^2。平衡吸附量可以反映吸附剂材料表面的吸附性能，其大小与固体的比表面积、孔的结构与分布、化学成分等有关，也与气体分子的性质、吸附温度和压强等因素有关。

对于一定吸附剂和吸附质的体系，达到吸附平衡状态时，吸附量是温度和压强的函数。固定其中一个变量，可得到另外两个变量之间的关系。例如：①温度恒定，得到吸附量与气相组分分压的函数，即吸附等温方程；②分压恒定，得到吸附量与温度的函数，即吸附等压方程；③吸附量恒定，得到分压与温度的函数，即吸附等量方程。这三类吸附方程中，等温方程是最重要的，研究吸附等温方程可以得到吸附剂、吸附质的性质及它们之间相互作用的信息。吸附等温方程可分为单分子层和多分子层吸附理论，常用的有朗缪尔（Langmuir）等温方程和 BET（Brunauer-Emmett-Teller）等温方程等。

Langmuir 等温方程由 Langmuir 于 1916 年提出，基于分子运动理论提出以下假设：①吸附表面均匀，所有吸附位点有相同的吸附能；②各吸附位点相互独立，一个位点的吸附不影响下一个位点；③一个吸附位点只能吸附一个粒子，吸附是单分子层的；④吸附速率与解吸速率相等，处于吸附平衡态。由此推导出等温方程，即

$$\alpha \frac{k_0 - k}{k_0} \frac{P_{eq}}{\sqrt{2\pi m k_B T}} = \frac{k}{\tau} \tag{4-1}$$

式中，k_0 为吸附位点数量；k 为吸附分子数量或占据位点数量；α 为吸附概率；P_{eq} 为平衡压强，Pa；m 为分子质量；k_B 为玻尔兹曼常量；T 为温度，K；τ 为平均停留时间，s。$(k_0 - k)/k_0$ 项是空吸附位点率，$P_{eq}/\sqrt{2\pi m k_B T}$ 是单位时间到达单位表面积的分子量。覆盖率 $\theta = k/k_0$ 表示为

$$\theta = \frac{cP_{eq}}{1 + cP_{eq}} \tag{4-2}$$

式中，$c = \alpha\tau / \left(k_0\sqrt{2\pi m k_B T}\right)$，在温度固定时为一常数。

在许多情况下，随着平衡压强增加，可以观测到多层覆盖，即 $\theta > 1$，表明单吸附层之上还生长有额外吸附层。1983 年，布鲁诺尔（Brunauer）、埃梅特（Emmett）和泰勒（Teller）基于多层吸附提出了 BET 等温方程。BET 等温方程在 Langmuir 单分子层吸附模型的基础上，同时提出以下假设：①气体可在固体表面发生多层吸附；②只有相邻分子层之间存在相互作用，且 Langmuir 模型适用于每一个吸附单层；③对于给定分子层，吸附热相同，第一层为固体表面的吸附热，而其他层类似于凝聚，吸附热等于气体液化焓；④最上层分子与气相处于平衡态，即吸附速率和解吸速率相等。BET 方程中覆盖率表示为

$$\theta = \frac{c(P_{eq}/P_s)}{(1 - P_{eq}/P_s)[1 + (c-1)(P_{eq}/P_s)]} \tag{4-3}$$

式中，P_s 为指定温度下的饱和蒸气压；c 称为 BET 常数，由式(4-4)给出：

$$c = \exp\left(\frac{E_1 - E_L}{RT}\right) \tag{4-4}$$

式中，R 为理想气体常量，8.314J/(mol·K)；E_1 为第一层的吸附热；E_L 为第二层或更高层的吸附热，其数值上等于气体液化焓。

通过分析恒温吸附过程中吸附量与气体分压的曲线，即吸附等温线，可以分析出吸附剂的表面性质、孔分布，以及吸附剂与吸附质相互作用等有关信息。Brunauer、Demng 和 Teller 通过分析气体等温吸附实验的大量数据，将吸附等温线归纳为 5 种基本类型，见图 4-3 中 Ⅰ~Ⅴ型，称为 BDDT 分类；后来 Sing 提出了第 6 种等温线，见图 4-3 中 Ⅵ型。目前 IUPAC（International Union of Pure and Applied Chemistry，国际纯粹与应用化学联合会）也将吸附等温线分为上述六大类。图中纵坐标为吸

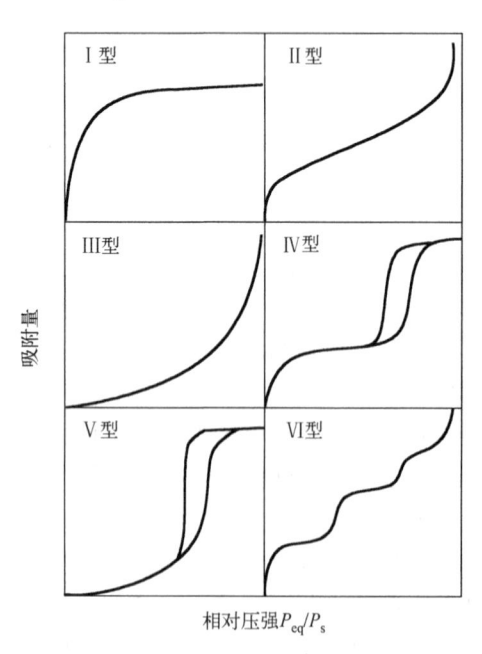

图 4-3 吸附等温线的六种类型

附量，横坐标为相对压强 P_{eq}/P_s，P_{eq} 为气体吸附平衡压强，P_s 为气体在吸附温度下的饱和蒸气压。

Ⅰ型：单层 Langmuir 吸附。常见于微孔（孔径小于 2nm）吸附材料，极限吸附量等于微孔的填充体积。

Ⅱ型：BET 多层吸附。无孔或大孔吸附材料上的多层吸附常见这类等温线，曲线在低压区存在拐点，拐点表示单层吸附结束、多层吸附即将开始。

Ⅲ型：曲线整体下凹，没有拐点。当吸附质与吸附剂之间相互作用小于吸附质分子间相互作用时，呈现这类等温线。低压区，吸附质与吸附剂相互作用较弱，吸附量增长缓慢；随吸附过程的进行，由于吸附质分子间的较强相互作用，出现自加速现象，且吸附层数不受限制。

Ⅳ型：初始阶段与Ⅱ型等温线相似，属于单层吸附，拐点后开始出现多层吸附。在较高相对压强区，由于出现毛细凝聚，曲线迅速上升，且观察到吸附滞后（Adsorption Hysteresis）现象，即吸附曲线在脱附曲线下方，呈现出吸附滞后环。在吸附质与吸附剂之间有很强的相互作用的介孔表面常观察到这类等温线。

Ⅴ型：初始阶段曲线下凹，与Ⅲ型等温线类似；在较高相对压强区，由于毛细凝聚，出现吸附滞后环；接近饱和蒸气压时，受吸附层数限制，吸附量趋于一个极限值。

Ⅵ型：曲线呈现阶梯状，反映均匀无孔固体表面的多层吸附，阶梯高度代表了每一吸附层的单层容量。

4.3 热 放 气

热放气决定了没有粒子轰击情况下，真空腔室内的本底压强。本小节首先阐述了热放气的概念及机理，随后介绍了几种常见的热放气测量方法，并从相关实验数据角度讨论了热放气的主要影响因素。

放气（Outgassing）与解吸（Desorption）、脱气（Degassing）的概念容易混淆，接下来分别介绍这三个概念。

解吸是被吸附气体分子因材料在某一温度下的热能作用或粒子轰击作用离开材料表面的过程。其中在热能作用下，气体分子自发从材料中释放到真空中称为热解吸。热解吸分子主要由两部分组成：①分子通过真空腔室材料的体扩散，到达真空室表面，并从表面解吸；②之前吸附的分子在真空腔室抽真空后再次解吸。

脱气是指通过加热、粒子辐照等手段刻意将气体从材料中去除的程序。

放气是指气体解吸与气体吸附的净效应，即离开材料表面的气体分子数量大于到达并吸附在表面的分子数量。热放气则反映没有外界粒子轰击时，材料在相应温度下的气体解吸与吸附净效应。热放气可分为以下几个过程。

(1) 外部气体通过真空腔室的主体材料向真空侧的渗透。

(2) 内部气体在材料表面的扩散。

(3) 分子在表面的扩散和重组。

(4) 吸附或重吸附分子从表面解吸。

(5) 表面化学反应产物的解吸,如金属表面碳氢化合物的产生。

4.3.1 热放气机制

1. 抽气时的热放气

在一个不存在真空泄漏及额外气体注入、腔室壁面也不产生放气的理想真空系统中,残余气体只有初始填充气体,如空气或氮气。在抽气系统作用下,腔室内压强 P 随时间 t 降低,可表示为

$$P(t) = P_0 \exp\left(-\frac{S}{V}t\right) \tag{4-5}$$

式中,P_0 为初始压强,Pa;S 为有效抽气速率,m³/s;V 为腔室体积,m³;t 为时间,s。

在实际应用中,真空系统除了初始填充气之外,还存在以表面解吸、体扩散及渗透等形式从腔室内壁释放出的气体。考虑腔室内壁热放气过程,在 t 时刻真空腔室内的压强 $P(t)$ 可表示为

$$P(t) = P_0 \exp\left(-\frac{S}{V}t\right) + \frac{Q(t)}{S} \tag{4-6}$$

式中,$Q(t)$ 为 t 时刻腔室内壁的热放气速率,Pa·m³/s。由于真空流导在黏性流动范围内与压强有关,故有效抽气速率随时间变化,在抽气开始($t=0$)之后的短暂时间内,式(4-6)第一项降低至可以忽略,式中第二项在初步抽气(压强达到约 10^{-3}Pa)后占据主导。热放气速率,即式(4-6)中第二项,根据放气过程中的不同现象可细分为如式(4-7)中几项:

$$Q(t) = Q_s(t) + Q_d(t) + Q_p \tag{4-7}$$

式中,$Q_s(t)$ 为表面解吸放气速率;$Q_d(t)$ 为体扩散放气速率;Q_p 为渗透放气速率。$Q_s(t)$ 和 $Q_d(t)$ 是时间的函数,而 Q_p 是常数。图 4-4 显示了从大气压到极高真空(XHV)范围的典型抽气曲线及每个放气项的贡献。在未烘烤系统中,$Q_s(t)$ 是主要的放气项,大部分气体是水蒸气,也存在氢气、氮气、氧气、碳氧化合物和碳氢化合物。如果系统在吸附平衡状态,$Q_s(t)$ 与 $e^{(-t/\tau)}$ 成正比,τ 是被吸附分子在表面的平均停留时间。但这一模型并不适用于水蒸气,水在固体壁面的吸附存在多种吸附形式,例如,在金属表面的解吸活化能为 92~100kJ/mol,故水的吸附存在多个不同的 τ 值。多个 $e^{(-t/\tau)}$ 叠加之下,$Q_s(t)$ 约正比于 t^{-1}。

$Q_s(t)$ 衰减至可忽略之后,由于长时间的抽气或经过烘烤,$Q_d(t)$ 成为主导项,其随 $t^{-1/2}$ 衰减。在一般的超高真空(UHV)系统,Q_p 相比其他两项可以忽略,但大气通过橡胶垫圈的渗透不可忽略,因此在 UHV 系统中通常需要避免使用橡胶垫圈。

2. 吸附平衡压强

当真空腔室内达到气体分子解吸速率与吸附速率相等的平衡状态时,腔室压强可由吸附平衡压强来确定。吸附平衡压强是吸附等温线对应的压强,在一定温度下是吸附量的函数,详见 4.2.2 节。

3. 饱和蒸气压

在一定温度下的封闭系统中，蒸气相与凝聚相达到热力学平衡状态时的蒸气压强称为饱和蒸气压。当真空腔室中存在液体或冷凝气体时，腔室压强与饱和蒸气压有关，见式(4-3)。

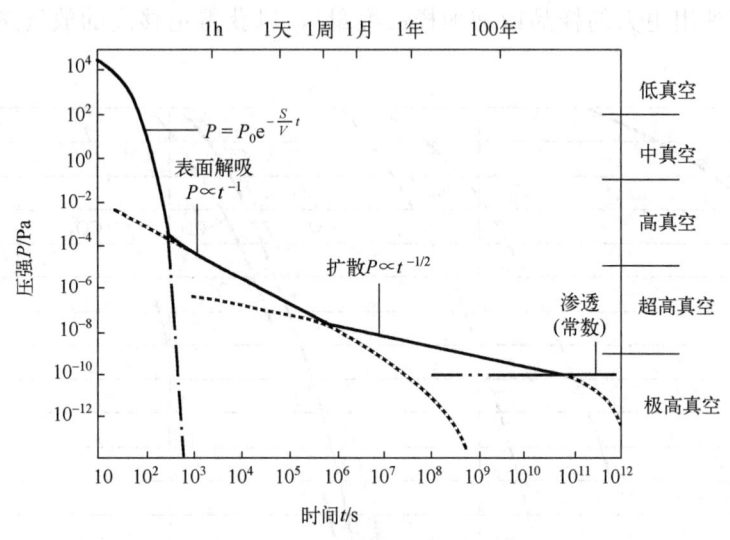

图 4-4 典型抽气曲线及各放气项的贡献

同一物质在不同温度下有不同的饱和蒸气压，并随着温度的升高而增大，根据 Clausius-Clapeyron 方程，即

$$\frac{\mathrm{d}P_s}{\mathrm{d}T} = \frac{1}{T}\frac{\Delta H}{\Delta V} \tag{4-8}$$

式中，P_s 为饱和蒸气压，Pa；T 为热力学温度，K；ΔH 为摩尔蒸发热或蒸发焓，J/mol；ΔV 为每摩尔液体蒸发引起的体积变化，m³/mol，$\Delta V \approx RT/P_s$，R 为理想气体常量，8.314 J/(mol·K)。对式(4-8)进行积分可得到饱和蒸气压 P_s 关于温度 T 的函数，即

$$\ln P_s = -\frac{1}{T}\frac{\Delta H}{R} + c \tag{4-9}$$

式中，c 为常数。饱和蒸气压 P_s 随温度 T 的升高而增加。常见气体在不同温度下的饱和蒸气压如图 4-5 所示。

4.3.2 热放气测量方法

热放气速率由两个参量评估：单位面积热放气速率 q (Pa·m/s)；单位面积单位时间热解吸产额 η_t [molecules/(s·m²)]。这里介绍几种常用热放气速率测量方法。

1. 通量法

通量法是最常用的热放气测量方法，示意图见图 4-6。测试室(或样品室)与抽气室通过一个流导为 U 的导孔连接，测试室内发生热放气时，压强 P_1 升高，相对高于真空室压强 P_2，测试室的抽气速率只由流导 U 定义。热放气速率 q 为

$$q = \frac{U(P_1 - P_2)}{A} \tag{4-10}$$

式中，A 为测试室表面积或样品表面积。测量腔室内样品的放气速率时，必须考虑测试室的本底放气，应设置相同实验条件下无样品的本底组。对于放气速率较低的样品，应增大样品表面积（使用更大的样品或增加样品数量），以获得足够高的放气速率，提高测量准确度。

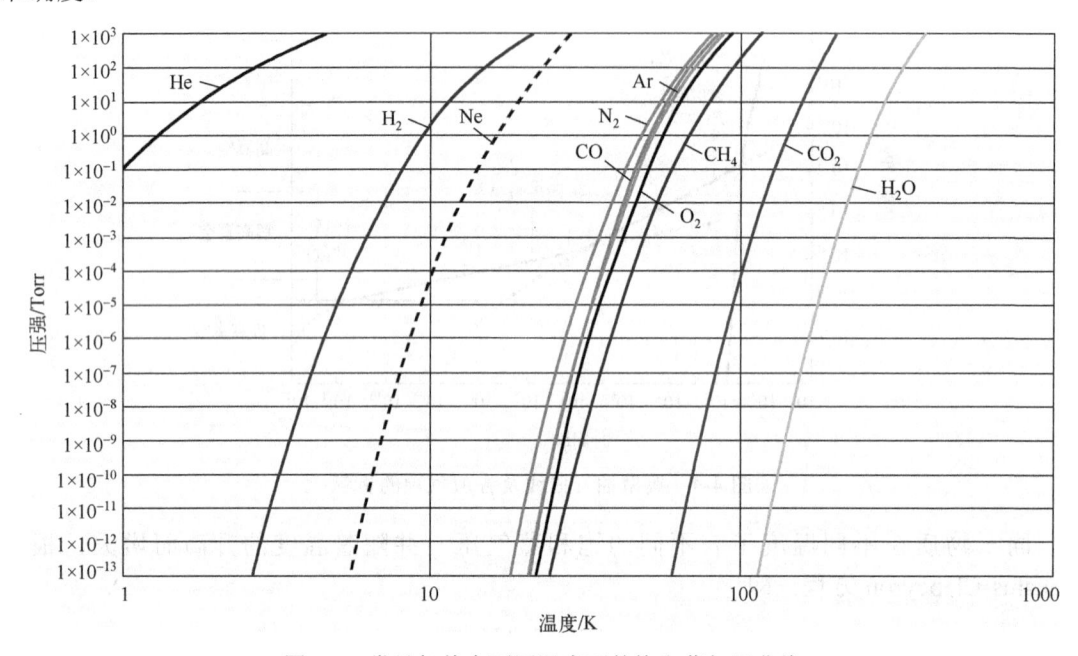

图 4-5 常见气体在不同温度下的饱和蒸气压曲线

2. 流导调节法

流导调节法是通量法的一种变体，采用了流导可变的孔，如图 4-7 所示。通过改变柱塞与环形圆盘上开孔之间的距离来实现流导的调节，分别测量柱塞在位置 1 和位置 2 时测试室的压强 P_1 和 P_2，结合对应流导 U_1 和 U_2，热放气速率可由两个位置的参数表示为

$$q = \frac{P_1 - P_p}{A} S_1 = \frac{P_2 - P_p}{A} S_2 \tag{4-11}$$

式中，S_1 和 S_2 分别为柱塞在位置 1 和位置 2 时测试室的有效抽速；P_p 为抽气室的压强（与柱塞位置无关）。有效抽速可以表示为

$$\frac{1}{S_1} = \frac{1}{U_1} + \frac{1}{S_p} \quad \text{和} \quad \frac{1}{S_2} = \frac{1}{U_2} + \frac{1}{S_p} \tag{4-12}$$

式中，S_p 为抽气泵的抽速。因此，热放气速率可以表示为

$$q = \frac{P_1 - P_2}{A} \left(\frac{1}{U_1} - \frac{1}{U_2} \right)^{-1} \tag{4-13}$$

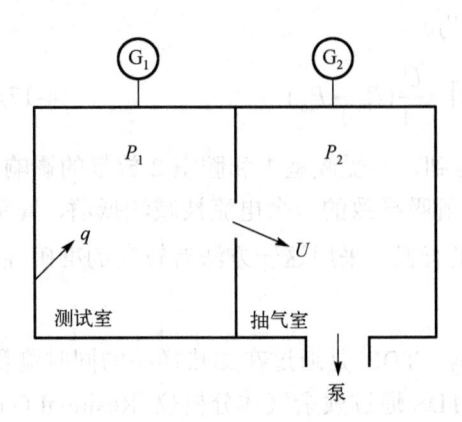

图 4-6 通量法示意图

G_1、G_2—真空计；U—已知的真空流导

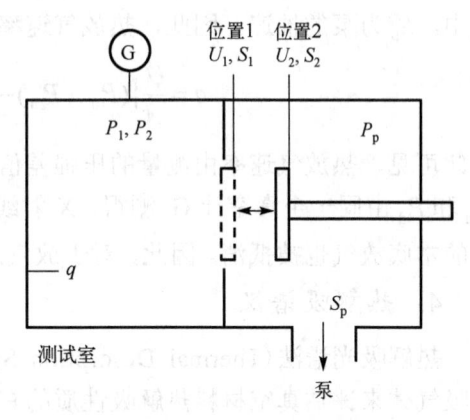

图 4-7 流导调节法示意图

G—真空计；U_1 和 U_2 分别对应柱塞在位置 1 和位置 2 时的流导

3. 双通道法

双通道法是通量法的另一种形式，如图 4-8 所示。由于使用差值计算方法，腔室 1、腔室 2 及两个真空计的本底热放气影响可以相互抵消。装置通过打开阀门 V_u 和 V_d 中的一个，关闭另一个，实现上通道或下通道的选择。

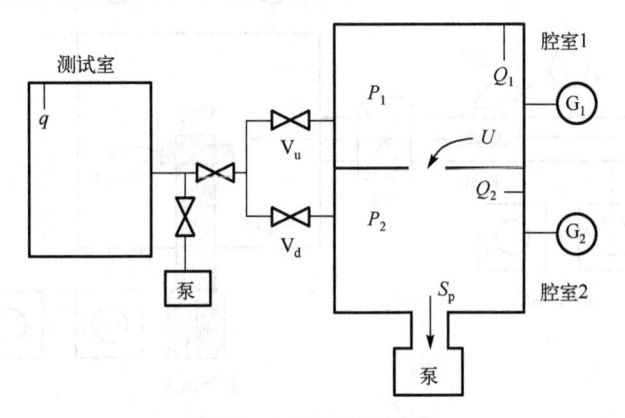

图 4-8 双通道法示意图

上通道：

$$P_{1u} = P_{2u} + \frac{qA + Q_1}{U} \tag{4-14}$$

式中，Q_1 为腔室 1 壁面放气速率。

下通道：

$$P_{1d} = P_{2d} + \frac{Q_1}{U} \tag{4-15}$$

腔室 2 的压强仅由总放气速率决定，在两种通道下皆为常数，即

$$P_{2u} = P_{2d} = \frac{qA + Q_1 + Q_2}{S_p} \tag{4-16}$$

式中，S_p 为泵的抽速。因此，热放气速率 q 可表示为

$$q = \frac{U}{A}[(P_{1u} - P_{2u}) - (P_{1d} - P_{2d})] = \frac{U}{A}(P_{1u} - P_{1d}) \tag{4-17}$$

由此可见，热放气速率由测量的压强差值 $P_{1u} - P_{1d}$ 得到，不受腔室 1 和腔室 2 放气的影响。P_{1u} 和 P_{1d} 由同一个真空计 G_1 测得，X 射线或电子致解吸导致的残余电流被减法抵消，真空计的本底放气也被抵消。因此，对于放气速率较低的样品，采用这一方法有较高的准确性。

4. 热解吸谱仪

热解吸光谱法（Thermal Desorption Spectroscopy，TDS）是通过在加热样品的同时测量解吸气体来评估真空材料热解吸性质的有效方法。TDS 通过残余气体分析仪（Residual Gas Analyzer，RGA）量化气体种类，测试分析结果将提供有关原子和分子在表面吸附、吸收和解吸行为的重要信息：①每种解吸分子的数量；②解吸的活化能；③解吸反应的顺序。典型的 TDS 测量系统示意图如图 4-9 所示。在此示例中，将样品安装在石英台上，并利用穿过石英棒的红外光来实现样品台升温。通常温度呈线性升高：$T(t) = T_0 + \beta t$，β 为升温速率，t 为时间。

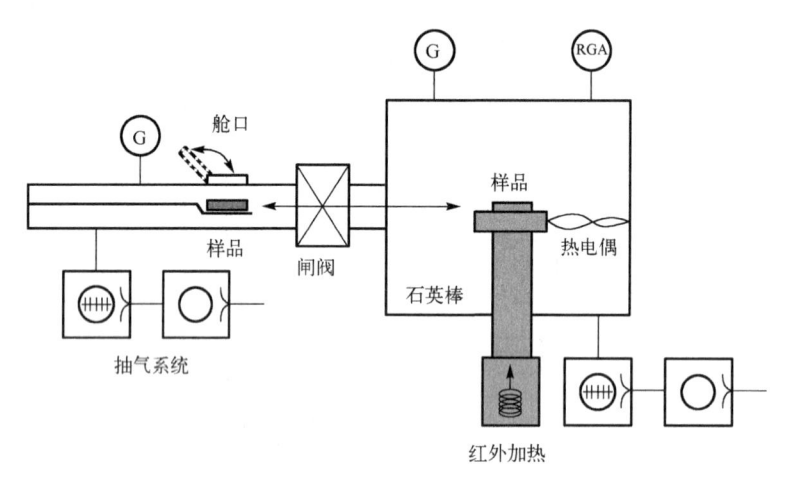

图 4-9 TDS 典型装置图

解吸气体在真空材料表面的吸附结合能是 TDS 方法能够获得的一项重要参数。基于 Arrhenius 方程，热解吸表示为

$$q(s) = -\frac{\mathrm{d}s}{\mathrm{d}t} = v(s)s^n \mathrm{e}^{\frac{-E_\mathrm{d}(s)}{k_\mathrm{B}T}} \tag{4-18}$$

式中，q 为解吸速率；s 为吸附分子数或表面密度，molecules/m^2；v 为指数前因子；n 为解吸级数；E_d 为吸附结合能或解吸活化能；k_B 为玻尔兹曼常量；T 为温度。解吸峰对应的温度 T_p 可通过式（4-19）得到

$$\frac{\mathrm{d}}{\mathrm{d}T}\frac{\mathrm{d}s}{\mathrm{d}t} = 0 \tag{4-19}$$

最基础的解吸过程是解吸级数 $n=1$，即表面吸附分子发生解吸后没有表面扩散。这种情况下，v 和 E_d 与表面密度 s 无关，则热解吸方程可近似为

$$E_\mathrm{d} = k_\mathrm{B}T\left[\ln\left(\frac{T_\mathrm{p}\nu}{\beta}\right) - 3.64\right] \tag{4-20}$$

表面密度较低时，ν 的典型值为 $10^{13}\mathrm{s}^{-1}$，解吸峰对应的温度 T_p 由 TDS 谱图确定，由此可得到结合能 E_d。式(4-20)称为 Redhead 方程，适用于吸附量较低的情况。

4.3.3 热放气速率的影响因素

热放气速率取决于材料、清洗程序、抽气时间、温度等多种因素，不同条件下可能存在几个数量级的差异。真空材料的热放气速率不是一个固定值，而是随时间变化并取决于材料的生产、加工、处理和保存过程：

(1) 生产条件：材料的制造商和批次、制造日期、储存条件。
(2) 清洗程序：程序选择、化学品的使用、持续时间、用量控制。
(3) 表面处理：
① 表面粗糙度：平坦表面热放气更少。
② 烘烤时间和温度：更高温度下具有更快的脱气速度，但对每种材料有一个极限烘烤温度，在超出极限温度后，继续提高烘烤温度对脱气效率提升不大。例如，对于不锈钢烘烤温度为 250~300℃，铜为 220~250℃，铝合金为 150~180℃。烘烤时长可以从几小时到几周。
③ 是否原位烘烤，以及真空烘烤后暴露在空气中的时间。
④ 真空烧制(Vacuum Firing)时间、温度和烧制压强。
⑤ 镀膜：保护涂层、气体扩散阻隔涂层、吸气涂层等。
⑥ 抽气过程：对于未烘烤材料，热放气速率在很大程度上取决于抽气时间。

1. 材料种类

表 4-1 列出了几种材料的热放气速率，测量方法的不同可能导致热放气速率数据的差异，但主要受材料自身性质的影响。材料的热放气特性有诸多影响因素，如生产条件、清洗程序、处理方式等，因此，使用热放气速率实验数据时需要格外注意，综合比较各种影响的因素。

表 4-1 不同材料的热放气速率

材料	处理方法	热放气速率/(Pa·m/s)	材料	处理方法	热放气速率/(Pa·m/s)
不锈钢	抽气 10h	3×10^{-5}	316L 不锈钢	140℃烘烤 24h	2.6×10^{-9}
铝	抽气 10h	8×10^{-7}	TA6V 钛合金	140℃烘烤 24h	$<2.6\times10^{-10}$
铜	抽气 10h	6×10^{-6}	多孔钛	140℃烘烤 24h	2.6×10^{-7}
无氧铜	抽气 10h	$1\times10^{-6}\sim7\times10^{-6}$	AlSiC	140℃烘烤 24h	$<2.6\times10^{-10}$
派热克斯玻璃	抽气 10h	7×10^{-7}	OFHC 铜	140℃烘烤 24h	5.3×10^{-10}
聚四氟乙烯	抽气 10h	3×10^{-5}			

注：OFHC 表示无氧高电导率(Oxygen-Free High Conductance)。

2. 清洗程序

粒子加速器的真空室和元件是通过磨削、切割、弯曲、焊接等方法制造，表面会附着灰尘、金属粉末、纤维、切削油等污染物，也会覆盖一层氧化物。进行适当的清洗可以清除表面污染物,是消除加工产生的潜在有害气体来源的第一道程序。

污染物往往以以下几种形式附着在材料表面:①范德华力;②电荷产生的电场力;③化学反应,如氧化层;④扩散至表面。冲洗可以有效去除污染①和②,消除③和④则需要进行表面抛光等程序。清洗程序的选择取决于材料的状态和所要求的真空压强。图 4-10 是一般金属清洗程序的流程与所需真空质量的关系,对于不同的金属清洗程序可能有所差异。

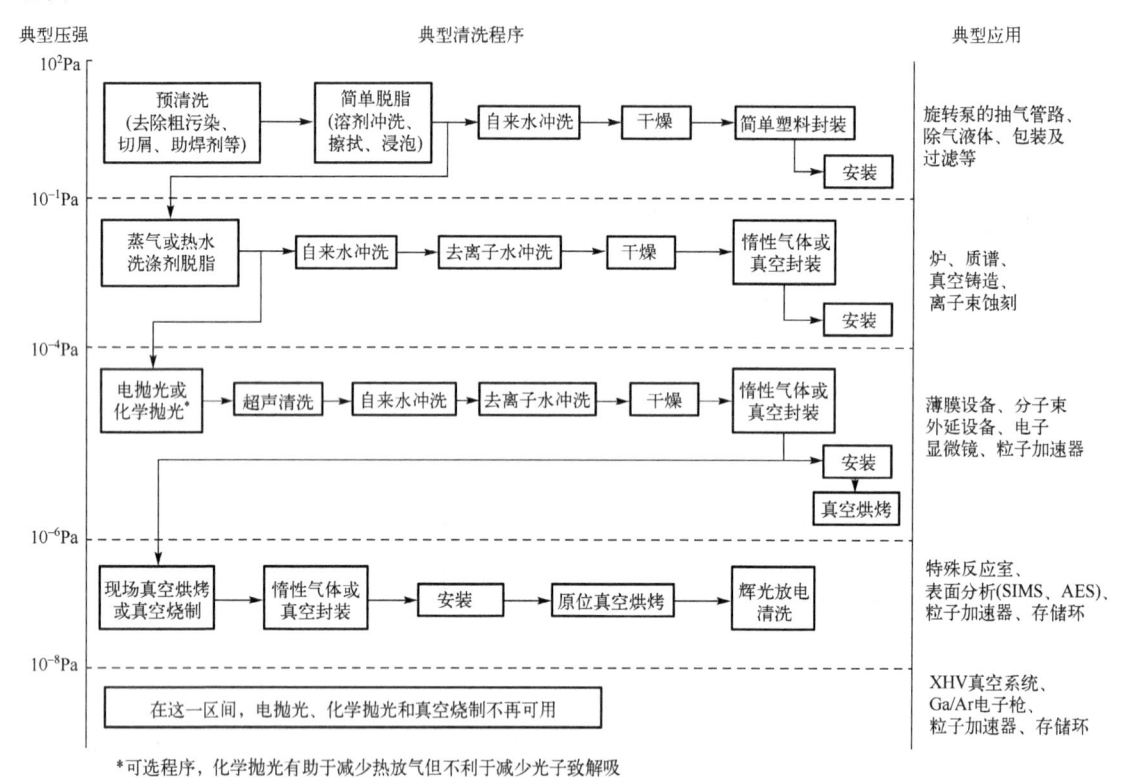

图 4-10 与真空要求相应的金属清洗程序示例

*可选程序,化学抛光有助于减少热放气但不利于减少光子致解吸

3. 真空烧制

除表面解吸产生的放气之外,材料的体扩散放气也是重要的放气过程。在这一过程中,释放气体的主要成分是氢气,氢原子从材料中扩散至表面,重新结合到表面分子中。未处理的不锈钢中,氢气含量约为 2×10^{19} atoms/cm³ 或 3ppm,高真空中进行高温处理,即真空烧制可减少体扩散的氢原子。烧制过程中,清洗后的组件放置在高真空的高温炉内,与残余气体的反应十分微弱。对于不锈钢,真空烧制通常在 800~1000℃下进行,但对于铝合金或铜合金,这样的温度过高会降低材料机械强度。

理论上,真空烧制的时间越长、温度越高,材料放气率越低。但从实际角度来看,必须限制处理的时间和温度,一是降低成本,二是避免高温下杂质过多沉淀或晶粒过分增长,改变材料的机械性能。欧洲核子研究组织研究了真空烧制对不锈钢形态及放气率的影响,结果表明,真空烧制的温度不应超过 950℃,而处理时间取决于不锈钢厚度。

4.4 光子致解吸

4.4.1 光子致解吸机制

许多现代高能加速器和储存环在二极磁铁和四极磁铁中会产生同步辐射(SR),SR 将激发真空材料表面吸附分子的解吸,即光子致解吸(PSD)。PSD 可视为两个过程:①能量大于材料光电效应阈能(如 Cu 约为 4eV)的光子与材料发生光电效应,发射出光电子;②光电子激发气体解吸。光子与吸附分子的直接作用可以忽略。SR 入射后引起气体分子解吸的机制如图 4-11 所示,SR 辐射至壁面,可能直接引起分子解吸,可能发生光电效应发射光电子,也可能发生散射,输运至下一个碰撞点;光电子轰击壁面可能引起分子解吸,也可能发生散射,输运至下一个碰撞点。

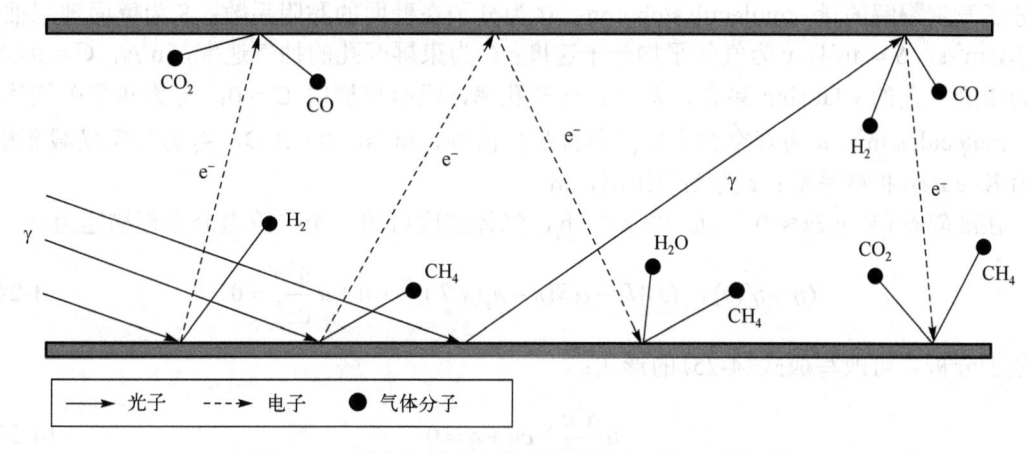

图 4-11 同步辐射光入射引起气体分子解吸的机制

光子致解吸过程根据气体分子吸附形式可分为一次光子致解吸和二次光子致解吸:真空材料经过烘烤抽气等处理后仍有部分气体分子依靠化学键作用吸附在低温表面,这部分化学吸附分子受光子诱导而解吸称为一次光子致解吸。一次解吸气体分子在低温下部分冷凝,依靠物理吸附作用保持在壁面,结合相对松散,且仍受到光子辐照,容易再次解吸,这部分物理吸附分子的解吸称为二次光子致解吸。

在同步辐射下,还需要考虑的一个过程是气体分子裂解。经过清洗、烘烤和抽气系列处理后的真空腔室内,主要解吸气体是 H_2、CH_4、CO_2 和 CO,其中 CH_4 和 CO_2 与同步辐射光作用发生裂解,过程为

$$\begin{cases} CH_4 + \gamma \longrightarrow C + 2H_2 \\ 2CO_2 + \gamma \longrightarrow 2CO + O_2 \end{cases} \tag{4-21}$$

H_2、CO 和 O_2 分子数量因裂解而增加,CH_4 和 CO_2 分子数量因裂解而减少,裂解过程对真空腔室内气压有重要影响。

4.4.2 光子致解吸数学物理模型

在加速器真空腔室内,考虑光子致解吸和分子裂解过程,根据一维 Knudsen-Clausing

扩散模型，气体动态平衡的一般通式可写成式(4-22)和式(4-23)的方程组：

$$V\frac{\partial n}{\partial t} = (\eta + \eta'(s) + \chi(s))\varGamma - \alpha S(n - n_e(s,T)) - Cn + u\frac{\partial^2 n}{\partial z^2} \quad (4\text{-}22)$$

$$A\frac{\partial s}{\partial t} = \alpha S(n - n_e(s,T)) - (\eta'(s) + \kappa(s))\varGamma \quad (4\text{-}23)$$

式中，t 为时间，s；n 为气体密度，molecules/m³；s 为低温物理吸附分子的表面密度，molecules/m²；V 为真空腔室容积，m³；A 为真空腔室壁面表面积，m²；η 为一次光子致解吸产额，即每个入射光子导致气体发生一次光子致解吸的分子量，molecules/photon；η' 为二次光子致解吸产额，即每个入射光子导致气体发生二次光子致解吸的分子量，molecules/photon；$\varGamma$ 为光子通量密度，photon/(s·m)；χ 为气体裂解产额，即每个入射光子导致气体分子裂解产生目标分子的量，molecules/photon；κ 为气体裂解系数，即每个入射光子导致目标气体分子发生裂解的量，molecules/photon；α 为分子在壁面的黏附系数；S 为壁面理想抽气速率，m³/s，$S = Av/4$，v 为气体平均分子速度；C 为束屏开孔的抽气速率，m³/s，$C = \rho k_t S$，ρ 为束屏开孔的 Clausing 系数，k_t 为束屏开孔率，没有束屏时 $C = 0$；n_e 为热平衡气体密度，molecules/m³；u 为真空腔室轴向单位长度流导，m⁴/s，$u = A_c D$，A_c 为腔室横截面积，D 为 Knudsen 扩散系数；z 为轴向距离，m。

在准静态（$V\partial n/\partial t \approx 0$ 和 $A\partial s/\partial t \neq 0$）下，气体密度可用一个二阶微分方程描述为

$$(\eta + \eta'(s) + \chi(s))\varGamma - \alpha S(n - n_e(s,T)) - Cn + u\frac{\mathrm{d}^2 n}{\mathrm{d}z^2} = 0 \quad (4\text{-}24)$$

为便于分析，可改写成式(4-25)的形式：

$$u\frac{\mathrm{d}^2 n}{\mathrm{d}z^2} - cn + q = 0 \quad (4\text{-}25)$$

式中，$c = \alpha S + C$，为壁面抽速与束屏开孔抽速之和；$q = (\eta + \eta'(s) + \chi(s))\varGamma + \alpha S n_e(s,T)$，为光子致解吸项、分子裂解项及热解吸项之和。

对于上面 $n(z)$ 的二阶微分方程，系数满足 $u > 0$，$c \geq 0$ 且 $q \geq 0$，方程有两个解：

情况1：

$$n(z) = \frac{q}{c} + C_1 e^{\sqrt{\frac{c}{u}}z} + C_2 e^{-\sqrt{\frac{c}{u}}z} \quad (c > 0) \quad (4\text{-}26)$$

情况2：

$$n(z) = -\frac{q}{2u}z^2 + C_3 z + C_4 \quad (c = 0) \quad (4\text{-}27)$$

其中常数取决于边界条件。

为研究加速器真空腔室内气体密度的演化，本小节讨论了无限长真空腔室的情况和考虑腔室两端边界条件的情况。

1. 无限长真空腔室的解

当真空腔室两端抽气效应对腔室内气体的影响可以忽略时，可以近似成无限长的真空腔室。对于无限长的真空腔室，不存在轴向扩散，即 $\mathrm{d}^2 n/\mathrm{d}z^2 = 0$，则二阶微分方程的解与

坐标 z 无关，即

$$n_{\text{inf}} = \frac{q}{c} = \frac{(\eta + \eta'(s) + \chi(s))\Gamma}{\alpha S + C} + n_{\text{e}}(s) \tag{4-28}$$

二次光子致解吸、分子裂解和热平衡气体密度都与表面密度 s 存在隐式函数关系。表面密度 s 表示为

$$s(t) = s_0 + \frac{1}{A} \int_{t=0}^{t} \{[\eta(t) + \chi(s(t)) - \kappa(s(t))]\Gamma - Cn(t)\}\mathrm{d}t \tag{4-29}$$

2. 短真空腔室的解

当真空腔室末端的条件对整段腔室的气体密度产生影响时，可看作短真空腔室。这里讨论了不同边界条件，即已知腔室末端气体密度或末端抽气速率的情况下，对气体密度的影响。

1) 给定末端气压的短真空腔室求解

这种情况可能适用于加速器的运行，也可能适用于实验室的实验。长为 L 的真空腔室，腔室中心在 $z=0$ 处，两端气体密度为 $n(-L/2) = n_1$ 和 $n(L/2) = n_2$。根据前面所讨论，腔室气体密度 $n(z)$ 有两个解，取决于参数 c 的值。

在情况 1 下，$c > 0$，方程解的常数 C_1、C_2 分别为

$$\begin{cases} C_1 = \dfrac{n_1 + n_2 - 2n_{\text{inf}}}{4\cosh(\omega L/2)} + \dfrac{n_2 - n_1}{4\sinh(\omega L/2)} \\ C_2 = \dfrac{n_1 + n_2 - 2n_{\text{inf}}}{4\cosh(\omega L/2)} + \dfrac{n_1 - n_2}{4\sinh(\omega L/2)} \end{cases} \tag{4-30}$$

若 $n_1 = n_2$，则气体密度表达式可为

$$n(z) = n_{\text{inf}} - (n_{\text{inf}} - n_1)\frac{\cosh(\omega z)}{\cosh(\omega L/2)} \tag{4-31}$$

式中，n_{inf} 由无限长真空腔室的气体密度解给出，$\omega = \sqrt{\alpha C/u}$。

在情况 2 下，$c = 0$，壁面分布抽速接近 0，没有开孔束屏，气体密度表达式为

$$n(z) = \frac{(\eta + \eta' + \chi)\Gamma + \alpha S n_{\text{e}}}{2u}\left[\left(\frac{L}{2}\right)^2 - z^2\right] + \frac{n_1 - n_2}{2L}z + \frac{n_1 + n_2}{2} \tag{4-32}$$

2) 给定末端抽速的短真空腔室求解

长为 L 的真空腔室，腔室中心在 $z=0$ 处，两端各有抽速为 S_{p} 的抽气泵。两端气体密度满足式(4-33)：

$$n(\pm L/2) = \mp \frac{\mathrm{d}n(\pm L/2)}{\mathrm{d}z}\frac{u}{S_{\text{p}}} \tag{4-33}$$

在情况 1 下，$c > 0$，气体密度 $n(z)$ 表示为

$$n(z) = n_{\text{inf}}\left\{1 - \frac{\cosh(\omega z)}{\cosh(\omega L/2)[1 + (u/S_{\text{p}})\omega\tanh(\omega L/2)]}\right\} \tag{4-34}$$

这可以用于计算长度为 L 的真空腔室内气体密度平均值，即

$$\langle n(L) \rangle = n_{\inf} \left\{ 1 - \frac{2\tanh(\omega L/2)}{(\omega L/2)[1+(u/S_p)\omega \tanh(\omega L/2)]} \right\} \quad (4\text{-}35)$$

在情况 2 下，$c = 0$，气体密度 $n(z)$ 表示为

$$n(z) = [(\eta+\eta'+\chi)\Gamma + \alpha S n_e]\left\{ \frac{1}{2u}\left[\left(\frac{L}{2}\right)^2 - z^2\right] + \frac{L}{2S_p} \right\} \quad (4\text{-}36)$$

长度为 L 的真空腔室内气体密度平均值：

$$\langle n(z) \rangle = [(\eta+\eta'+\chi)\Gamma + \alpha S n_e]\left(\frac{L}{12u} + \frac{1}{2S_p}\right)L \quad (4\text{-}37)$$

3. 短真空腔室在平衡状态的解

在平衡状态下，满足 $A\mathrm{d}s/\mathrm{d}t \approx 0$，式(4-23)可写成

$$\alpha S(n - n_e(s,T)) - (\eta'(s) + \kappa(s))\Gamma = 0 \quad (4\text{-}38)$$

式(4-22)可简化成

$$u\frac{\mathrm{d}^2 n}{\mathrm{d}z^2} + (\eta+\chi-\kappa)\Gamma - Cn = 0 \quad (4\text{-}39)$$

在这种情况下，气体密度只取决于一次光子致解吸项、裂解产生项和裂解消失项，与二次光子致解吸、黏附系数及热平衡气体密度无关。

4.4.3 光子致解吸测量方法

要研究不同材料或表面的光子致解吸(PSD)，需要有同步辐射(SR)源，将 PSD 测量终端安装在 SR 束线上。最常用的 PSD 测量终端如图 4-12 所示。SR 束线配备一个安全快阀(Safety Shutter，SS)以截止光子照射，绝缘真空阀(V)从 SR 束线分离实验终端，紧随其后是水平和竖直光束准直仪(C_h 和 C_v)，另有发光显示(LD)用于控制、观察和测量 SR 束流。真空流导法是测量气体流量常用的方法，见图 4-12(a)和(b)，其中图 4-12(a)适用于小样品，图 4-12(b)适用于管状样品。基于样品室与抽气室之间的真空流导 U，每种气体的 PSD 产额可由式(4-40)计算：

$$\eta_{\gamma i}(\text{molecules/photon}) = \frac{(P_{1,i} - P_{2,i})(\text{Pa})U_i(\text{m}^3/\text{s})}{k_B T(\text{K})\Gamma(\text{photon/s})} \quad (4\text{-}40)$$

对于长径比 $R = L/d$ (L 是样品长度，d 是横截面直径)较大的管状试样，可以使用图 4-12(c)所示的三规测量法(Three Gauge Method)。该方法的优点是样品几何形状更好地代表了加速器真空室，并且测量了样品中间部分(即压强值最高处)的压强 P_2。

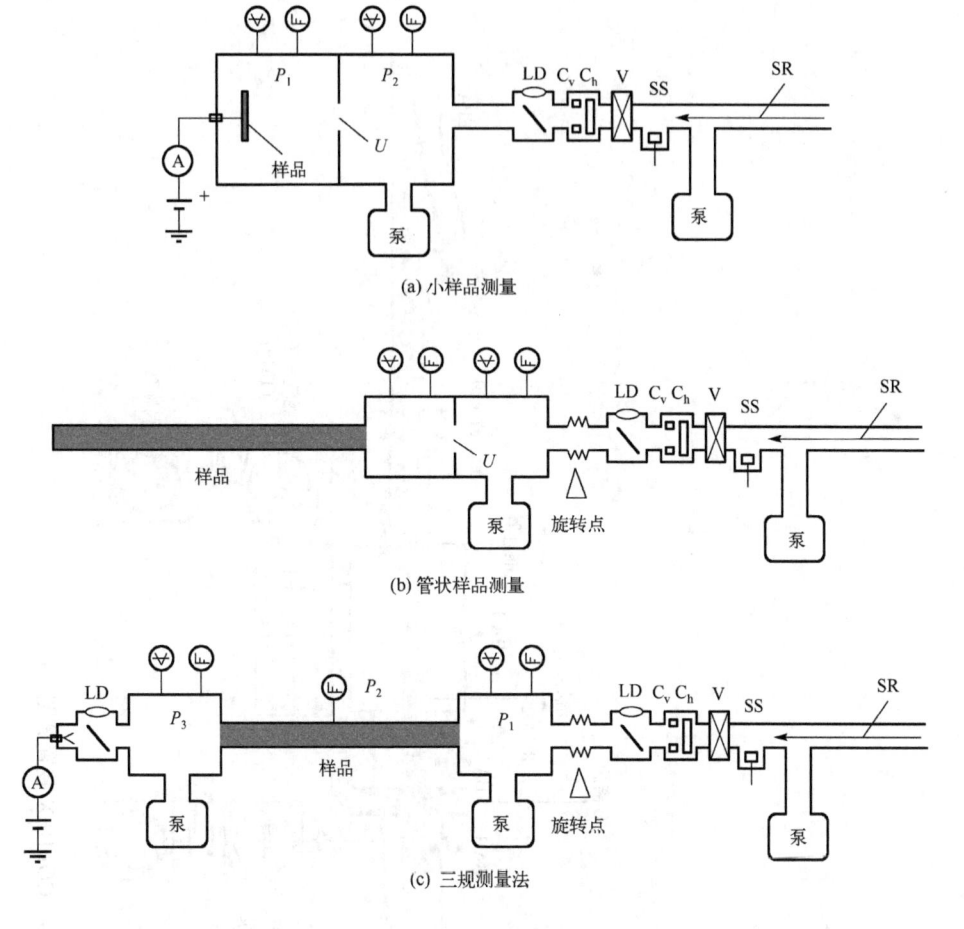

图 4-12　SR 束线上 PSD 测量装置的典型布局

1998 年，欧洲核子研究组织(CERN)在正负电子储存环(Electron-Positron Accumulator, EPA)上安装了 COLDEX 装置，用以研究同步辐射下 LHC 真空系统的 PSD，装置结构如图 4-13 所示。试样腔室长 2m，由两个同轴腔室组成：内衬模拟 LHC 束屏(Beam Screen, BS)，温度控制在 5～100K，可拆卸；外层是 316LN 不锈钢低温管道，双层结构以作为液氦容器，温度控制在 2.5～4.2K。腔室按照 CERN 标准的 UHV 程序进行清洁，内衬里的分压由一个经过校准的残余气体分析仪(RGA)和分离规(Extractor Guage, EXG)测量。EPA 管道的高速电子在弯转区产生同步辐射(SR)，SR 光谱的临界能量为 194eV，强度为 3.4×10^{16} photons/(m·s)。SR 经矩形准直孔(水平 7.5mm，竖直 11mm)进入测量管线，竖直准直(Vertical Collimation)会使能量低于 4eV 的光子发生衰减，因而光子通量降低。在室温条件下，这种能谱低能段的衰减往往可以忽略，因为强束缚物质的解吸需要光子能量达到数电子伏的光电效应阈能，以产生光电子从而破坏化学键。这种情况在有物理吸附分子的低温系统中有所不同，因为能量小于 1eV 的低能量光子，甚至热辐射都可以使物理吸附分子发生解吸。SR 以 (11 ± 2.7) mrad 的平均入射角掠射至束屏内壁。COLDEX 真空系统通过对 N_2 流导为 $0.074m^3/s$ 的泵在两端抽气。每个末端抽气系统由一个对 N_2 流导为 $0.2m^3/s$ 的离子泵和两个对 H_2 流导为 $1m^3/s$ 的钛升华泵组成。COLDEX 装置中安装了六个校准过的 Bayard-Alpert 规(BA 1～BA 6)和一个分离规。气体成分由两个四极质谱气体分析仪 RGA 2 和 RGA 3 测量。

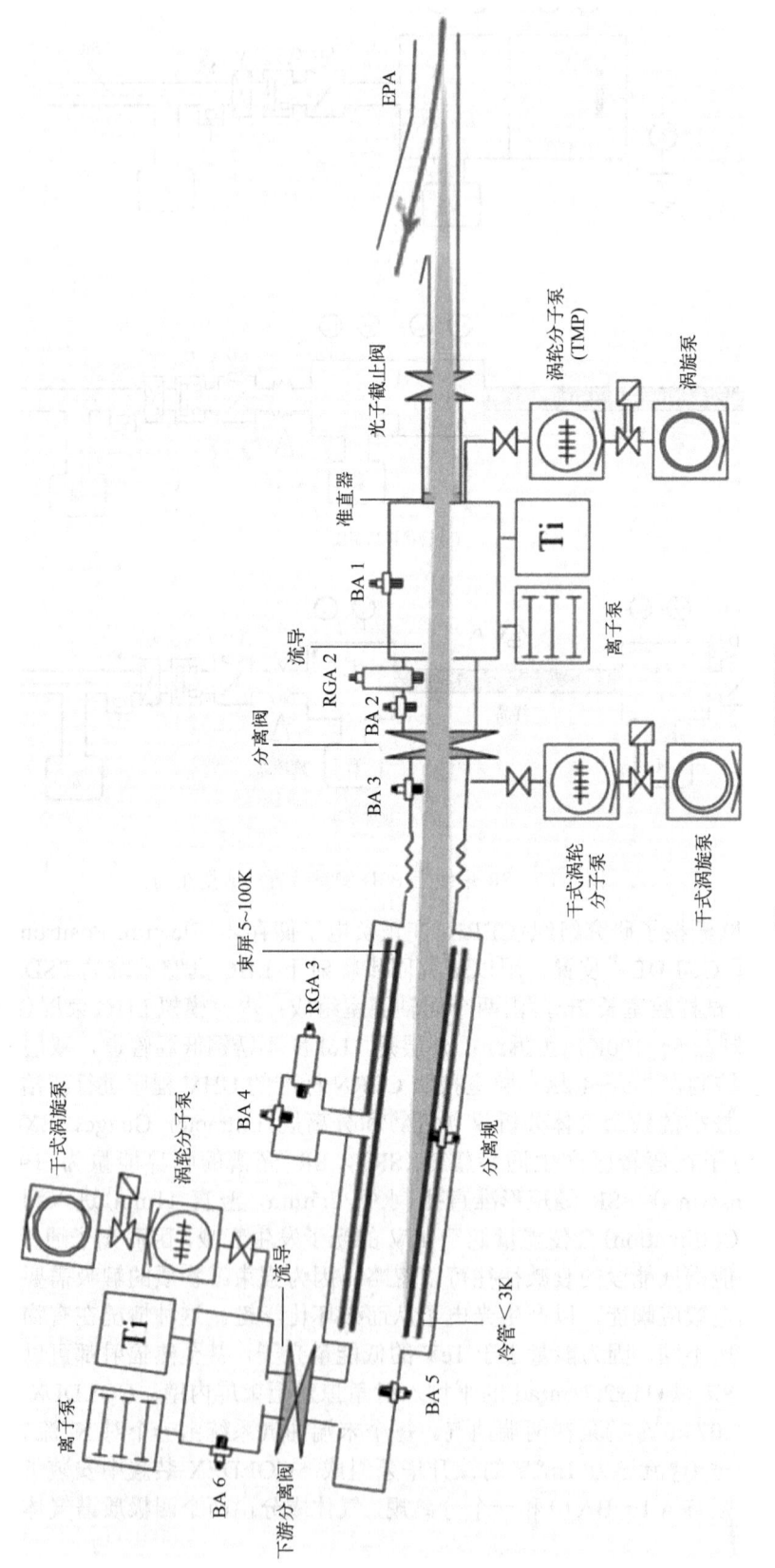

图 4-13 COLDEX 装置简图

4.4.4 光子致解吸与累积光子剂量的关系

随着循环正负电子束流不断产生 SR，束流管道壁面吸附分子不断解吸，在抽气系统作用下，储存环束流管道内的平衡压强逐渐降低，这种现象被称为"束流擦洗"（Beam Scrubbing）。

研究结果表明：PSD 产额与累积光子剂量 D 存在一定函数关系，典型结果如图 4-14 所示。PSD 产额随累积光子剂量增加而降低，曲线的斜率随剂量增加而变化，可用方程表示为

$$\eta(D) = \eta_0 \left(\frac{D + D_1}{D_0 + D_1} \right)^a \tag{4-41}$$

式中，η_0 为在低累积剂量 D_0 下测得的初始 PSD 产额（低剂量下的第一个测点）；D_1 为一个条件剂量，$D \geqslant D_1$ 时，曲线斜率不再改变；在腔室温度为室温时，指数 a 为 0.67～1。参数 η_0、D_0、D_1 和 a 都可以通过实验数据拟合得到。

当 $D \geqslant D_1$ 时，式 (4-41) 可简化为

$$\eta(D) = \eta(D^*) \left(\frac{D^*}{D} \right)^a \tag{4-42}$$

式中，累积光子剂量 D^* 和相应 PSD 产额 $\eta(D^*)$ 可以取自曲线上任一点。

基于 PSD 产额随累积光子剂量降低这一规律，在束流正式运行前对真空管道进行束流预清洗或束流擦洗是一种降低本底放气、减弱 PSD 效应的有效除气手段。

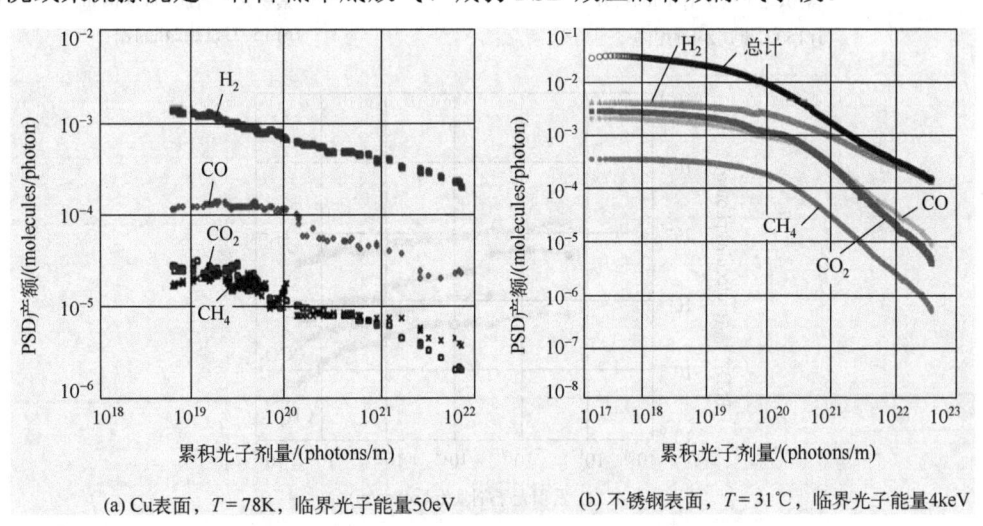

(a) Cu 表面，$T = 78K$，临界光子能量 50eV

(b) 不锈钢表面，$T = 31℃$，临界光子能量 4keV

图 4-14　PSD 产额与累积光子剂量的关系曲线

4.4.5 不同材料的光子致解吸

PSD 很大程度上与材料的种类有关。美国国家同步辐射光源（National Synchrotron

Light Source，NSLS)、欧洲核子研究组织(CERN)、日本高能加速器研究机构(KEK)、法国电磁辐射应用实验室(Laboratoire pour l'Utilisation du Rayonnement Electromagnétique，LURE)和俄罗斯布德科尔核物理研究所(Budker Institute of Nuclear Physics，BINP)等机构对不同材料不同处理方式的 PSD 进行过探究，主要针对的是铜、铝、不锈钢、不锈钢镀铜和不锈钢镀吸气剂涂层材料，对不太常见的钛和铍材料也有少许研究。

LURE 的 Mathewson 等在法国奥尔赛 DCI 储存环(简称 DCI)的同步辐射束线上进行过铝合金、不锈钢和铜材料的 PSD 产额测试。图 4-15 是不锈钢在 300℃烘烤 24h 及铝合金和铜在 150℃烘烤 24h 后，在临界能量 2.95keV 同步辐射辐照下的 PSD 产额对比。烘烤后的真空腔室内，主要解吸气体按占比排序依次是 H_2、CO、CO_2 和 CH_4。对于未烘烤的真空腔室，可能存在 H_2O 的解吸，甚至占主导地位。

(a) 150℃烘烤24h的铝合金

(b) 150℃烘烤24h的铜

(c) 300℃烘烤24h的不锈钢

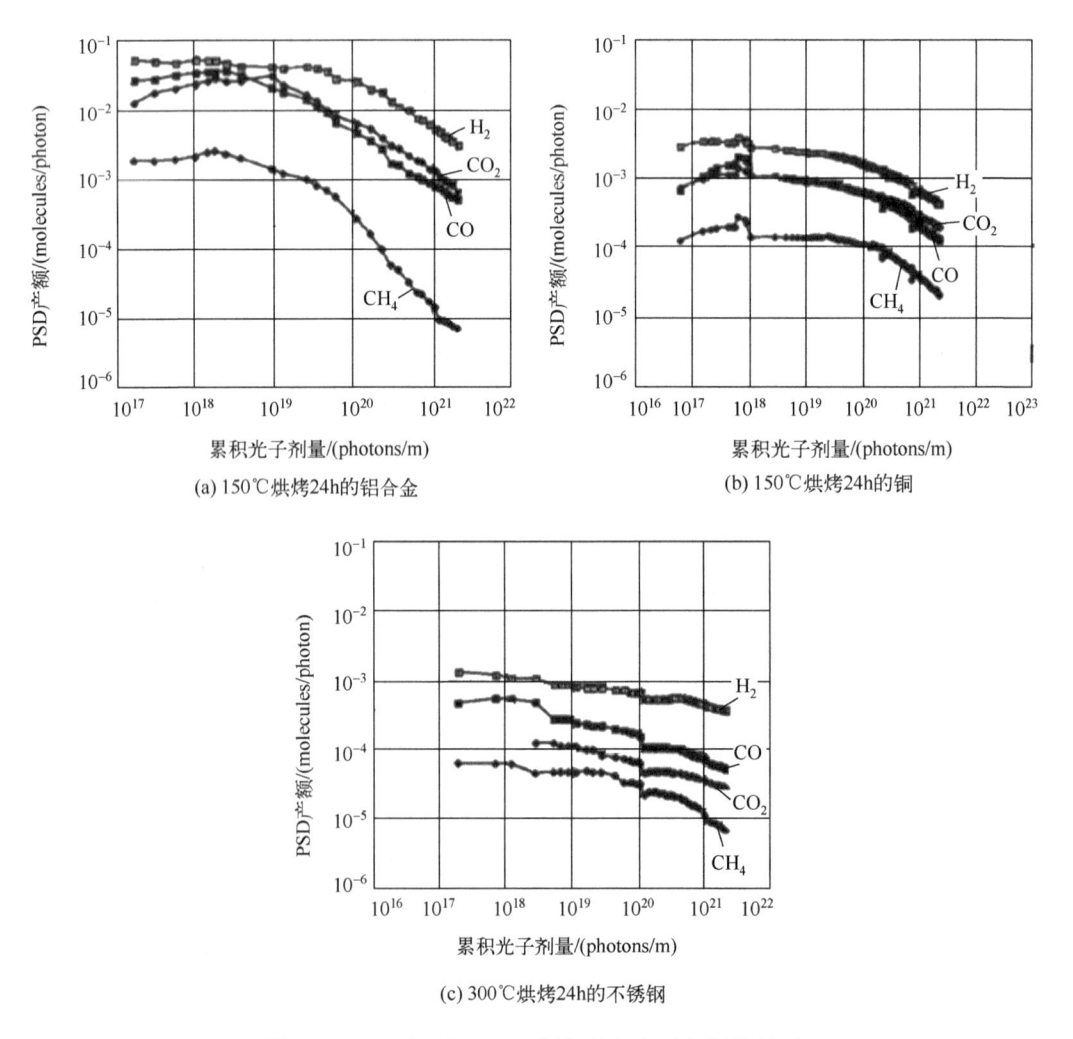

图 4-15 不同材料 PSD 产额与累积光子剂量的关系

影响 PSD 结果的因素有很多，具体如下：
(1)生产工艺差异，如：①真空腔室的生产采用哪种技术和程序(轧制、焊接、铸造等)；

②采用哪种类型的焊接和钎焊；③制造过程中是否发生了变化，一些不影响材料力学性能的改变可能对解吸性能产生很大的影响。

(2) 清洗程序。

(3) 蚀刻、抛光、辉光放电清洗、镀膜等表面处理手段的应用。

(4) 烘烤程序：真空烘烤、原位烘烤与非原位烘烤。

(5) 光子临界能量、累积光子剂量、光子入射角度。

(6) 腔室温度。

由于技术的发展和更迭，新的合金和材料不断涌现，不同的制造商可能提供不同性能的原材料，同一类型材料的真空性能也可能会有很大的不同。因此，文献数据只是给出一个可能的 PSD 值的范围参考。在加速器的建设项目中，为了将设计中的不确定性降到最低，最实用的方法是对潜在制造商生产的真空腔室样品进行一组 PSD 测试。

4.4.6 材料处理程序的影响

真空材料投入安装运行前通常需要经历抛光、超声清洗、烘烤、真空烧制、辉光放电清洗等一系列清洗脱气程序，有助于清除表面油污、减少碳氢化合物和降低热放气速率。这些处理程序的使用对光子致解吸效应也会产生一定影响。

Hseuh H. C.等在 NSLS 探究了化学清洗、真空烧制、一氧化氮(NO)清洗和辉光放电清洗对不锈钢腔室光子致解吸产额的具体影响。实验中四种脱气处理的具体方法如下：

(1) 化学清洗：在热的三氯乙烷中超声清洗去除油污，然后在 60℃无腐蚀性的碱性 (pH = 11)洗涤剂中搅拌清洗，接着采用冷水清洗和去离子水清洗，最后在热风箱内干燥。

(2) 真空烧制：4h 内升温至 950℃，在温度为 950℃和真空度低于 10^{-5}Torr 的条件下保持 2h，之后在 1h 或更短时间内冷却至 500℃以下。

(3) NO 清洗：一种活性气体清洗表面的方法，样品腔室经过 200℃原位烘烤 24h 后，真空度在 10^{-7}Torr 左右，充入 NO 气体至 10~100 倍本底压强，使用 RGA 检测分压变化，当没有检测到碳氢化合物存在或 NO 峰与 CO 峰之比大于 3 时，清洗终止，这一过程通常持续数小时。

(4) 辉光放电清洗：直流辉光放电，放电偏压 400V，放电气体为 90% Ar + 10% O_2 的混合气，工作压强为 $2×10^{-2}$Torr。样品腔室经过 200℃原位烘烤 24h 后进行辉光放电处理，直至碳氧化合物(CO 和 CO_2)产生率不再下降，清洗终止，通常需要 6~20h，累积离子剂量约 10^{18}ions/cm^2。

A、B、C、D 四组样品经过不同的除气程序后(A：化学清洗+真空烧制+辉光放电清洗；B：化学清洗+真空烧制+ NO 清洗；C：化学清洗+真空烧制；D：化学清洗)，暴露于大气数天，200℃原位烘烤 48h，之后进行光子轰击实验，测试 PSD 产额，如图 4-16 所示。结果表明真空烧制对 PSD 没有明显影响，而辉光放电清洗和 NO 清洗都能显著降低 PSD 产额，辉光放电清洗减缓 PSD 效应的效果略优于 NO 清洗。

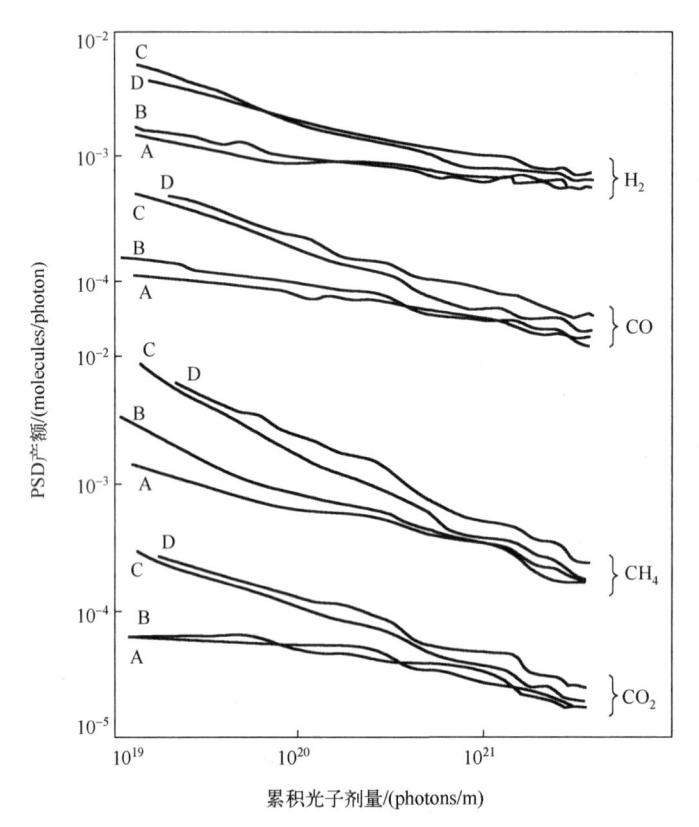

图 4-16 不同脱气处理后的 PSD 产额

4.4.7 光子致解吸与同步辐射临界光子能量的关系

PSD 产额 η 与同步辐射临界光子能量 ε_c 的关系如图 4-17 所示。当临界光子能量 $\varepsilon_c <$ 1keV 时，由于光电子产额随光子能量线性增加，故 η 与 ε_c 呈正比关系；当 ε_c 为 1~100keV 时，光电子产额不随光子能量增加，因而 η 随 ε_c 缓慢增加；当 $\varepsilon_c >$ 100keV 时，由于康普顿电子的产生，η 与 ε_c 仍为正比关系。

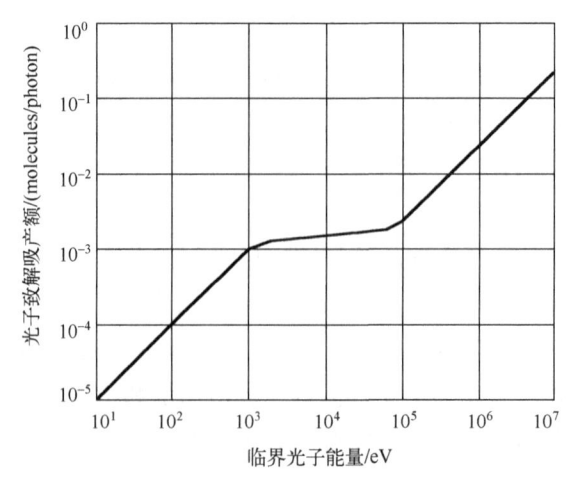

图 4-17 一次光子致解吸产额关于临界光子能量的函数

4.4.8 光子致解吸与真空腔室温度的关系

温度是影响真空腔室压强的重要因素之一。Gröbner O. 等在 1994 年探究过铜真空腔室在 33℃和 70℃下的 PSD 产额，两种温度下的 PSD 产额之比如表 4-2 所示。腔室被加热到 70℃时，H_2O 和 O_2 的解吸产额增加，而其他气体的 PSD 产额与温度相关性不大。

表 4-2　70℃和 33℃下铜的 PSD 产额之比

气体种类	H_2	CH_4	H_2O	CO	O_2	CO_2
$\eta_\gamma(70℃)/\eta_\gamma(33℃)$	1.0	1.01	5.7	1.15	4.5	1.67

2002 年，Baglin V.等在 COLDEX 装置上进行的探究则更关注低温段温度对 PSD 的影响。实验采用 2m 长的 316LN 不锈钢低温管道，内嵌无氧铜束屏，束屏开有 264 个直径 4mm 的圆孔，开孔面积占束屏表面积的 1%。典型工况下，低温管道温度设置为 3.1K，束屏温度控制在 4.5～90K；束屏工作温度高于 90K 的工况下，低温管道温度设置为 5K。同步辐射从正负电子储存环(EPA)束线引出，临界光子能量为 194eV，最大光子通量密度为 3.4×10^{16}photons/(m·s)，以 11mrad 的角度掠入射至束屏内壁。在经过累积光子剂量 3×10^{22}photons/m 的束流预清洗后，开始 PSD 产额测试，实验得到了 5～300K 几种气体一次解吸产额的多组数据，如图 4-18 所示。图中除 H_2 外的其他气体没有给出低于相应限制温度 T_h 下的数据(限制温度 T_h 是指气体程序解吸曲线中解吸峰对应的温度)。因为温度高于 T_h 时，冷凝气体少，表面密度足够低，一次解吸产额占主导，二次解吸产额可以忽略；而温度低于 T_h 时，难以区分一次解吸产额与二次解吸产额，可保守取为温度等于 T_h 时的一次解吸产额。

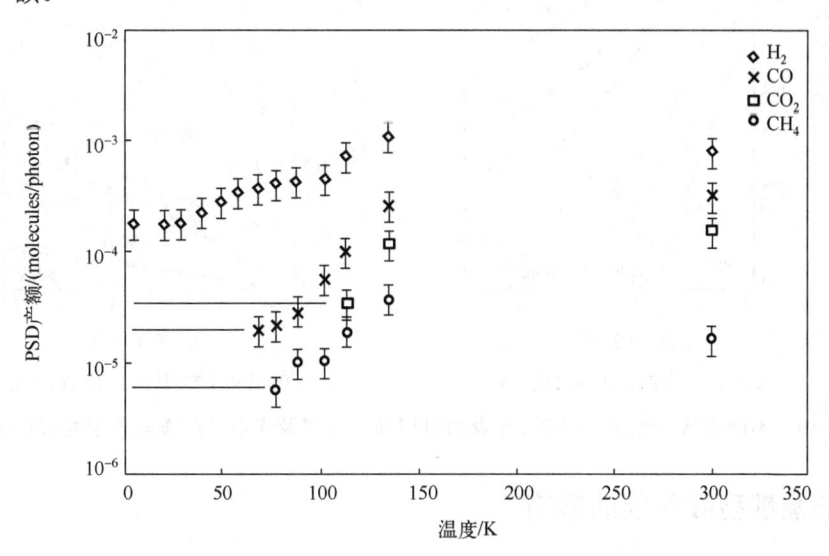

图 4-18　无氧铜束屏在临界光子能量 194eV 同步辐射辐照时，不同温度下的 PSD 一次解吸产额

4.4.9 光子致解吸与入射角度的关系

在加速器真空腔室中，产生 SR 光子可能以不同的角度辐射至真空腔室表面，包括掠

入射及法线入射等。

Hori Y. 等在日本 KEK 测量了临界光子能量为 4keV 的 SR 在法线入射和 $\theta=10°$(175mrad)掠入射条件下，铝合金 A6061 表面的 PSD 产额。研究发现，在 $\theta=10°$ 入射时，PSD 产额约为法线入射时的 4 倍。

Trickett B. A. 等测量了临界光子能量为 7keV 的 SR 下，铜表面 PSD 与入射角度 θ 的关系。结果表明，在法线入射时，PSD 有最低值，且随角度降低而增大。在 $60°<\theta<90°$ 范围内，不同入射角度的 PSD 结果差异不显著；而对于较小的角度，PSD 的差异迅速增加。

Francesca E. La 等在 2020 年探究了铜材光电子产额与光子入射角度的关系。实验使 7 束不同能量的光子分别以不同角度（0°～5°）入射至铜材表面，得到发生镜面反射的概率和光电子的产额，如图 4-19 所示。结果表明，光子反射率随入射角度升高而降低，且光子能量越低，反射率越高。而对于光电子产额，在较小角度范围内，光子反射率越低，光电子产额越高，因而光电子产额随入射角度增大而升高。在稍大角度范围，需要考虑光子和电子在材料中的射程。当较大角度入射时，光子穿透材料的深度将超过光电子的逃逸深度，对光电子产额没有贡献。因此，出现光电子产额随入射角度先增大后减小的结果。由于光电子激发气体解吸是光子致解吸中的主要过程，这一结果能够间接反映 PSD 产额与入射角度的关系。

(a) 镜面反射率与入射角度的关系

(b) 光电子产额与入射角度的关系

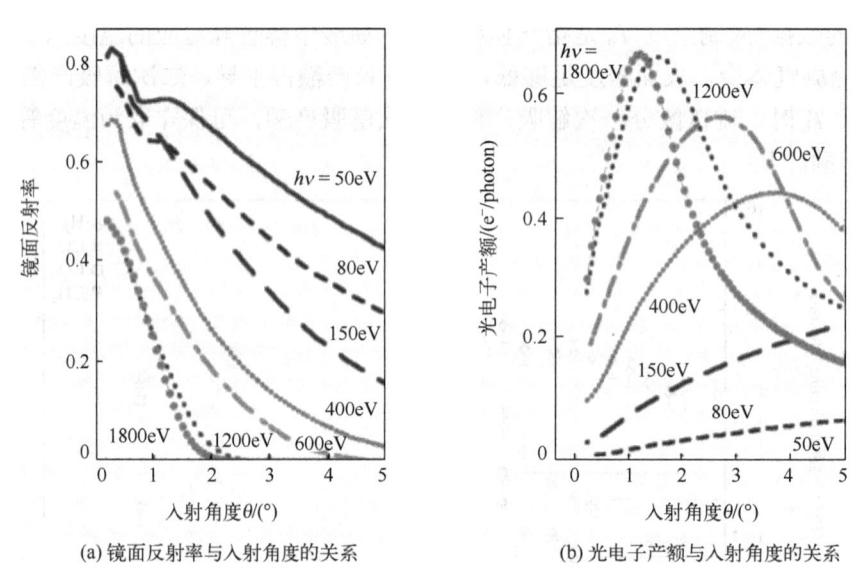

图 4-19　不同能量的光子入射至 Cu 表面时镜面反射率及光电子产额与入射角度的关系

4.4.10　非蒸散型吸气剂的影响

非蒸散型吸气剂(NEG)在经过激活后，表现出良好的吸附性能，可提供额外气体抽气，且 NEG 材料的光子致解吸产额远低于不锈钢或铜等常规材料。理论上 NEG 是优秀的真空材料，通常考虑采用磁控溅射方法在真空腔室材料表面镀一层 NEG 涂层，NEG 涂层的具体性能及对气体解吸的影响将在 6.2 节详细介绍。

4.5 电子致解吸

4.5.1 电子致解吸机制

电子致解吸（Electron Stimulated Desorption，ESD）是指入射电子与材料表面吸附气体分子作用，使吸附分子获得能量从壁面解吸的过程。粒子加速器中，入射电子来源有：① 电子束流管道内，部分电子偏离束流输运轨迹轰击至壁面；② 离子束流与管道内残余气体分子或与壁面分子相互作用，产生次级电子；③ 同步辐射轰击壁面，产生光电子或康普顿电子；④ 各种来源的电子仍具有足够的能量，与壁面分子作用产生次级电子。

与光子致解吸类似，电子致解吸也分为初级电子致解吸和次级电子致解吸。电子致解吸过程产生的额外气体负载可表示为

$$n_e = (\eta_e + \eta_e')\Gamma_e \tag{4-43}$$

式中，η_e 为初级电子致解吸产额，molecules/electron；η_e' 为次级电子致解吸产额，molecules/electron；Γ_e 为电子通量密度，electrons/(s·m)。

对于高能质子加速器，电子主要来源于同步辐射产生的光电子，电子通量密度可表示为光电子产生率在同步辐射能谱上的积分，即

$$\Gamma_e = \int_{E_{\min}}^{E_{\max}} \Gamma_{ph}(E) Y_{ph}(E) dE \tag{4-44}$$

式中，Γ_{ph} 为光子通量密度，photons/(s·m)；Y_{ph} 为光电子产额，electrons/photon；E 为同步辐射能量，eV。

4.5.2 电子致解吸测量方法

与同步辐射光子致解吸和离子致解吸相比，电子致解吸的测量更容易实现，因为电子源更容易获得，例如：通过给热灯丝施加偏压产生电子，电子能量与偏压成正比，如图 4-20(a) 所示；或者直接购买电子枪作为电子源轰击样品，如图 4-20(b) 所示。每个入射电子引起表面气体解吸的分子量可表示为

$$\eta_e (\text{molecules/electron}) = \frac{Q(\text{Pa} \cdot \text{m}^3/\text{s}) q_e(\text{C})}{k_B T(\text{K}) I(\text{A})} \tag{4-45}$$

式中，Q 为电子轰击致解吸的分子通量；I 为电子电流；q_e 为电子电荷。每种气体 i 的解吸通量可表示为

$$Q_i = (\Delta P_{1,i} - \Delta P_{2,i}) U_i \tag{4-46}$$

式中，$\Delta P_{1,i} = P_{1,i,e} - P_{1,i,bg}$；$\Delta P_{2,i} = P_{2,i,e} - P_{2,i,bg}$ 分别为测量得到的电子轰击后（下标"e"）和电子轰击前（下标"bg"）的气体分压变化；U 为样品腔室与抽气腔室之间的已知真空流导，m^3/s。

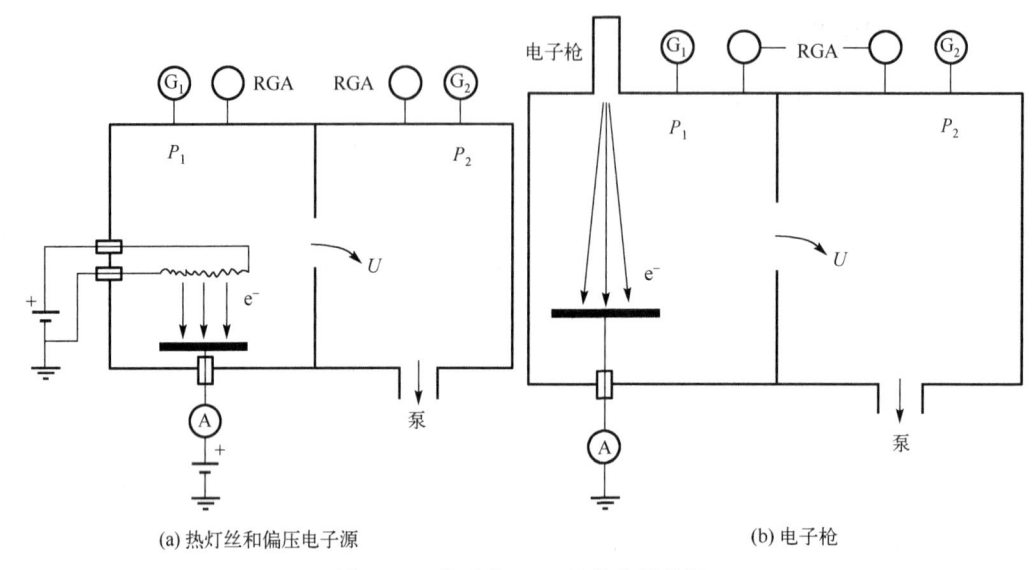

(a) 热灯丝和偏压电子源　　(b) 电子枪

图 4-20　典型的 ESD 测量装置简图

这两种 ESD 测量方法适用于小样品或平面样品的 ESD 研究，具有成本低和样品周转快的优势，可用于大多数的 ESD 研究。但小样品或平面样品与加速器中实际的管状样品可能存在一些差异：①小样品进行清洁、抛光、薄膜沉积等表面处理容易实现，而长管状样品进行表面处理则存在困难，故而表面处理效果上两者可能有所不同；②小样品表面积如果与测试腔室相差太多，腔室的解吸和吸附可能会形成干扰，影响测量结果准确性。

英国达斯伯里实验室 Malyshev 等搭建了针对管状样品的 ESD 装置（图 4-21）。该装置使用一根热灯丝轴向穿过样品管，并连接到高压电源，通过施加偏压可以发射最高能量达 6.5keV 的电子。管状样品经过与真实加速器腔室相同的清洗程序和表面处理程序后，获得与真实腔室相同的表面状态。

图 4-21 所示的装置可以通过两种方法测量每一种气体 i 的解吸通量 Q：①使用样品管的真空流导 U_s；②使用有效抽气速率 S_{eff}，分别如式(4-47)和式(4-48)所示：

$$Q_{a,i} = (\Delta P_{1,i} - \Delta P_{2,i})U_{s,i} \tag{4-47}$$

$$Q_{b,i} = \Delta P_{2,i} S_{eff,i} \tag{4-48}$$

理论上这两个结果 $Q_{a,i}$ 和 $Q_{b,i}$ 应该是相同的。如果有两个 RGA，可以得到两个结果，并互相验证，保证结果的可靠性。当只有一个 RGA 可用时，测量 P_2 可以获得 $Q_{b,i}$ 的结果。

与热放气和 PSD 相似，ESD 与材料种类、清洗程序、表面处理（蚀刻、抛光、涂层等）、材料的处理过程、电子的能量、累积电子剂量、温度、烘烤程序和抽气时间等因素相关。

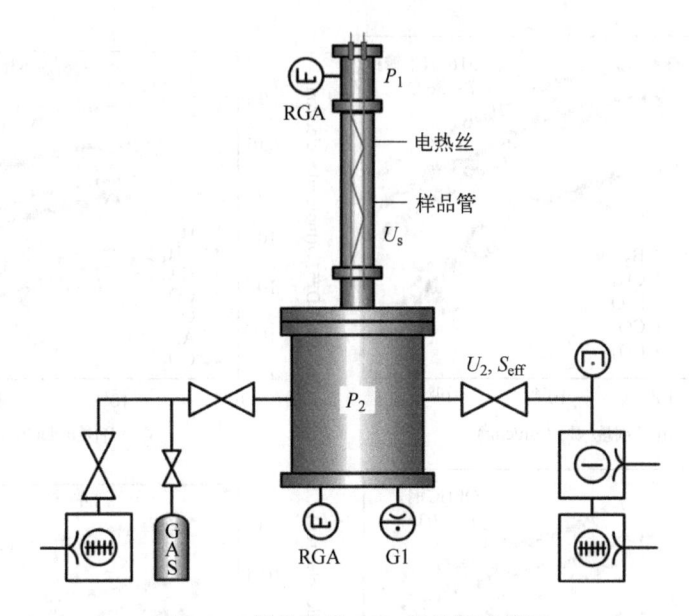

图 4-21　管状样品 ESD 测量装置简图

U_s—样品管真空流导；P_1—由一个 RGA 测量；P_2—由一个 UHV 总压规和一个 RGA 测量；
U_2—已知真空流导；S_{eff}—有效抽气速率

4.5.3　不同材料的电子致解吸

电子致解吸产额随入射电子剂量的累积，表现出逐渐下降趋势，在较高累积剂量下有着指数依赖关系，即

$$\eta_e = \eta(D^*)\left(\frac{D^*}{D}\right)^\alpha \tag{4-49}$$

式中，累积电子剂量 D^* 和对应的 ESD 产额 $\eta(D^*)$ 可以是图 4-22 中斜线上的任一个点。

可见电子致解吸过程随电子剂量累积也具有"束流擦洗"效应，与光子致解吸类似，同时材料性质也是电子致解吸的重要影响因素。1997 年，CERN 的研究人员探索了 316LN 不锈钢、OFHC 铜和 AA6082 铝合金的 ESD。将 47mm×50mm 的片状样品清洗后安装在真空室中，在 150℃下烘烤 24h，在 300℃下继续烘烤 2h 后进行了 ESD 产额测试，结果如图 4-22(a) 所示。

2010 年，英国 ASTeC(Accelerator Science and Technology Centre) 的研究人员则同样探究了 316LN 不锈钢、OFHC 铜和 AA6082 铝合金的 ESD，但使用的是用这三种材料制成的管状样品。不锈钢和铜样品在 250℃下烘烤 24h，铝合金样品在 220℃下烘烤 24h，ESD 产额测试结果如图 4-22(b) 所示。

两组实验使用相同材料测试得到的 ESD 产额表现出较大差异，因此，在使用实验数据时需要考虑并综合比较实验方法、材料处理方法等因素。

(a) 不同材料在150℃烘烤24h，在300℃继续烘烤2h后的ESD产额

(b) 316L不锈钢和铜在250℃烘烤24h、AA6082铝合金在220℃烘烤24h后的ESD产额

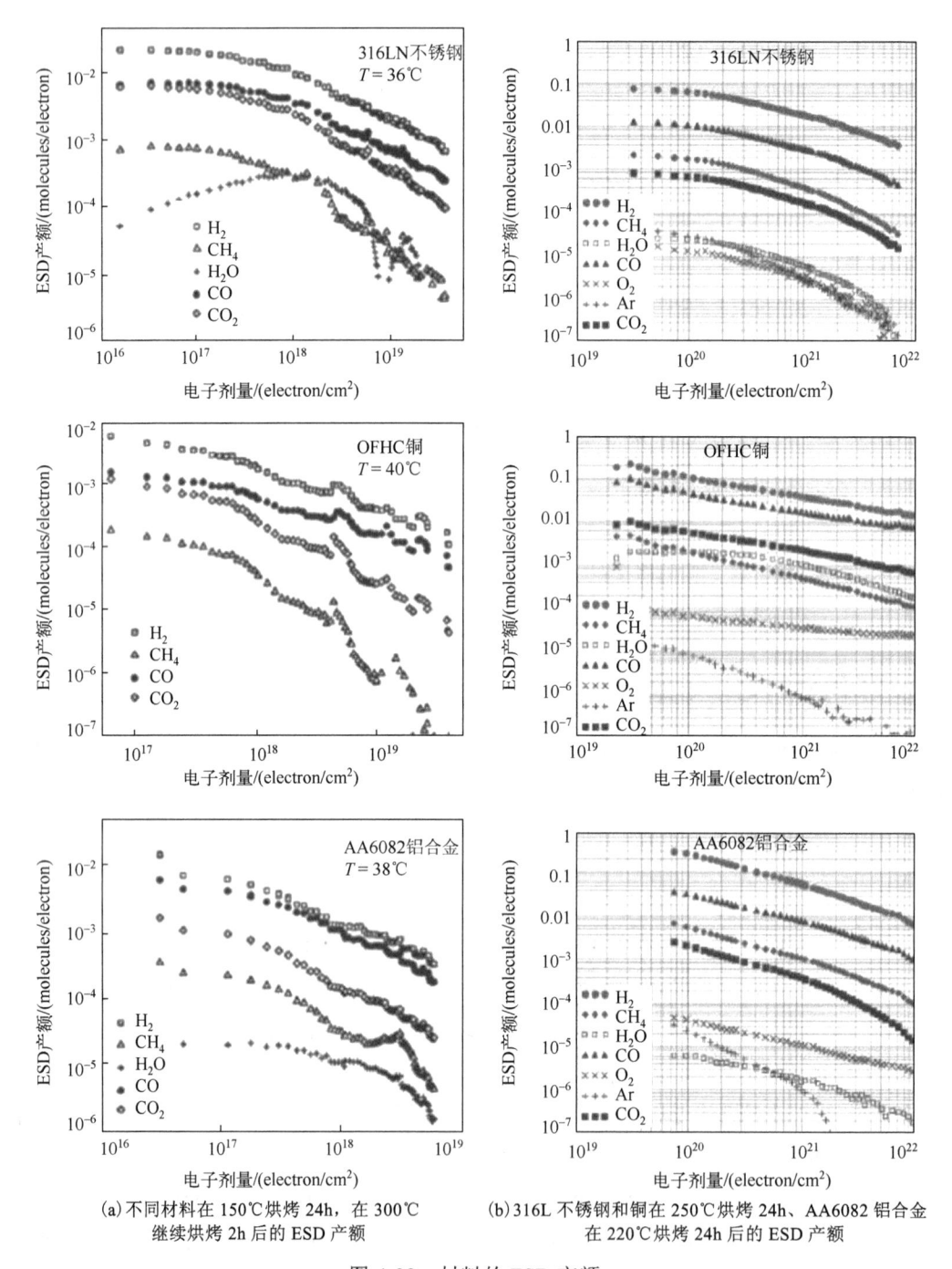

图 4-22 材料的ESD产额

4.5.4 电子致解吸与电子能量的关系

不同实验室在进行ESD研究时使用的电子能量往往不同，例如，KEK使用3keV，CERN使用300eV和1.4keV，ASTeC使用500eV。因此，在比较不同结果时应考虑电子能量对ESD产额的影响。

ESD 产额依赖于入射电子的能量，已有研究证明了这一点。探究 ESD 产额与电子能量的关系需要保证测量在条件相同的表面上进行，而在 ESD 测量期间，表面被持续轰击，由于束流擦洗效应，初始测量值与下一次测量值也将不相同。

ASTeC 测量了相同辐照剂量下 ESD 产额关于电子能量的函数。不锈钢样品和 AA6082 铝合金样品在 250℃烘烤 24h 后的 ESD 产额 $\eta_e(E)$，如图 4-23 所示。图中展示了 40eV～5keV 能量范围内，累积电子剂量 $D\approx 10^{21}$ electron/cm^2 时的 ESD 产额。实验结果表明：当电子能量在 40eV～5keV 内变化时，电子能量越高，达到相同剂量时的 ESD 产额越高。

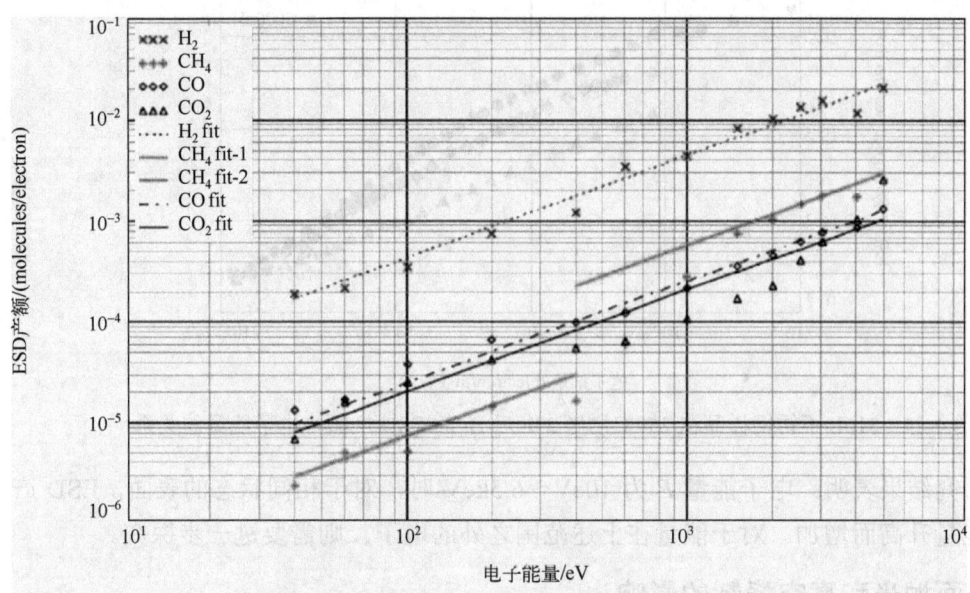

(a) 不锈钢样品在 250℃烘烤 24h，累积电子剂量 $D = 7\times 10^{21}$ electron/cm^2

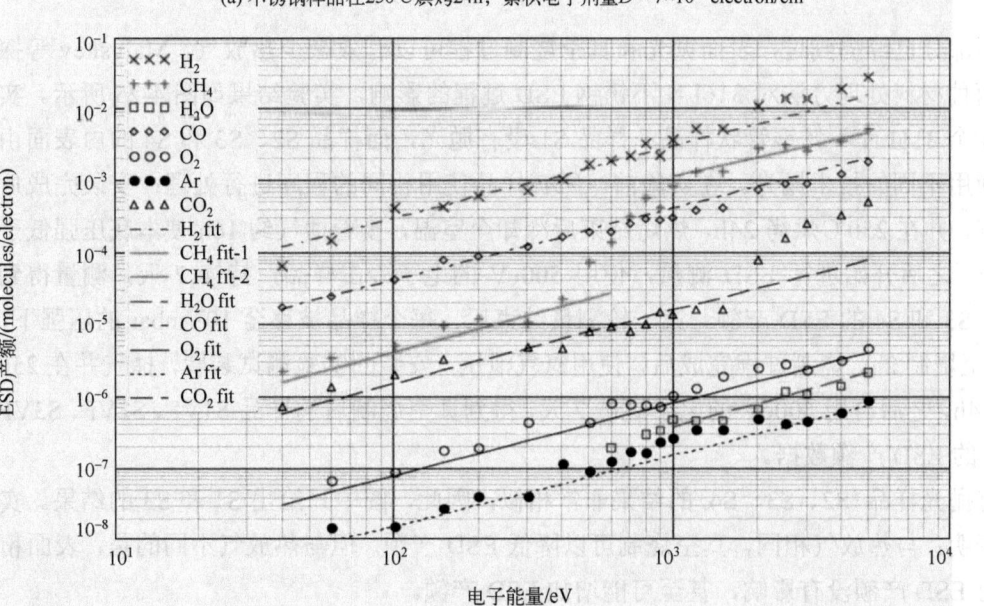

(b) AA6082 铝合金样品在 250℃烘烤 24h，累积电子剂量 $D = 1.3\times 10^{22}$ electron/cm^2

图 4-23 ESD 产额与电子能量的关系（图中 fit 表示拟合）

采用材质相同的316L不锈钢样品S1、S2和S3在250℃下进行相同的清洗、安装和烘烤程序(24h)，之后样品被不同能量的电子轰击，分别为50eV、500eV和5000eV，相应的累积电子剂量为$1\times10^{19}\sim2\times10^{23}e^-/cm^2$。测得的$H_2$的ESD产额如图4-24所示，其他气体种类的ESD产额与之相似。结果表明，电子能量越高，ESD的初始产额越高。当电子能量较大时，ESD产额随电子剂量增加而降低的趋势稍快。

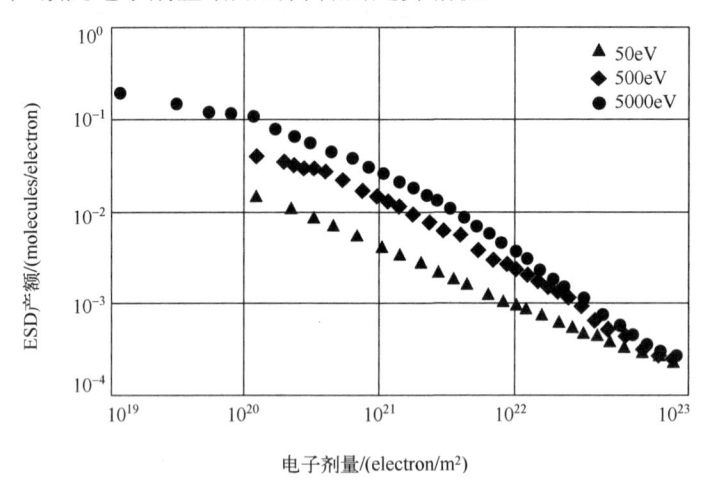

图4-24 316L不锈钢样品在250℃烘烤24h后H_2的ESD产额与电子能量的关系

这些研究结果表明：电子能量E为10eV～6.5keV时，对于相同状态的表面，ESD产额随电子能量升高而增加。对于能量在上述范围之外的电子，则需要进一步探究。

4.5.5 表面抛光和真空烧制的影响

前面部分已经提到过，表面抛光和真空烧制过程可以有效减少热放气，Malyshev等探究了这两种材料处理方法对316LN不锈钢ESD过程的影响，实验结果如图4-25所示。实验采用4个316LN不锈钢管状样品：样品S1没有抛光，而样品S2、S3和S4的内表面由制造商使用不同的技术抛光。在实验前，所有样品使用相同的程序进行处理：安装完成后进行抽气，并在250℃烘烤24h，烘烤结束后冷却至室温，接着抽气约16h使本底压强低于10^{-8}mbar。之后开始进行ESD测量，使用500eV的电子轰击样品，持续7天，测量得到S1、S2、S3和S4的ESD产额。第一轮测量结束后，每个样品被移至10^{-5}mbar的压强下，950℃真空烧制2h。烧制过程完成后，使用氮气泄压，安装回实验测试装置，抽气并在250℃烘烤24h，之后再用500eV的电子轰击7天，得到真空烧制后的样品S1VF、S2VF、S3VF和S4VF的ESD产额数据。

所有抛光样品(S2、S3、S4)的结果非常相似，因此，图中只给出S1和S3的结果。实验结果表明：与热放气相同，真空烧制可以降低ESD产额，但与热放气不同的是，表面精细抛光对ESD产额没有影响，甚至可能增加ESD产额。

因此，真空烧制是一种非常有效的减少ESD的技术，而昂贵且费时的表面抛光对于改善真空是一种不必要的处理。

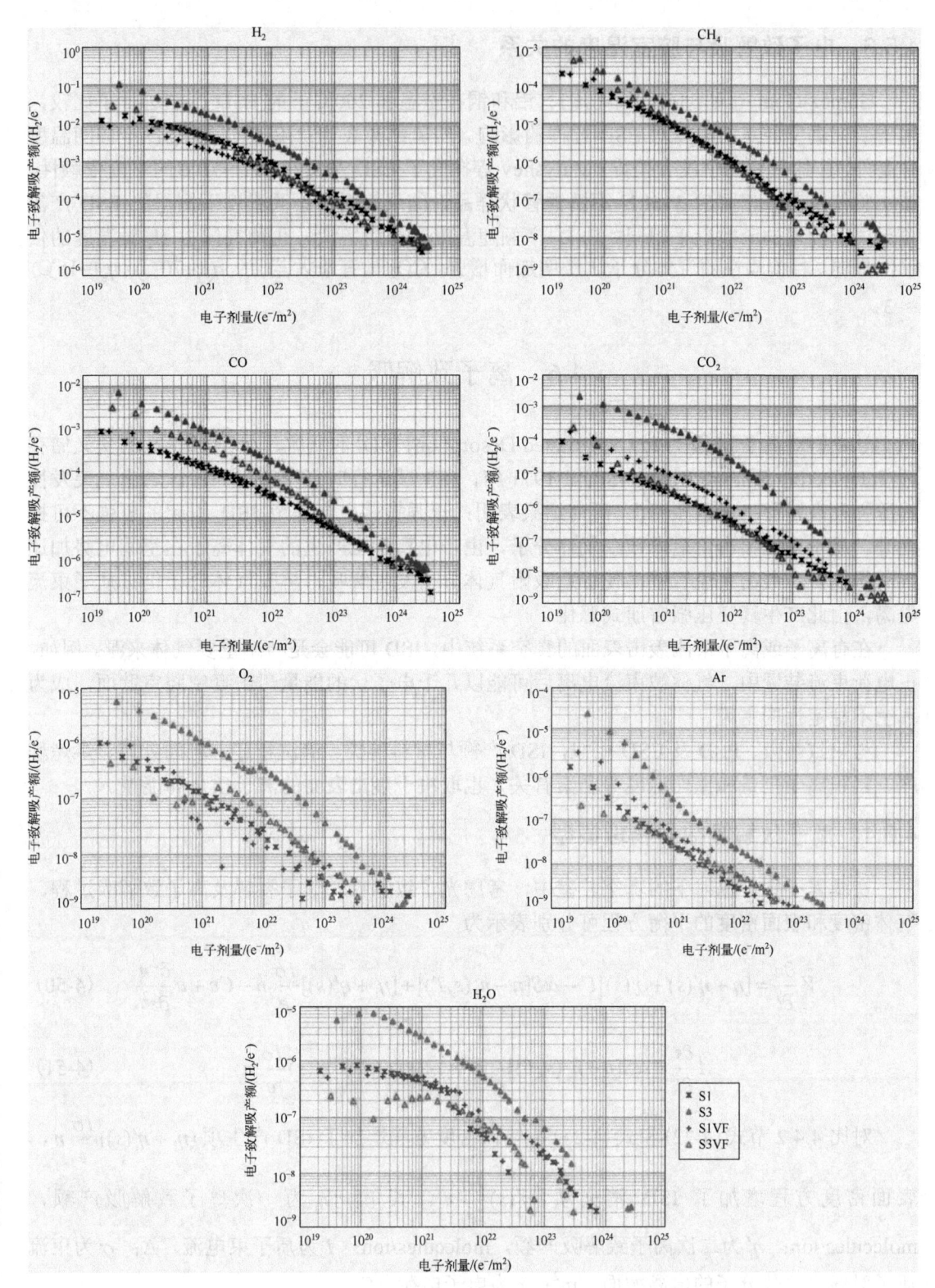

图 4-25 316LN 不锈钢 250℃烘烤 24h 后 ESD 产额与电子剂量的关系曲线

S1—未抛光；S1VF—未抛光且真空烧制；S3—抛光；S3VF—抛光且真空烧制

4.5.6 电子致解吸与腔室温度的关系

Gómez-Goñi 等对 316LN 不锈钢、铝和铜在室温和 200℃下的 ESD 产额进行了比较，用于研究真空腔室的温度对 ESD 过程的影响。实验结果表明：除 H_2O 的 ESD 产额随温度升高外，其他气体几乎没有差异。Malyshev 等探究了 ESD 产额在 $-20\sim70$℃的温度依赖性。该实验使用三个相同的 316LN 不锈钢管状样品，结果表明，不同温度下测得的 ESD 产额关于电子剂量的函数近乎相同；ESD 产额随温度升高而增大，几种气体中 H_2 对温度的依赖性最弱，且依赖性随气体分子质量增加而增强，CO_2 具有最大差值：$\eta_e(+70℃)/\eta_e(-15℃) \approx 3$。

4.6 离子致解吸

学者们对离子致解吸（Ion Stimulated Desorption，ISD）的研究起始于 CERN 的交叉储存环（Intersecting Storage Ring，ISR）。1971 年，ISR 试运行时真空管道局部区域出现突发性的压强升高，即"压强振荡"。研究结果表明：压强振荡主要是由 ISD 引起的压强不可控上升。质子束流轰击管道内残余气体分子，由于电离反应产生的气体离子在空间电势加速下获得能量，轰击束流管壁，使管壁吸附气体分子发生解吸，解吸气体分子仍被质子束流电离，由此产生真空压强雪崩式恶化。

在有离子或离子束流轰击表面的真空系统中，ISD 可能会是一个重要气体来源。例如，正电荷束流装置中，气体被束流电离后可能以几千电子伏的能量轰击真空腔室壁面，成为真空不稳定性的主因。

与热致解吸、PSD 及 ESD 相似，ISD 产额与材料种类、清洗程序、表面处理、烘烤程序、累积离子剂量和壁面温度等因素有关，也取决于轰击表面的离子质量和能量。

4.6.1 离子致解吸数学物理模型

在暴露于同步辐射下的真空腔室中，考虑光子致解吸、分子裂解及离子致解吸过程，气体密度和表面密度的平衡方程可分别表示为

$$V\frac{\partial n}{\partial t} = [\eta + \eta'(s) + \chi(s)]\Gamma - \alpha S[n - n_e(s,T)] + [\eta_i + \eta'_i(s)]\frac{I\sigma}{e}n - Cn + u\frac{\partial^2 n}{\partial z^2} \quad (4\text{-}50)$$

$$A\frac{\partial s}{\partial t} = \alpha S[n - n_e(s,T)] - [\eta'(s) + \kappa(s)]\Gamma - \eta'_i(s)\frac{I\sigma}{e}n \quad (4\text{-}51)$$

对比 4.4.2 节式（4-22）和式（4-23），气体密度方程增加了 ISD 产生项 $(\eta_i + \eta'_i(s))\frac{I\sigma}{e}n$，表面密度方程增加了 ISD 消失项 $-\eta'_i(s)\frac{I\sigma}{e}n$。其中，$\eta_i$ 为一次离子致解吸产额，molecules/ion；η'_i 为二次离子致解吸产额，molecules/ion；I 为质子束电流，A；σ 为束流质子对残余气体分子的电离截面，m^2；e 为电子电荷，C。

在准静态（$V\partial n/\partial t \approx 0$ 和 $A\partial s/\partial t \neq 0$）下，气体密度方程仍可简化成式（4-52）所示二阶微分方程形式：

$$u\frac{d^2n}{dz^2} - cn + q = 0 \tag{4-52}$$

式中，$c = \alpha S + C - (\eta_i + \eta_i'(s))\dfrac{I\sigma}{e}$，为真空腔室内壁表面和束屏分布抽速与离子致解吸的净效应，c 可能为正值，可能为负值，也可能为 0；$q = (\eta + \eta'(s) + \chi(s))\varGamma + \alpha Sn_e(s,T)$，为光子致解吸项、分子裂解项及热解吸项之和，为正值或等于 0。

对于上面 $n(z)$ 的二阶微分方程，方程的解相比 4.4.2 节，除了情况 1 和 2 之外，还需要额外讨论情况 3，即 $c<0$：

$$n(z) = \frac{q}{c} + C_5 e^{i\sqrt{\frac{|c|}{u}}z} + C_6 e^{-i\sqrt{\frac{|c|}{u}}z} \quad (c<0) \tag{4-53}$$

其中常数取决于边界条件。同样，对于短真空腔室的求解也需要讨论情况 3。

1) 对于给定末端气压的短真空腔室

对于给定末端气压的短真空腔室，在情况 3 下，$c<0$，方程解的常数 C_5、C_6 分别为

$$\begin{cases} C_5 = \dfrac{n_1 + n_2 - 2n_{\text{inf}}}{4\cos(\omega L/2)} + \dfrac{n_2 - n_1}{4\sin(\omega L/2)} \\ C_6 = \dfrac{n_1 + n_2 - 2n_{\text{inf}}}{4\cos(\omega L/2)} + \dfrac{n_1 - n_2}{4\sin(\omega L/2)} \end{cases} \tag{4-54}$$

若 $n_1 = n_2$，则气体密度表达式可写成

$$n(z) = n_{\text{inf}} - (n_{\text{inf}} - n_1)\frac{\cos(\omega z)}{\cos(\omega L/2)} \tag{4-55}$$

式中，n_{inf} 由无限长腔室的气体密度解给出；$\omega = \sqrt{|c|/u}$。

2) 对于给定末端抽速的短真空腔室

对于给定末端抽速的短真空腔室，在情况 3 下，$c<0$，气体密度 $n(z)$ 表示为

$$n(z) = n_{\text{inf}}\left\{1 - \frac{\cos(\omega z)}{\cos(\omega L/2)[1-(u/S_p)\omega\tan(\omega L/2)]}\right\} \tag{4-56}$$

式中，S_p 为末端抽气泵抽速。应用式 (4-56) 计算长度为 L 的真空腔室内气体密度平均值为

$$\langle n(L)\rangle = n_{\text{inf}}\left\{1 - \frac{2\tan(\omega L/2)}{(\omega L/2)[1-(u/S_p)\omega\tan(\omega L/2)]}\right\} \tag{4-57}$$

4.6.2 离子致解吸测量方法

ISD 的测量与 ESD 相似，即用离子枪替换电子枪。在 ISD 测量装置中，离子枪在配备有 UHV 真空规和 RGA 的真空室内轰击样品表面，通过已知的两个腔室间的真空流导 U 和测量室的有效抽气速率 S_{eff}，可以计算得到 ISD 产额，即每个入射离子引起的气体解吸分子量为

$$\eta_i\left[\frac{\text{molecules}}{\text{ion}}\right] = \frac{Q[\text{Pa}\cdot\text{m}^3/\text{s}]q_e[\text{C}]n_q}{k_B T[\text{K}]I[\text{A}]} \tag{4-58}$$

式中，Q 为离子轰击致解吸的气体分子通量；I 为电子电流；q_e 为电子电荷；n_q 为离子电荷数。每种气体 i 的解吸通量 Q 由式(4-47)或式(4-48)得到。

ISD 测量用离子源也可以选择离子加速器，例如，中国科学院近代物理研究所基于低能量强流高电荷态重离子研究平台(LEAF 平台)进行的 $^4\text{He}^+$ 束流轰击样品致表面气体解吸的探究实验。实验测试终端如图 4-26 所示，从 LEAF 平台的第四代超导高电荷态 ECR 离子源引出 $^4\text{He}^+$ 束流至测试腔室，终端使用 GM(Gifford-Mcmahon)制冷机实现温度控制，使用真空规和四极质谱仪测量束流轰击前后腔室气体分压差 ΔP，有效抽气速率 S_{eff} 由单次轰击(Singles Shot)法测得。

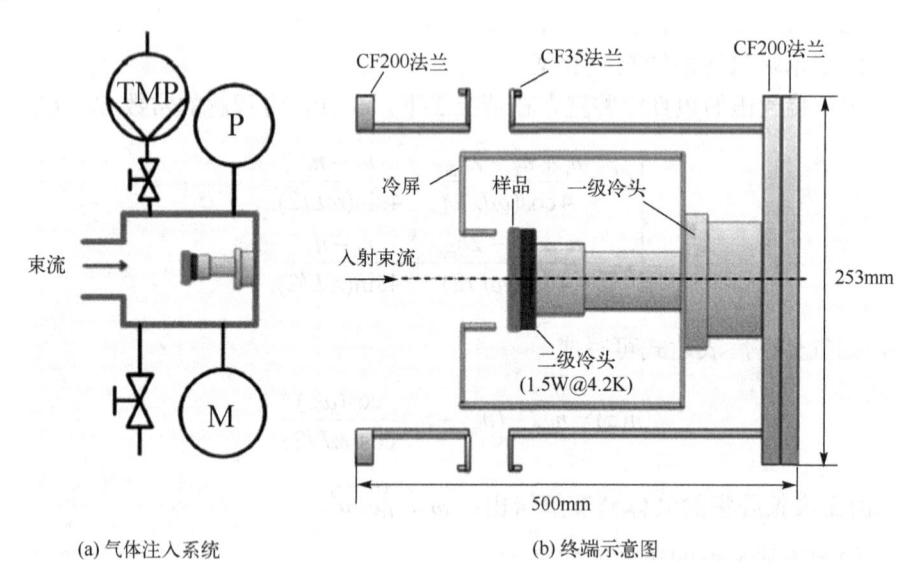

图 4-26 LEAF 平台 $^4\text{He}^+$ 轰击致解吸实验终端示意图

4.6.3 离子致解吸与累积离子剂量的关系

与 PSD、ESD 类似，ISD 也存在束流擦洗现象。Lozano 等研究了 5keV 的 Ar^+ 轰击下，原始铝和铜样品，以及在 200℃ 烘烤 24h 后的铝和铜样品表面气体分子的解吸产额，ISD 产额与累积离子剂量的关系曲线如图 4-27 所示。ISD 产额随累积离子剂量的增加而降低，拟合出相应函数关系为

$$\eta_i(D) = \eta_i(D^*)\left(\frac{D^*}{D}\right)^\alpha \tag{4-59}$$

式中，累积离子剂量 D^* 和相应的 ISD 产额 $\eta_i(D^*)$ 可以取自斜率上任一点；α 为指数常数，在该实验中，对于原始样品：$1/3 \leqslant \alpha \leqslant 1/2$，对于烘烤样品：$0 \leqslant \alpha \leqslant 1/3$。

(a) 原始铝和铜样品

(b) 烘烤后的铝和铜样品

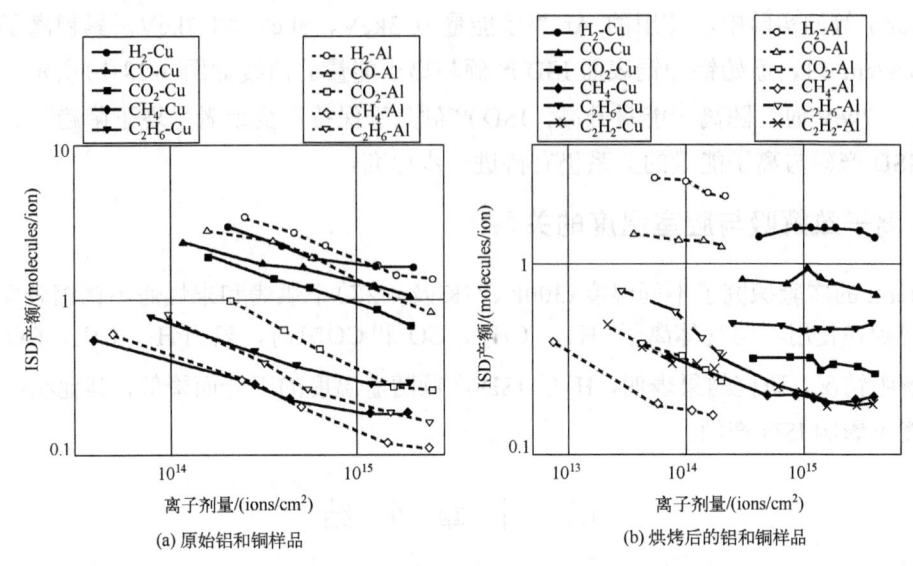

图 4-27 5keV 的 Ar⁺轰击下，样品 ISD 产额与累积离子剂量的关系曲线

4.6.4 离子致解吸与离子能量的关系

关于 ISD 产额的不同实验，使用的离子种类和能量并不相同，例如，Achard 等使用的 K⁺，Lozano 等使用的 Ar⁺和 Mathewson 使用的 $^{15}N_2^+$，所采用的离子能量为 500eV～3keV。未烘烤 316LN 不锈钢表面 ISD 产额与离子能量的典型曲线如图 4-28(a)所示，所有气体的 ISD 产额都随离子能量升高而增加，并在能量大于 3keV 后趋于饱和。钛合金 (Ti73-V13-Cr11-Al3) 及纯铝的 ISD 产额与离子能量的曲线和 316LN 不锈钢近似，同时经过烘烤处理的材料也得到了趋势相似但 ISD 产额值更低的曲线。

(a) 未烘烤316LN不锈钢

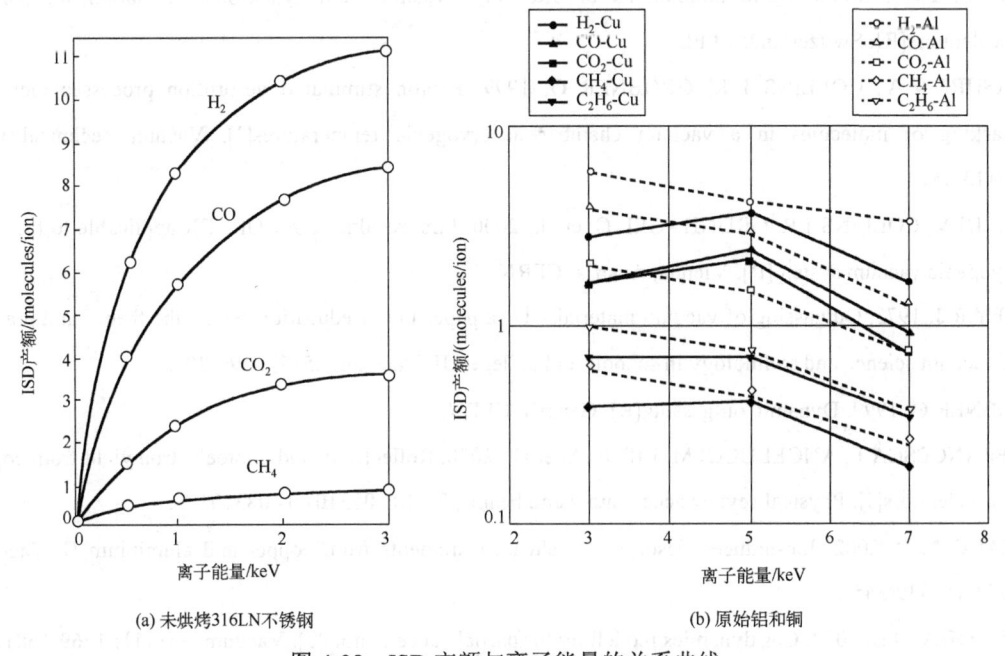

(b) 原始铝和铜

图 4-28 ISD 产额与离子能量的关系曲线

Lozano 等的实验中，使用的 Ar^+ 离子能量为 3keV、5keV 和 7keV，累积离子剂量为 $1×10^{14}ions/cm^2$ 时，原始铝和铜表面 ISD 产额与离子能量的曲线如图 4-28(b) 所示。当离子能量为 3~7keV 时，随离子能量升高，ISD 产额几乎保持不变或者呈现下降趋势。其他能量范围 ISD 产额与离子能量的关系仍有待进一步探究。

4.6.5 离子致解吸与腔室温度的关系

Hilleret 的实验探究了不同温度（300K、77K 及 4.2K）下烘烤和未烘烤不锈钢表面的 ISD 产额，得到在使用不同气体离子（H_2^+、CH_4^+、CO^+ 和 CO_2^+）时，表面 H_2、CH_4、CO 和 CO_2 气体的解吸情况。研究结果表明，H_2 的 ISD 产额随着温度的下降而降低，其他状况下材料表面温度不影响 ISD 产额。

4.7 本章小结

本章主要针对加速器真空系统中的气体吸附和解吸机理进行了讨论。在没有气体泄漏的情况下，分别分析了吸附脱附、热放气、光子致解吸、电子致解吸、离子致解吸等过程，讨论了几个过程的数学物理模型，并介绍了相应的测量方法。根据已有实验数据分析讨论了材料种类、表面处理方法、真空腔室温度、入射粒子能量和剂量等因素对气体解吸过程的影响。

参 考 文 献

ADY M, 2016. Monte Carlo simulations of ultra high vacuum and synchrotron radiation for particle accelerators[R]. Switzerland: EPFL.

ANASHIN V V, COLLINS I R, GRÖBNER O, 1999. Photon stimulated desorption processes including cracking of molecules in a vacuum chamber at cryogenic temperatures[J]. Vacuum technical note, 99(13):31.

BAGLIN V, COLLINS I R, GRÜNHAGEL C, et al., 2000. First results from COLDEX applicable to the LHC cryogenic vacuum system[R]. Vienna, Austria: CERN.

ELSEY R J, 1975. Outgassing of vacuum materials-Ⅰ: a paper in our education series: the theory and practice of vacuum science and technology in schools and colleges[J]. Vacuum, 25(7): 299-306.

GRÖBNER O, 1999. Dynamic outgassing[R]. Geneva: CERN.

LA FRANCESCA E, ANGELUCCI M, LIEDL A, et al., 2020. Reflectivity and photoelectron yield from copper in accelerators[J]. Physical review accelerators and beams, 23(8): 083101.1-083101.5.

LOZANO M P, 2002. Ion-induced desorption yield measurements from copper and aluminium[J]. Vacuum, 67(3/4): 339-345.

MALYSHEV O B, 2012. Gas dynamics modelling for particle accelerators[J]. Vacuum, 86(11): 1669-1681.

MALYSHEV O B, 2020. Vacuum in particle accelerators: modelling, design and operation of beam vacuum systems[M]. Toronto: John Wiley & Sons.

MALYSHEV O B, ROSSI A, 1999. Ion desorption stability in the LHC[J]. Vacuum technical note, 99(20): 76.

O'HANLON J F, 2005. A user's guide to vacuum technology[M]. Toronto: John Wiley & Sons.

REDHEAD P A, 2002. Recommended practices for measuring and reporting outgassing data[J]. Journal of vacuum science & technology A: vacuum, surfaces, and films, 20(5): 1667-1675.

THOMMES M, KANEKO K, NEIMARK A V, et al., 2015. Physisorption of gases, with special reference to the evaluation of surface area and pore size distribution[J]. Journal of vacuum science & technology A: vacuum, pure and applied chemistry, 87(9/10): 1051-1069.

第 5 章　粒子加速器中束屏的设计及优化

5.1　束屏设计背景

欧洲核子研究组织(CERN)在大型强子对撞机(LHC)项目中提出了束屏的设计。大型强子对撞机的束流管道长约 27km，建在地下 50～150m。其中，高能段束流管道需要使用超导磁铁提供稳定的强磁场。该对撞机由于当时超导材料的限制，所有超导磁体需要使用 1.9K 的液氦进行不间断冷却，这就对制冷系统提出了很高的要求。不仅如此，高能束流的部分能量还会以同步辐射的形式在束流弯转段直接作用在超导磁体的低温管壁(Cold Bore)上，这种不稳定的热辐射不仅增加了制冷系统的负担，还有可能使局部超导磁体过热造成超导失超的风险增加。因此，需要在高温超导磁体的低温管壁和束流之间嵌入一个绝热元件来阻断同步辐射，节约制冷成本，同时维持超导磁体的稳定工作。

此外，束屏材料会在制备和运送过程中吸附一定量的气体分子(如 H_2、CO 等)，这些分子会在高真空环境下解吸到外部空间，因此，为了维持真空室内的高真空，束屏还需要有一定面积的排气孔以排出束屏内的气体分子。在束流管道的真空系统中，束屏排气孔、束流管道、低温管道可以构成一个简单的低温抽除装置，如图 5-1 所示。低温泵(Cryopump)系统是通过低温表面将被抽空间的气体分子冷凝、捕集、吸附或冷凝与吸附相结合，获得并维持真空状态的抽气装置。根据 Frenkel 公式，气体分子吸附在固体表面的平均吸附时间可表示为

$$\tau = \tau_0 e^{\frac{E}{RT}} \tag{5-1}$$

式中，T 为固体表面温度，K；E 为能量；其余参数均为常量。显然，低温有利于气体分子长时间吸附于材料表面。温度极低的低温管壁(2K)，会将束屏内的气体分子通过排气孔泵送至束屏外的空间中，并吸附在外表面的材料上。因此，束屏的排气孔密度、束屏材料的吸气能力是优化粒子加速器真空室真空度的重要指标。

虽然束屏设计的初衷就是要阻断同步辐射的热效应，但是在高真空条件下引入一个复杂材料和结构的部件而又不影响束流运行环境，就需要在材料、结构、孔径、真空性能等若干个角度提出极高的设计要求，这也使束屏设计工作成为高能粒子对撞机真空系统设计中的核心工作之一。为将这类问题控制在粒子加速器正常工作允许的范围内，就要对束屏结构参数进行合理而精密的优化。

束屏设计如图 5-2 所示，该图详细列出了束屏优化工作的流程，其细节将在后面详细描述。考虑到多方面限制条件，束屏设计的基本性能要求如下。

(1)束屏必须在合适的温度下工作，确保束屏内气体向外的抽气速率。

(2)束屏内材料需要具有高导电性，以降低镜像电流产生的欧姆热。

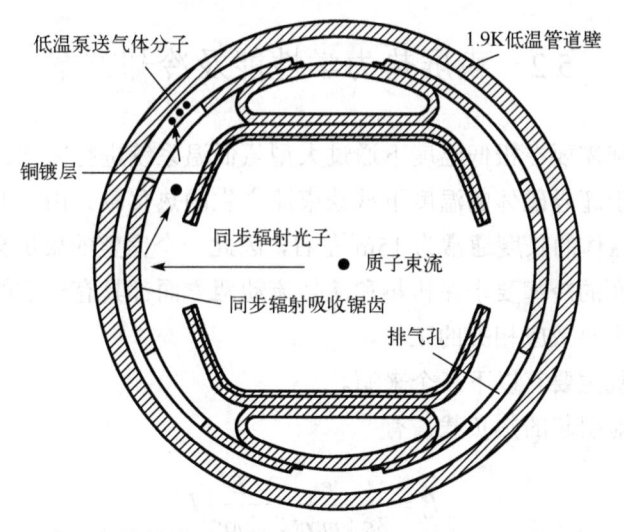

图 5-1　束屏气体抽除原理(未来环形粒子对撞机 FCC 的束屏结构)

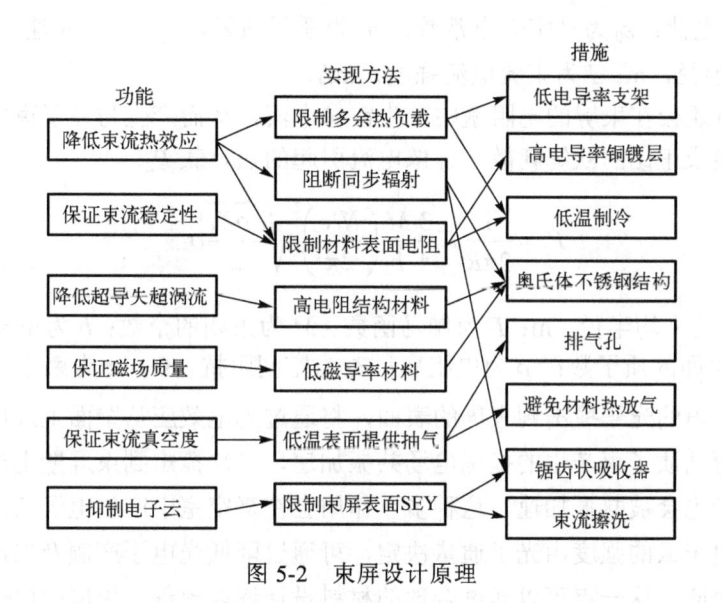

图 5-2　束屏设计原理

(3) 束屏要有效阻断同步辐射，并且需要有一定比例的排气孔调控真空室内气体密度。
(4) 束屏需要有能力承受超导失超引起的涡流力。
(5) 束屏的几何尺寸应为束流提供最大孔径。

一般按照重要性顺序，束屏设计有如下流程：孔径计算、工作温度确定、降低束屏热负载、优化束屏真空性能、降低超导失超涡流、降低束屏纵向和横向电磁耦合阻抗。这一流程的本质就是依照重要性不断引入新的限制条件，最终得出图 5-2 中各"措施"的最优方案。在对撞机高能高亮度发展的趋势下，束屏也需要结合其工作环境与要求进行合理设计及优化。近年各国所提出的 HL-LHC、CEPC-SPPC、FCC-hh 等高能对撞机项目中均在探索不同的最符合机器本身运行条件的束屏设计方案。本章着重以现役的 LHC 束屏为例，介绍束屏优化工作中涉及的重要技术问题和可行的优化方案。

5.2 束屏热力学性能及冷却方案

束流管道通常都需要在极低温度下通过大型氦低温系统进行冷却。为了提高热力学效率，束屏应在略高于超导磁体的温度下截获束流产生的热负载。由于低温管壁中的空间非常狭小，然而弯转磁体的长度通常为15m左右，因此一个完整的束屏会看起来"细而长"。因此，高功率低截面的冷却要求在传热和流体流动两方面都具有一定的困难。本小结主要介绍束屏优化过程中热效应相关的工作。

束屏上的热负载主要有以下三个来源。

首先是同步辐射引起的热负载，有

$$P_1 = \frac{e}{3\varepsilon_0(m_0c^2)^4}\frac{E^4}{2\pi r^2}I \tag{5-2}$$

式中，e 为单位电荷；ε_0 为真空介电常数；m_0 为质子质量，kg；c 为光速；E 为束流能量，keV；r 为弯曲半径，m；I 为束流电流强度，mA。

其次，束流还会在束屏的电阻壁中产生镜像电流，从而产生与粒子束电荷的平方和壁电阻率的平方根成正比的欧姆耗散。镜像电流引起的热负载 P_2：

$$P_2 = \frac{1}{2\pi R}\Gamma\frac{3}{4}\frac{M}{b}\left(\frac{N_b e}{2\pi}\right)^2\sqrt{\frac{c\rho Z_0}{2}}\sigma^{-\frac{3}{2}} \tag{5-3}$$

式中，R 为束屏的平均半径，m；Γ 为伽马函数；M 为束团的个数；b 为束屏的半高度，m；N_b 为每个束团里面的质子数；ρ 为电阻率；Z_0 为空间阻抗，Ω；σ 为束团长度，m。

同步辐射发出的光子撞击到束屏的表面，将通过光电效应从壁面上逸出电子；其中一部分光电子被弯曲质子束产生的拖尾电场共振加速，二次撞击到束屏壁上产生二次电子；一部分二次电子也会被共振加速，这种多重作用会在真空室中产生电子云，增加束流运行的不稳定性。电子云的强度由光子通量决定，可通过降低光电子产额及二次电子发射产额有效削弱这一效应；这一点可以通过合理的材料设计逐渐改善。束屏中电子云效应所产生的热负载可以表示为

$$P_3 = E_{pe}Y \times 10^{17} \tag{5-4}$$

式中，E_{pe} 为平均电子能量，eV；Y 为入射光子的光电子产额，$m^{-1}\cdot s^{-1}$。

表5-1 列出了CERN未来拟建设的部分对撞机中热负载来源的理论值，其中，HL-LHC表示对LHC的高亮度升级(质心能量14TeV，亮度约 $10^{23}cm^{-2}\cdot s^{-1}$)，HE-LHC表示对LHC的高能量升级(质心能量33TeV，亮度约 $2\times10^{34}cm^{-2}\cdot s^{-1}$)。在高能量升级的HE-LHC的对撞机中，同步辐射将会成为主要热来源，其余两者的热负载一般与束流能量无关。因此，如何有效移除同步辐射热负载是未来高能对撞机束屏所面临的重要技术难点，这将在后面详细介绍。

表 5-1 束屏热负载

应用情况	工作温度/K	同步辐射/Wm^{-1}	镜像电流/Wm^{-1}	电子云/Wm^{-1}	总热负载/Wm^{-1}
LHC 标称	5～20	0.17	0.18	0.45	0.80
LHC 极限	5～20	0.24	0.39	0.79	1.42
HL-LHC 25ns	5～20	0.32	0.66	1.00	1.98
HL-LHC 50ns	5～20	0.25	0.83	0.36	1.44
HE-LHC 50ns	5～20	2.90	0.22	0.12	3.24
HE-LHC 50ns	40～60	2.90	1.20	0.12	4.22

5.2.1 工作温度的确定

为了保证良好的低温抽气和热力学性能，束屏会在较高于超导磁铁的温度下工作。较高的工作温度(如等于液氮的沸点)更有利于排气孔向束屏外部抽除气体，此外，也有利于降低超导失超时束屏上涡流力引起的机械应力，从而降低对束屏结构强度的要求。但是，工作温度上限值被超导磁铁的临界温度制约。在高温下，低温管壁的吸热量过大会直接导致制冷系统能耗增加。因此，在确定束屏工作温度时，应结合以上多方面因素寻求温度的最优值。束屏的主要功能和目的是在最低温度 T_{cm} 下拦截热负载，因此，必须正确计算工作温度 T_{BS}，尽量减少总热损失 ΔE。当束屏工作时，总热损失可以表示为

$$\Delta E = Q_{cm}(T_a/T_{cm} - 1) + (Q_{bs} - Q_{cm})(T_a/T_{bs} - 1) \tag{5-5}$$

式中，$T_a = 290K$，为环境温度；Q_{cm} 为作用在超导低温管壁上的热功率，W/m；Q_{bs} 为束流在束屏上的总热负载，W/m；T_{bs} 是束屏的温度。对于大型强子对撞机，冷却剂管道温度 $T_{cm} = 1.9K$。式(5-5)是束屏上总热损失和工作温度两个量之间的单变量函数，如图 5-3 所示。这一关系是确认工作温度时的关键理论依据。一般会从真空、冷却效率(及铜镀层的电阻抗)两个方面从图中划定温度选择范围。

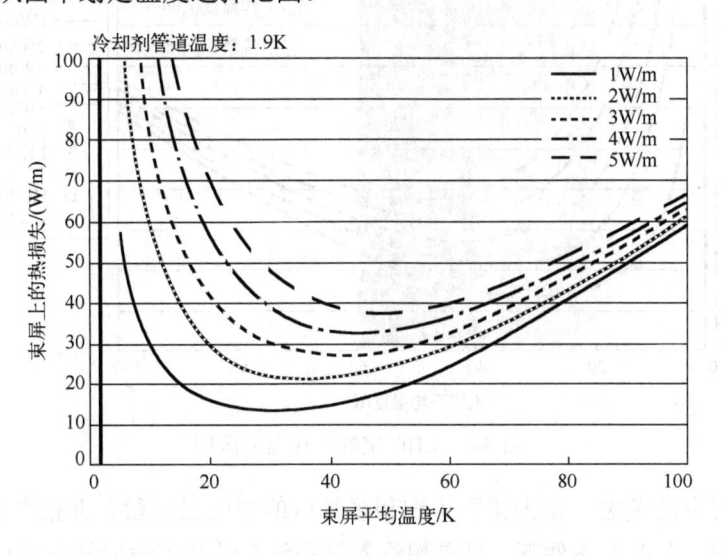

图 5-3 束屏所需制冷功率(热损失)

考虑排气孔气体抽速。束屏可以在工作温度下保护氦容器壁不受同步辐射的影响,其内壁的排气孔可以用作分布式低温泵,并且具有足够的抽气效率。

考虑气体的饱和蒸气压。束屏内的饱和蒸气压可以足够大(一般大于 10^{-4} mbar),这样一来,束屏的低温泵速才能保证足够真空度;也可以让气体饱和蒸气压足够低(小于 10^{-10} mbar),在低蒸气压条件下,低温泵可以快速消除气体分子的吸附层。当相应的饱和蒸气压在中间范围(10^{-9}~10^{-6} mbar)内时,束屏温度既不能提供足够高的有效抽速,也不能快速消除物理吸附层,很容易引起真空室内残余气体过剩,从而无法满足 UHV 的高真空要求。

最后考虑到铜的电导特性(它随温度升高而降低),过高的温度会带来总热负载 Q_{bs} 的升高。从图 5-3 可以看出,一旦总热负载提高,热损失功率会大幅度增加。因此,需要根据最高阻抗规定工作温度的上限。

考虑以上因素,对束屏工作温度的要求如下:
(1)在工作温度下,残余气体分子的饱和蒸气压需要和加速器工作要求相匹配;
(2)在工作温度下,需要在兼顾排气孔低温抽气效率的前提下尽可能节约制冷成本;
(3)在工作温度下,铜镀层的电导率应该尽可能高,以降低热负载。

以 HE-LHC 为例,束屏工作温度为 40~60K 最接近各制约条件下的最佳值。

5.2.2 束流管道的冷却方案

考虑到低温管壁的空间有限,冷却通道长而细,因此束屏一般使用单相冷却剂进行冷却,从而降低两相流体流动不稳定的风险。但作为单相热力学系统,束屏无法在准恒温下吸收热量。因此,束屏进行的是非等温冷却。5.2.1 节中讨论的是束屏工作温度的平均值,束屏单相冷却剂的选择必须首先与所覆盖的温度范围相适应。图 5-4 是 LHC 束屏工作温度区间。

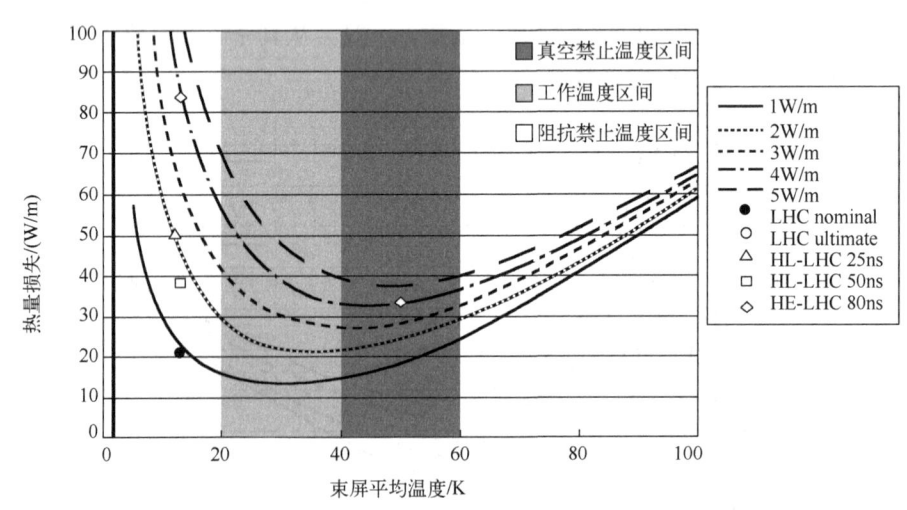

图 5-4 LHC 束屏工作温度区间

出于对高真空的考虑,首先排除了饱和蒸气压的中间温度段,并根据制冷成本的限制设置了温度上限。在以上条件下,只有超临界氦和氖,以及压缩后气态氦(20bar)才接近氦气制冷循环中的高压要求(表 5-2)。为了最大限度地减少冷却通道所占的径向空间,首选具有高冷却能力的液体,即每单位体积流量可排出高功率的液体。表 5-2 给出了提高冷却回路中的压力后各类冷却剂的冷却效果。

表 5-2　束屏冷却剂的选择

冷却剂	温度范围/K	每质量单位/(J/g)	每体积单位/(J/cm^3)
He 3 bar	5～20	103	0.74
He 20 bar	5～20	89.3	4.20
He 20 bar	40～60	107	1.64
Ne 30 bar	40～60	79.1	11.3

在 LHC 中,冷却系统包括 460 个独立的冷却回路,每个 53m 长,维持着 LHC 束屏的工作温度。这些回路并联于 3bar、5K 的超临界氦气管上,在冷却束屏之前,首先要拦截磁铁支架上泄漏的残余热量。出口温度由调节出口氦气流量的阀门控制,通过 1.3bar、20K 管线回收。管线保持低温,以便在发生超导失超时保持其较大的水力接受能力。

以现役中的 LHC 为例,安装了束屏后,束流的全部热负载由一个工作在 4.6～20K 的非等温冷却回路进行冷却,相对于无束屏下超导要求 1.9K 的等温冷却,成本降低到原来的 1/8。这个冷却范围是由现有低温设备的技术条件所决定的。

5.2.3　束屏上的有限元模拟

在束屏中有三种传热途径,分别是热传导、热辐射和对流换热。热传导在束屏的传热途径中占据主要地位,通过 316LN 不锈钢和高剩余电阻率无氧铜将束流施加的热量传递到冷却剂管道。对流换热主要存在于冷却剂管道内表面与冷却剂之间,冷却剂通常选用液氦。由于液氦与冷却剂管道内表面之间属于强制对流换热,两者之间对流换热系数大且热阻小。综合考虑以上两个条件,可以将冷却剂管道内表面看作是温度边界条件,即冷却剂管道内表面温度与冷却剂温度相同,同时整个束流管道处于极高真空状态下,因此不存在自然对流换热效应。

热辐射是管壁与冷却剂管道相邻挡板间主要的传热方式,通过斯蒂芬-玻尔兹曼方程来计算。由于束屏内壁镀铜,热辐射的发射率很低,并且管道整体处于极低的冷却剂温度,因此由热辐射效应引起的热量传递相比于前两种传热途径有着三个数量级以上的差距,在计算中可以忽略不计。

在束屏的概念设计阶段,通过有限元软件模拟标准参数下束屏的温度场分布可以为后续制冷工作提供有力的参照。在 CERN 于 2014 年提出的未来环形高能粒子对撞机(FCC-hh)项目中,与现役中的 LHC 束屏相比,如表 5-3 所示,同样在 1.9K 超导的条件下,来自同步辐射的热负载提高了 100 多倍。Francis Perez 于 2018 年在阿姆斯特丹加速器会议上首次提出了最新的 FCC 束屏结构,并基于 ANSYS 平台模拟计算出束屏的热功率分布情况。

表 5-3 FCC-hh 和 LHC 相关参数

指标	FCC-hh	LHC
质子能量/TeV	50	7
冷却剂管道温度/K	1.9	1.9
25ns 束团数	10600	2808
4eV 截面同步辐射光子通量/[ph/(s·m)]	1.34×10^{17}	2.02×10^{16}
弯转磁铁区域同步辐射热负载/(W/m)	28.4	0.17
同步辐射临界能量/eV	4300	44

在理想束流数据的基础上，Francis Perez 进行了束屏在理想工作环境下的温度场模拟工作，结果如图 5-5 所示。主体材料为 P506 不锈钢，总的热负载为 28.4W/m，冷却剂管道温度为 40K 的工况下，其模型的最高温度为 75K，平均温度为 57K。考虑到同步辐射的影响，束屏结构的温度场体现出明显的不对称性：直接照到同步辐射光子的一侧温度会有明显升高。

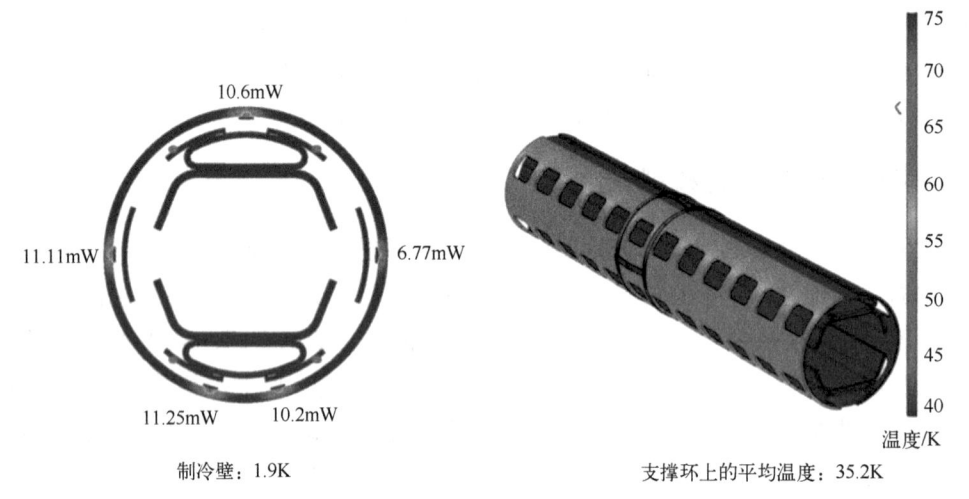

图 5-5 FCC 束屏温度场模拟结果

CEPC-SPPC 是我国提出的未来先进高能对撞机项目。2019 年，西安交通大学核科学与技术学院范佳锟等基于 ANSYS 对 SPPC 束屏的热力学性能进行了评估与优化，为 SPPC 束屏的后续设计工作提供了参考。从传热的角度优化束屏结构参数时，可考虑的优化目标包括：排气孔的密度、铜镀层的厚度、支撑方式等。本节着重以排气孔密度为例介绍有限元模拟工作的流程及方法，相关详细数据及结果读者可以翻阅相应参考文献。

在 ANSYS 模拟中，主要使用 CFD 或者稳态温度计算模块。束屏材料一般设置为 316LN 不锈钢，热负载分布及大小可以通过理论计算或其他软件(Synrad+、Synrad3D 等)得出。束屏排气孔开口面积占比选取 4.4%、6.0%、8.0%、10.0%和 21.8%五种工况，冷却剂管道温度分别为 4.2K、20K、40K、60K 和 80K 的工况下，温度分布的计算结果列于表 5-4。

表 5-4 束屏温度分布的计算结果

冷却剂管道温度/K	束屏最高温度/K				
	4.4%	6.0%	8.0%	10.0%	21.8%
4.2	11.62	11.71	11.988	12.299	14.682
20	21.227	21.521	21.321	21.411	22.052
40	42.115	42.168	42.315	42.527	43.965
60	62.878	62.955	63.161	63.468	65.52
80	83.521	83.613	83.935	84.324	86.914

当冷却剂管道的冷却功率恒定，排气孔面积占比在10.0%以下变化时，束屏的实际温度与冷却剂管道温度差值的最高值在1.227~8.099K变化，其中差值最低值出现在冷却剂管道温度为20K、排气孔开口面积占比为4.4%的束屏模型上，因为在20K温度下，无氧铜的导热系数达到了2400W/(m·K)，远高于其他工作温度下无氧铜的导热系数，并且在排气孔开口面积占比为4.4%时总体导热性能最优；差值最高值出现在冷却剂管道温度为4.2K、排气孔开口面积占比为10.0%的束屏模型上，在4.2K温度下，316LN不锈钢的导热系数仅为0.28W/(m·K)，远低于其他工作温度下316LN不锈钢的导热系数，并且在相同工况下，无氧铜的导热系数为650W/(m·K)，相比于其他工作温度下无氧铜的导热系数并没有明显优势，因此出现了最大温升。

图5-6为在冷却剂管道温度为80K时，排气孔开口面积占比分别为4.4%、10.0%的束屏模型的温度场分布。随着排气孔开口面积占比的变化，束屏模型的总体温度场分布趋势大致相同。观察图5-6(a)和(b)可知，高温范围集中分布在上下两排排气孔之间，而排气孔之间的隔断部分温度接近冷却剂管道温度，当排气孔开口面积占比提高到21.8%时，可以看到高温部分有向排气孔之间的隔断部分扩张的趋势，这将提高束屏的总体温度。

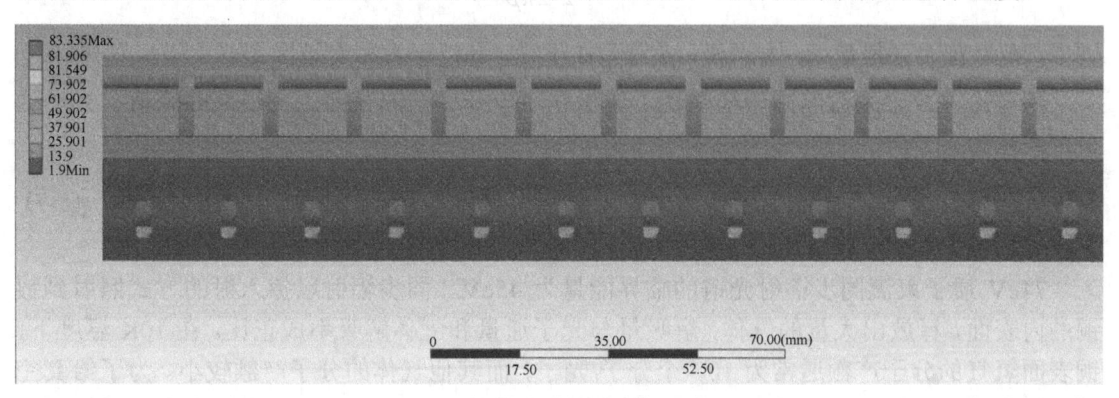

图 5-6 SPPC 束屏温度场仿真结果(部分)

5.3 束屏真空性能及材料选择

在明确束屏的工作温度和热效应后，为了保证额定的束流寿命，需要尽可能地提高束流运输环境的真空度。LHC束屏的真空工作原理如图5-7所示，其中，同步辐射光子会在束屏内表面材料上作用发生光子致解吸(PSD)效应，这是影响真空室压强的重要因素之一。

为使 PSD、离子致解吸(ISD)及材料热放气等原因造成的气体密度升高现象控制在可接受范围内,不仅要求束屏使用低二次电子产额(Secondary Electron Yield, SEY)、低热放气和低 PSD 产额的材料,还需要对束屏结构(如排气孔、光子吸收器、镀膜工艺及参数)进行合理的设计。

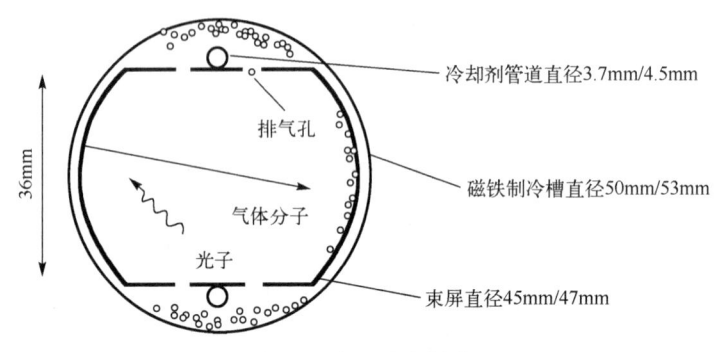

图 5-7 束屏真空性能

5.3.1 同步辐射

在同步加速器中,辐射在水平面上与轨道相切。发射光子的能谱涵盖了从红外线到伽马射线的大部分波长,即能级从毫电子伏(meV)一直到兆电子伏(MeV)。同步辐射能谱的特征值可以用临界能量表示,该值将同步辐射能谱一分为二,如图 5-8 所示。大约 90%的发射光子的能量低于临界能量。对于给定束流流强 I 和能量 E 的质子束流,同步辐射临界能量可表示为

$$\varepsilon_c = \frac{3}{2} \frac{hc\gamma^3}{2\pi\rho} \tag{5-6}$$

式中,h 为普朗克常数;c 为光速;ρ 为弯曲半径,m;γ 为相对论因子。

相对论性粒子束流的同步辐射光子通量在 $1/\gamma$ 开口角的正向上有很高的峰值。光子通量可表示为

$$\Gamma = \frac{5\sqrt{3}e\gamma}{12h\varepsilon_0 c\rho} I \tag{5-7}$$

7TeV 质子束流同步辐射光谱的临界能量为 45eV。同步辐射以掠入射的方式照射到镀铜的内表面,释放出大量的气体,解吸量与光子通量和气体解吸率成正比。在 10K 温度下,铜表面氢气的分子产额通常为 10^{-4} 个分子/光子,而其他气体的分子产额较小。为了给真空系统提供足够的气体抽除效率,束屏设置为镂空结构,即排气孔,这样被同步辐射解吸的分子可以从排气孔中逃逸出来,并且在低温管壁表面永久地被低温吸附。在来自材料解吸的气体分子中,氢气具有最大的分子解吸量,是最关键的解吸气体分子,其热解吸率高,且在束屏表面温度下的吸附量较小。单层氢气在 5K 下的饱和蒸气压超过了真空要求的几个数量级。然而,通过使用排气孔,氢气和甚至所有其他种类的气体,将以可忽略的低蒸气压在 1.9K 表面上进行低温吸附,因此实际上气体分子容量几乎是无限的。

由于直接光子、散射/反射光子及光电子不断撞击束屏的内表面,低温吸附的气体分子被重新解吸。热解吸和气体再循环的整体结果表明,只有少量的气体可以吸附在束屏的内

表面。之后，任何额外的分子都会逐渐从缝隙中逸出，当气体分子的产生速率等于通过狭缝的传输速率时，压力上升趋于稳定。当排气孔面积为 2%时，在 LHC 的初始运行过程中，氢气分子密度将在每立方米 10^{13} 个左右处于饱和，远低于要求的寿命极限。

5.3.2 束屏的动态真空模型

束屏的动态真空数学模型描述了真空室内气体分子的动态真空行为，通过在束屏壁上吸附分子的体密度和面密度之间的相互作用来描述。气体体密度与气体面密度可以按线性微分方程描述：

$$V\frac{\mathrm{d}n}{\mathrm{d}t} = q - \alpha n + b\Theta$$
$$F\frac{\mathrm{d}\theta}{\mathrm{d}t} = cn - b\Theta \tag{5-8}$$

式中，V 为体积，m^3；F 为真空系统单位长度的净内壁面积，m；Θ 是气体面密度，m^{-2}；q 表示气体负载源，主要是由解吸产额 η 和光子通量 Γ 的乘积确定的光子诱导解吸速率，也包括 ESD 和 PSD 等。α 是束屏壁总体的抽气速率，主要是通过排气孔的抽气，可以表示为

$$\alpha = \frac{1}{4}\bar{v}F(s+f) \tag{5-9}$$

式中，$\bar{v}$ 为平均分子速度；s 为分子在光束屏上的黏附概率；f 为束屏排气孔面积百分比（$f<1$）。b 代表通过热吸附和物理吸附表面气体，见式(5-10)。与 q 相反，b 不是新气体的来源，而是吸附到材料表面后又重新解吸的气体分子。

$$b = \frac{q}{\alpha - c} = \frac{\eta\Gamma}{\frac{1}{4}\bar{v}Ff} \tag{5-10}$$

式中，c 为气体分子在束屏表面的吸附速率，与分子的黏附概率 s 成正比。在稳态下，当体积和表面密度不再随时间变化时，吸附速率可以表示为

$$c = \frac{1}{4}\bar{v}sF \tag{5-11}$$

这一值取决于同步辐射的初级解吸和通过束屏中的排气孔的抽气速率。这一模型还可以扩展到包括离子致解吸和电子致解吸等的动态真空行为方面，例如，光子和光电子导致的 CH_4 和 CO_2 解吸。

残余气体分子的电离会产生离子，离子与带正电的束流作用会加速向束屏运动。在 LHC 的弯转段，离子的最高能量可达 300eV，并且在实验区可达千电子伏量级。与光子一样，高能离子解吸材料内部吸附的气体分子的效果是非常明显的，这一过程可以用分子解吸产额 η_i(molecules/ion)量化。解吸分子反过来可能被电离，从而提高解吸产额。这种雪崩效应可能导致离子致压强不稳定。由于这种反馈机制，压强随束流初始值 P_0 增加而增大，表示为

$$P(I) = \frac{P_0}{1 - \sigma\eta_i I/eS_{\mathrm{eff}}} \tag{5-12}$$

式中，e 为电子电荷；σ 为高能质子剩余气体分子的电离截面，对于普通气体分子，通常为 10^{-22}m^2。真空室的压强失控在很大程度上取决于束屏表面的局部清洁度、离子致分子解吸产额 η_i 和局部抽气速率。气体压强的稳定性极限可以用束流强度 I 和分子解吸产额 η_i 的乘积必须小于有效抽速给出的临界值条件，表示为

$$(\eta_i I)_{\text{crit}} = \frac{e}{\sigma} S_{\text{eff}} \tag{5-13}$$

在大型强子对撞机的低温段，分子在束流屏壁上凝结时抽速可能非常大。尽管如此，还是必须规定一个抽速的下限，主要由束屏上的排气孔决定。因此，真空稳定性的最低要求由束屏排气面积百分比 f，可以表示为

$$(\eta_i I)_{\text{crit}} = \frac{e}{4\sigma} \bar{v} f \tag{5-14}$$

在低温管壁不加入束屏的情况下，物理吸附气体的逐渐积累导致解吸产额的增加，在单分子层下，解吸产额可达 10^3H_2 molecules/ion。

5.3.3 束屏材料的选择

束流在运行过程中会在束屏的壁面上产生镜像电流，从而引起欧姆耗散增加热负载，其值与壁面电阻率的平方根成正比，因此对于束流需要一个低电阻率的壁面；另外考虑到磁阻效应增加的有效电阻率，如在电阻过渡和快速放电的情况下，腔室可能会受到磁场快速变化的影响，必须选择电阻率高的材料，并且在任何情况下不能影响束流品质，所以材料必须是非磁性。由于光电效应和次级电子倍增效应产生的电子云会产生热负载，增加冷却系统工作量，并且会影响束流运行的稳定性，因此束流壁面要选择低二次电子发射系数的材料。

满足上述需求需要复合结构的材料，主体材料通常选择不锈钢。奥氏体不锈钢在耐腐蚀性、较低的环境温度和使用温度下保持高强度和良好延展性、适用于预定清洁程序的适用性、性能的稳定性、韧性、磁性、锋锐度（在真空密封应用中保持切削刃）、刚度和尺寸稳定性方面具有优势，是许多真空设备的首选材料。适用于低温真空工作环境下的奥氏体不锈钢有以下几种。

（1）304L 不锈钢是通用等级的不锈钢，对于低温真空应用场景，确保该不锈钢内部能够达到基本的奥氏体组织和受控的最大夹杂物含量。由于合金元素的数量有限，冷却至室温或低温后，进行淬火，304L 不锈钢中会发生马氏体相变，这种变化会增加其磁化率。在对磁化率有要求的应用场景中应慎重考虑该类型的不锈钢。

（2）316L 不锈钢是含钼的不锈钢。钼在一定程度上阻止了马氏体相变的发生。钼的铁素体促进特性必须通过调整铬和镍来补偿，最终实现几乎完全的奥氏体组织。与 304L 不锈钢相比，由于其更好的可塑性、延展性和更高的奥氏体稳定性，CERN 已经采用特殊规格的 316L 不锈钢来制造适用于 LHC 的波纹管。

（3）316LN 不锈钢是一种含氮不锈钢，合金中的氮元素提高了奥氏体抵抗马氏体相变的稳定性。铁素体可以显著提高不锈钢的强度，可将延展性保持至低温，并且具有良好的抗晶间腐蚀性，同时能够降低生产成本。与 304L 和 316L 不锈钢相比，由于软化作用有限，因此需要真空烧制时应选择 316LN 不锈钢。

(4) 316Ti 不锈钢是 Ti "稳定" 等级不锈钢的一种，其碳含量高于低碳等级不锈钢的碳含量（最高碳含量限制为 0.030%）。稳定等级不锈钢中的碳元素与铌、钽或钛合金化以防止碳化物沉淀。对于要求苛刻的真空应用，通常应避免使用稳定等级，因为添加稳定剂元素会导致碳化物沉淀，降低钢的清洁度和特定低温应用中的韧性。

(5) P506 是 CERN 专门开发的一种不锈钢，属于高锰、高氮的不锈钢系列。这种特殊的合金元素组成可以使 P506 不锈钢在低温下能够保持较低的相对磁导率（< 1.005）。合金中的氮元素和锰元素保证了奥氏体能够抵抗焊接过程中铁素体的析出，并且能够提高在非常低的温度下变形时奥氏体抵抗马氏体相变的稳定性。

5.4 束屏的机械应力

束屏内表面必须加上足够厚的铜镀层，以降低表面阻抗的实部，抑制欧姆耗散，降低材料的横向不稳定性增长率及镜像电流所带来的能量损耗。但是这一设计也带来了另一个弊端，理论上铜镀层必须有足够的厚度以满足上述工程要求，但是增加厚度也同时意味着在磁体超导失超时会使束屏承受更大涡流力，增加束屏损坏的风险。因此，必须最小化超导失超引起的涡流力，最大化束屏的机械应力。

超导磁铁失超有内部原因和外部原因，前者包括连续的交流损耗等；后者包括交流损耗和机械外力等。在超导磁铁失超过程中，根据法拉第电磁感应定律，高频时变磁场会在束屏内壁低阻铜层中产生大的涡流。在磁场作用下，产生的洛伦兹力将作用在束屏结构上，产生大的水平向外力，使束屏变形。在束屏设计时，由于其本身具有较低的机械阻抗和高导电性，因此需兼顾铜涂层厚度、束屏外壁厚度和材料强度，做出满足工程要求的最优化方案。

5.4.1 超导失超

超导磁铁由超导态转变为正常态，即失超，这是由超导磁铁中产生正常导电区而引起的，其原因主要是超导磁铁运行参数超过临界值。只要超导磁铁在运行过程中有一个基本参量超过临界值，超导材料的超导性质就会消失。

束屏内部的铜镀层是降低束屏表面阻抗的主要手段，也是降低镜像电流相关的欧姆损耗的主要途径。影响镀层表面阻抗的因素包括温度、厚度、覆盖面积和环境的磁感应强度。在 LHC 束屏设计时，Karliner 等最初在不同的温度和磁感应强度的环境下，测定了镀铜不锈钢材料的表面损耗和横向阻抗不稳定度增长率。

除了对表面阻抗进行计算外，Karliner 等考虑到超导失超时的机械应力，对铜镀层厚度的计算进行了分析。图 5-8 为 LHC 的束屏结构应力示意图，在超导失超现象发生时，束屏受到洛伦兹力的作用，其中机械应力最大处为图中横纵轴线附近。设计时需要调整铜涂层厚度，计算比较失超时两个轴线附近材料形变大小，结合对应工作温度就可得到束屏内表面铜涂层厚度的最优解。

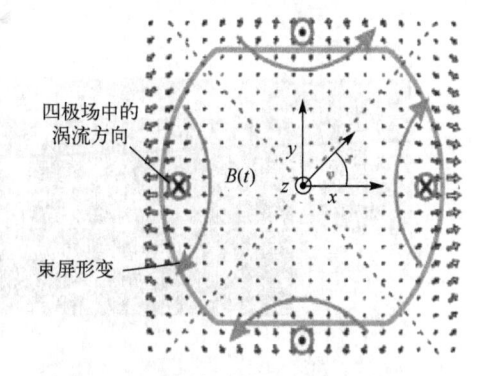

图 5-8 LHC 束屏中结构应力的分布

超导磁铁失超过程中的最大洛伦兹力为

$$F = \left(\frac{\Delta_1}{\rho_{ss}} + \frac{\Delta_2}{\rho_{Cu}}\right) \dot{B}_{max} \tag{5-15}$$

式中，Δ_1 为 316LN 不锈钢的厚度，mm；Δ_2 为无氧铜的厚度，mm；ρ_{ss} 为 316LN 不锈钢的电阻率，$\Omega \cdot m^2/m$；ρ_{Cu} 为无氧铜的电阻率，$\Omega \cdot m^2/m$；B 为磁感应强度，T。

以 SPPC 为例，作用在束屏内屏边缘处及束屏外屏中心处产生的洛伦兹力最大值分别为 23.6N/mm 及 15.2N/mm。

5.4.2 束屏的结构模拟

由于超导磁铁失超引起的时变磁场会在束屏内部感应出涡流，在磁场的存在下会产生洛伦兹力，作用在束屏上引起形变，使其在水平方向上扩张，而在垂直方向上收缩，如图 5-9 所示。以 SPPC 束屏结构模拟为例，基于 ANSYS 软件的 SPPC 束屏无洛伦兹力情况下的热-结构耦合模拟结果。图中路径 1 为束屏内屏边缘，路径 2 为束屏外屏边缘，路径 3 为束屏外屏中心线。由图可知，形变平均分布在束屏结构内部，最大形变量为 0.07mm，在冷却剂管道处基本没有发生形变。

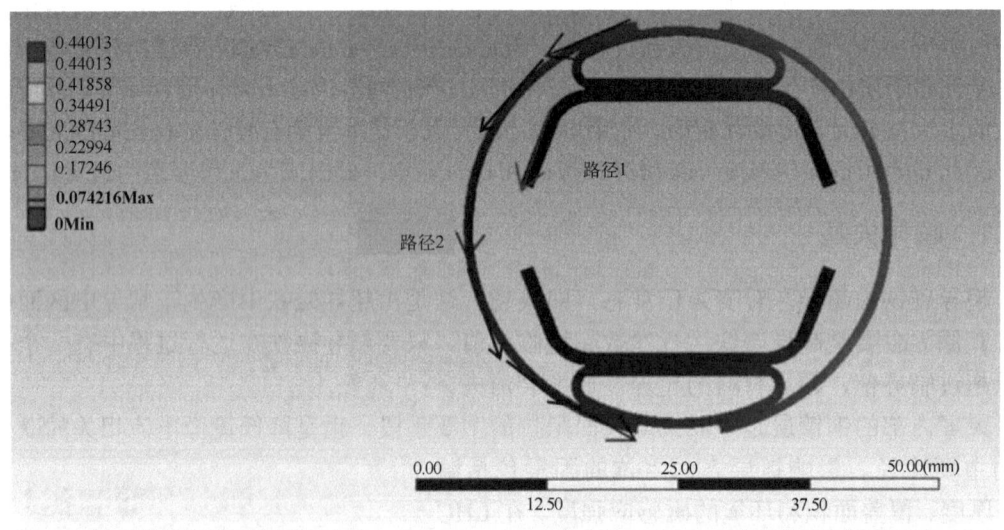

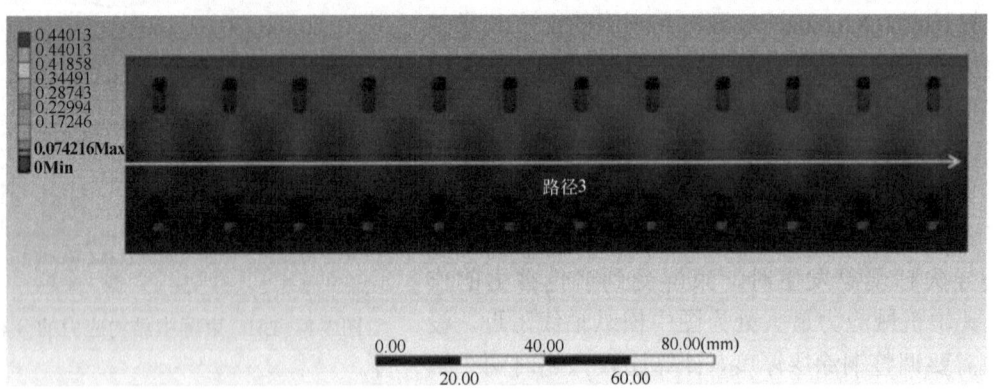

图 5-9 无洛伦兹力情况下的热-结构耦合模拟结果

束屏内屏边缘处形变量随距离的变化如图 5-10 所示，可以看到形变量与距离基本呈线性变化，在接近底部的位置形变量仅为 0.006mm，在顶端则达到了最大形变量 0.038mm，总体形变量较小，相对最大形变量为 2.3%。

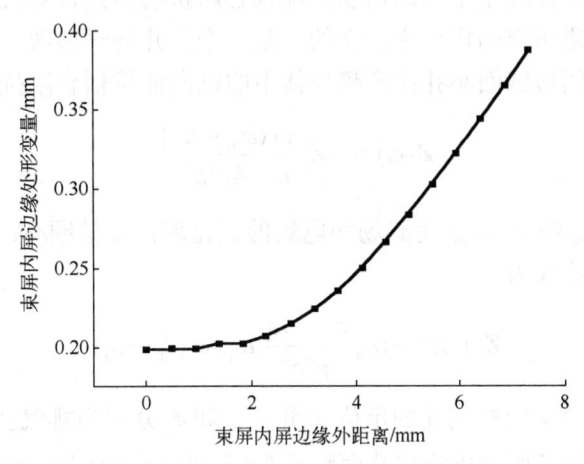

图 5-10 束屏内屏边缘处形变量随距离的变化

5.5 排气孔的设计与优化

为保证束屏内部的真空度，要求束屏必须设置排气孔以提供低温抽气，降低束流运行时由材料解吸引起的动态真空不稳定性。较高的排气孔密度会提高束屏内部的真空度，但是会增加束屏的阻抗，同时会增加漏出辐射功率。LHC 束屏研究证实了窄纵向狭缝（对于 LHC 为 1.5mm×6mm）相对于圆孔的优势，在给定的表面覆盖范围内，可将排气孔面积导致的束屏电磁耦合阻抗（Coupling Impedance）增量降至最低。由于宽深比较低，漏出的辐射功率可以忽略不计。同时为了避免束屏在高于谐振频率处的共振，可以对排气孔的设置增加一些随机性。耦合阻抗对束屏排气孔面积及形状的影响是束屏设计工作的难点之一。束屏的基本功能是：阻断同步辐射对真空室低温内壁的热负载；为了满足粒子加速器真空度的要求，以保证符合标准的束流寿命，束屏还需要设置一定比例的排气孔，以使气体分子尽可能低温吸附在束屏外表面。

足够大的排气孔面积比显然有利于更有效地保证真空室内的真空度，因此，考虑其他耦合参数，这一参数应该取到可接受的最大值。如果将束屏的双层结构看成是一个同轴圆柱形波导，排气孔使得这一波导在水平方向上是不连续的，那么电磁波就会通过孔隙结构发生衍射，使得电磁场在横向上不再均匀，影响束流的稳定性。这种排气孔与磁场的相互作用强度是通过耦合阻抗进行量化的。虽然考虑到真空系统要求，在满足额定耦合阻抗要求后，排气孔面积比应取可接受的最大值；但是实际上，束屏排气孔-电磁场的耦合阻抗还需要留有充足的阈值，以满足对其他参数的进一步优化，如束流强度和束屏结构强度等。本小结介绍了耦合阻抗的计算原理，以便读者更好地理解束屏排气孔面积所带来的阻抗问题。

5.5.1 低频耦合阻抗问题

S. S. Kurennoy 和 R. L. Gluckstem 等在 LHC 束屏的设计工作中得到了计算小型孔在任意圆横截面的理想波导在真空中的纵向和横向耦合阻抗解析式,并且考虑了孔的厚度。其中,耦合阻抗是由电磁场空间极化率定义的,是一个纯几何学参数。

一个半径为 b 的圆形截面小孔在理想导体中的纵向低频耦合阻抗表示为

$$\boldsymbol{Z}(\omega) = -\mathrm{i}Z_0 \frac{\omega}{c} \frac{(\alpha_\mathrm{m} + \alpha_\mathrm{e})}{4\pi^2 b^2} \tag{5-16}$$

式中,$Z_0 = 120\pi\Omega$;α_m 和 α_e 分别为磁场和电场的极化率;ω 是频率;c 是光速。对应的横向低频耦合阻抗的表达式为

$$\boldsymbol{Z}_\perp(\omega) = -\mathrm{i}Z_0 \frac{\alpha_\mathrm{m} + \alpha_\mathrm{e}}{\pi^2 b^4} \boldsymbol{\alpha}_\mathrm{h} \cos(\phi_\mathrm{h} - \phi_\mathrm{b}) \tag{5-17}$$

式中,$\boldsymbol{\alpha}_\mathrm{h}$ 为在横截面中指向排气孔的单位矢量;ϕ_h 和 ϕ_b 分别为排气孔和束流的方位角。

前面已经提到,除了要考虑排气孔面积比(单个排气孔面积及密度等)对阻抗问题的影响,还需要对排气孔的形状进行设计。在定量计算中,排气孔的形状对耦合阻抗的影响是通过影响电磁极化率体现的。例如,纵向耦合阻抗表示为

$$\boldsymbol{Z}_\parallel(\omega) = -\mathrm{i}Z_0 \frac{\alpha_\mathrm{m} + \alpha_\mathrm{e}}{\pi^2 b^4} e_\mathrm{v}^2(0) \tag{5-18}$$

式中,e_v 为横向偏移 r 的束流在排气孔上产生的归一化电场。换句话讲,e_v 是孔横截面上一个标准的二维电场方程的解:即放置在 r 点的电荷在导体边界上产生的电场。一般情况下,这一值是通过对二维问题的特征方程和二维特征值来解表示的,对于一些简单的问题,也可以通过高斯定理来解决。例如,对于半径为 b 的圆管,由高斯定理得到 $e_\mathrm{v}(0) = 1/2\pi b$。再如,具有宽 v 和高度 h 的矩形截面的腔室,侧壁上的一个孔 $(x = \pm v/2)$ 从真空腔对称性的水平面 $y = 0$ 偏移距离 $y \leqslant h/2$,则有

$$\boldsymbol{Z}(\omega) = -\mathrm{i}Z_0 \frac{\omega}{c} \frac{\alpha_\mathrm{m} + \alpha_\mathrm{e}}{h^2} \Sigma^2 \tag{5-19}$$

式中,Σ 为快速收敛级数,即

$$\Sigma = \sum_{m=0}^{\infty} \frac{\cos(2m+1)y\pi/h}{\cosh(m+1/2)v\pi/h} \tag{5-20}$$

具有任意截面的腔壁孔的横向耦合阻抗可以表示为

$$\boldsymbol{Z}_\perp(\omega) = -\mathrm{i}Z_0(\alpha_\mathrm{m} + \alpha_\mathrm{e})(d_x^2 + d_y^2)a_\mathrm{d}\cos(\varphi_\mathrm{b} - \varphi_\mathrm{d}) \tag{5-21}$$

式中,x 和 y 分别为波导腔横截面中的水平和垂直坐标;$d_x \equiv \partial_x e_\mathrm{v}(0)$,$d_y \equiv \partial_y e_\mathrm{v}(0)$;$\varphi_\mathrm{b} = \varphi_\mathrm{s} = \varphi_\mathrm{t}$,为横截面平面上束流位置的方位角;

$$\boldsymbol{a}_\mathrm{d} = \boldsymbol{a}_x \cos\varphi_\mathrm{d} + \boldsymbol{a}_y \cos\varphi_\mathrm{d} \tag{5-22}$$

式中，φ_d 为该平面上垂直方向的单位向量，定义为

$$\cos\varphi_d = \frac{d_x}{\sqrt{d_x^2+d_y^2}}, \quad \sin\varphi_d = \frac{d_y}{\sqrt{d_x^2+d_y^2}} \tag{5-23}$$

在式(5-23)中，角度 φ_d 表示束流偏转力的方向。此外，当束流沿这个方向偏转时，任意截面的腔壁孔的横向耦合阻抗值是最大的，当束流垂直该方向偏转时则为最小值。在特殊情况下，如圆形管道中：

$$d_x = \frac{\cos\varphi_h}{\pi b^2}, \quad d_y = \frac{\sin\varphi_h}{\pi b^2} \tag{5-24}$$

因此，$\varphi_d = \varphi_h$ 即 a_d 与 a_h 重合，指向孔的方向。

对于位于矩形室截面 $x = \pm v/2$ 处的孔，横向耦合阻抗方程可表示为

$$\mathbf{Z}_\perp(\omega) = -\mathrm{i}Z_0 \frac{\alpha_m + \alpha_e}{h^4}(\Sigma_x^2 + \Sigma_y^2) a_d \cos(\varphi_b - \varphi_d) \tag{5-25}$$

其中，

$$\tan\varphi_d = \frac{\Sigma_x}{\Sigma_y} \tag{5-26}$$

且有

$$\Sigma_x \equiv \sum_{m=0}^{\infty} \frac{(2m+1)\cos(2m+1)\pi y/h}{\sinh(2m+1)\pi x/h}, \quad \Sigma_y \equiv \sum_{m=0}^{\infty} \frac{\cos(2m)\sin(2m)\pi y/h}{\sinh(2m)\pi x/h} \tag{5-27}$$

对于给定形状的小孔，阻抗与腔室截面中孔位置的关系如图 5-13 所示，显示了三个不同横截面的纵向阻抗与排气孔方位角 φ 的关系：$v = h = 36\mathrm{mm}$ 的正方形截面；圆角曲率半径为 9mm，边长为 36mm 的圆角方孔(LHC 方案)；以及 $b = 18\mathrm{mm}$ 半径的圆形真空室截面。在最后一种情况下，由式(5-24)可知，阻抗与排气孔方位角 φ 无关，因此可作为参考值。考虑结构对称性，图中只显示了一个八分圆部分的阻抗值，其中，$\varphi = 0$ 时对应于正方形边长的中点。黑点标注了 LHC 束屏的排气孔位置。若将排气继续向拐角移动，可以进一步降低阻抗，但会降低束屏的结构强度。通过对二维泊松方程求解，可以得到圆角方形截面的数值计算结果，横向阻抗对排气孔位置的依赖与图 5-11 非常相似。

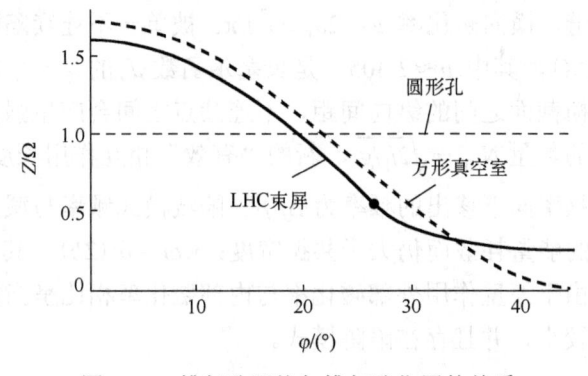

图 5-11 排气孔阻抗与排气孔位置的关系

图 5-12 比较了不同形状排气孔阻抗的解析解。考虑厚壁效果的数值计算结果与之类似。虽然圆形孔更容易生产，但是在对撞机真空室中，排气孔的长度受到了限制，因为高长宽比的排气孔会大大降低束屏的机械强度，并且还需要考虑它们的高频阻抗。因此，考虑到排气孔的面积要求，从阻抗最小化的角度上分析拉长椭圆形孔是最佳选择。

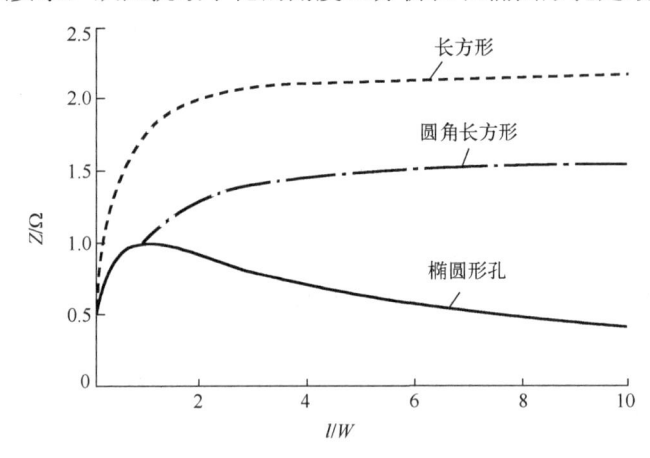

图 5-12 排气孔阻抗与孔形状关系

5.5.2 高频阻抗

1. 共振陷阱模式（截止频率附近）

在不均匀波导部分，如光滑波导上的孔洞，会导致电磁波的陷获，其频率略低于波导截止频率。可以估算束屏截止频率附近的谐振阻抗。

对于 LHC 衬管，在一个横截面上有 $M = 8$ 个排气孔，带有孔的相邻横截面之间的平均纵向间距 $g = 1.2$cm。实际上，狭孔的纵向分布规律性被小的随机位移所破坏，以避免共振，否则会在远高于截止频率的频率处发生共振。考虑到圆角方形束屏中的 TM 模式与圆柱体非常相似，因此可估算半径 $b = 18$mm 的圆形腔室。基于陷阱模式，M 槽均匀分布在一个截面，其有效面积 A 可表示为

$$A = \frac{M\psi}{4\pi b} \tag{5-28}$$

对于厚壁中的狭长狭缝，横向磁化率 $\psi = 2\alpha_m = \omega^2 l/\pi$。被单一不连续陷阱模式俘获的场占据的区域长度 $l_1 = b_3/(\mu^2 A)$，其中 $\mu \approx 2.405$，是贝塞尔函数 J_0 的第一个根。因为此长度远大于带有排气孔的相邻横截面之间的纵向间距，不连续点之间会产生强烈的相互作用。作为单个组合的不连续点的数量 $N_{\text{eff}} = \sqrt{2l_1/g}$，新的"有效"相互作用长度 $L = N_{\text{eff}}$。此外，对于陷阱模式，从截止频率向下移出的频率为 $\Delta f/f_1$。陷波模式频率与截止频率之间的差值很小，但由于束屏壁中的能量耗散而仍大于共振宽度：$\gamma/\omega = \delta/(2b)$，其中 δ 为趋肤深度。辐射宽度 γ/ω 非常小，由于厚壁作用外部磁化率与内部磁化率相比呈指数倍缩小。因此，共振宽度与频率差相比较小，并且存在陷阱模式。

2. 高频共振

因为存在与排气孔的长度和分布有关的高频空穴，所以存在两个潜在的阻抗谐振源。通过使用相对较短的时间步长，可以将波长为 $2l$（其中 l 为时间步长）的谐振移至更高的频率。此外，缝隙长度的分布将大大降低这些共振的强度。

研究者们用解析模型研究了与沿束屏排气孔分布的周期性有关的共振：在半径 b 的光滑圆形室上，以沿束屏的距离 g 隔开具有深度 h 和边长 s 的三角形截面的微小轴对称扩散。以如下方式固定模型参数（$b = 18$mm，$g = 12$mm，$s = 3$mm，$h = 0.1$mm），以使该模型结构具有与带有排气孔的 LHC 束屏相同的低频阻抗和陷波模式，使用该模型来计算高频阻抗。如图 5-13 所示，沿束屏的不连续性的精确周期性分布会产生窄带共振和宽带共振。

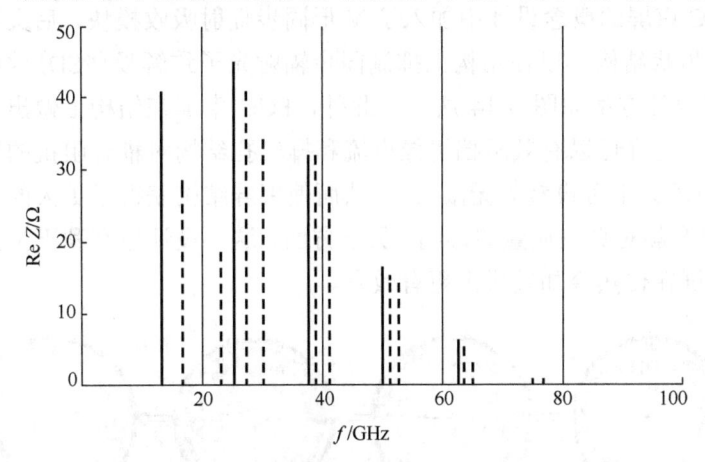

图 5-13 周期性排气孔导致的谐振频率

虽然周期性波导会引起窄带和宽带共振，但是排气孔的周期性被储存环的各种不规则性所破坏，如相互作用和实用区域。如果还假设将束屏的各个部分独立定位在相邻的磁铁内部，则可以显著降低共振。另外，违反磁铁内部的缝隙周期性可以进一步降低高频共振。

对束屏排气孔的低频耦合阻抗进行分析，可通过仿真和测量验证分析方法的正确性，并在低频率范围内给出准确可靠的阻抗估计。通过计算，可规定窄排气孔是最好的选择。据此设计的大型强子对撞机束屏的排气孔阻抗比直径为 2mm 的圆孔初始设计时的阻抗低 20 倍以上（与估计值相比），其高频阻抗特性取决于孔分布模式。在优化设计中，应避免精确的纵向周期性图案。

5.6 未来展望

LHC 束屏是目前唯一设计完成并成功投入使用的束屏。近年来，粒子对撞机理论设计研究向着高亮度、高能量两个前沿方向继续快速发展，其中如 HL-LHC、HE-LHC、SPPC 等粒子对撞机中，由于其更高的束流能量、真空性能等要求，对束屏的设计也提出了更高的要求。与原始 LHC 束屏的概念设计相比，为了应对更高真空度要求，束屏除了在材料性能上要求更加苛刻，还需要对同步辐射进行有效处理，以降低因光致解吸效应引起的真空负载问题。与 LHC 束屏相比，由于较高的同步辐射功率密度，FCC 的束屏引入了额外的设计要求：

（1）必须增加冷却通道中气体的质量流量。必须增大通道直径，以避免压降过高。

（2）与 LHC 中的 5~20K 相比，束屏温度考虑在 40~60K 内，以减少所需的低温功率。由于较高的平衡蒸气压，较高的温度对真空有很大的影响。

（3）由于光子数量增加，光子致解吸能力增加，需要更高的有效抽速。

（4）在早期设计中，需要集成一个电子云抑制方法。

对于高能粒子对撞机，相较于已经投入使用的 LHC，其同步辐射能量有数量级的差异。因此，单凭对材料的控制很难满足真空室内同步辐射通量的要求。针对这一问题，CERN 于 2015 年在 FCC 束屏的概念设计中加入了 V 形同步辐射吸收模块，后又将这一方案改为在外屏上设置锯齿状结构，以在结构上抑制同步辐射光子致解吸（PSD）效应对真空性能的影响。FCC 束屏设计方案如图 5-14 所示。此外，FCC 束屏在结构上做出了很大创新：采用内外双屏结构，这样可以有效阻挡镜像电流和排气孔结构对耦合阻抗的影响，解放了排气孔面积的上限（理论上可设置为无限大），从而使束屏结构获得了更大的真空低温抽速，以应对 PSD 气体产额对真空质量的影响；另一方面，这一设计也有利于扩大冷却剂管道表面积，从而使束屏在传热冷却效果上更有效率。

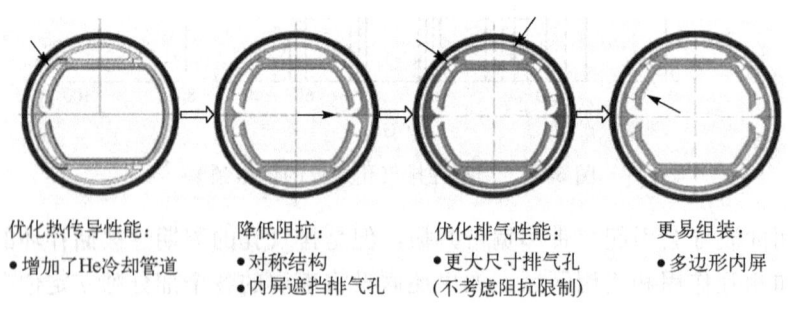

图 5-14 FCC 束屏设计方案

CEPC-SPPC 项目在 2012 年由中国科学院高能物理研究所提出，并于 2018 年发表了概念设计报告。与 FCC-hh 相似，对其束屏的设计提出了更严苛的要求。这一项目将分为两个阶段，首先建成环形正负电子对撞机（CEPC），粒子对撞能量可达 120GeV，并在其基础上升级为超级质子-质子对撞机（SPPC），束流能量可达 75TeV。自 2018 年概念设计报告发布以来，SPPC 的概念设计及技术攻关一直在进行，但是工程上仍处在萌芽阶段，束屏的设计工作也亟待进行。

北京大学 Gan Pingping 等讨论了高温超导涂层在 SPPC 束屏上应用的可能，并结合热效应讨论了可行性。分析了低热导率的 HTS 涂层（YBCO）对束屏热力学性能的优化仿真。考虑到低电导率的特点也有利于降低镜像电流欧姆热功率，高温超导涂层技术是在未来高能粒子对撞机中有前景的技术方案之一。

西安交通大学范佳琨等对 SPPC 束屏进行热力耦合分析并提出新的结构方案。在 2018 年的阿姆斯特丹会议中，FCC 束屏删去了同步辐射吸收器（V 形结构），并以锯齿结构取代，这样做更有利于吸收同步辐射光子。

5.7 本章小结

目前，SPPC 束屏的工作核心仍停留在结构和工作温度的确定，后续研究可结合真空及阻抗相关问题深入讨论。随着未来粒子对撞机高能高亮度的发展趋势，束屏作为直接接触高能束流的部件，具有相当高的设计难度和工程要求。本章结合现有成果，概述式地介绍了束屏设计工程的原理，望对后续同行工作有所帮助。

参 考 文 献

范嘉琨, 2019. 超级质子-质子对撞机中束流热屏模型的传热性能和结构稳定性综合优化研究[D]. 西安: 西安交通大学.

范佳锟, 王洁, 高勇, 等, 2019. 超级质子-质子对撞机中束流热屏模型的热力学性能分析[J]. 原子能科学技术, 53(9): 1670-1674.

方锦清, 2018. 束晕-混沌的复杂性、控制方法及应用[J]. 科技导报, 36(8): 14.

杨福家, 2000. 同步辐射应用概论[M]. 上海: 复旦大学出版社.

ANGERTH B, BERTINELLI F, BRUNET J C, et al., 1994. The LHC beam screen-specification and design[C]. 4th European Particle Accelerator Conference, London: CERN.

BELLAFON M, MORRONE L, METHER, et al., 2020. Design of the future circular hadron collider beam vacuum chamber[J]. Physical review accelerators and beams, 23(4): 033201.1- 033201.5.

BRADU B, ROGEZ E, IADAROLA G, et al., 2016. Compensation of beam induced effects in LHC cryogenic systems[C]. IPAC2016, CERN.

CASPERS F, MORVILLO M, RUGGIERO F, 1997. Surface resistance measurements of LHC dipole beam screen samples[C]. Particle accelerator conference, vancouver: CERN. 12-16.

CIMINO R, BAGLIN V, SCHÄFERS F, 2015. Potential remedies for the high synchrotron radiation induced heat load for future highest-energy-proton circular colliders[J]. Physical review letters, 115(26): 264804.

FRANCIS P, 2018. FCC-hh beam vacuum concept: design, tests and feasibility[C]. FCC Week, CERN.

GAN P P, ZHU K, FU Q, et al., 2018. Design study of an YBCO-coated beam screen for the super proton-proton collider bending magnets[J]. Review of scientific instruments, 89(4): 045114.

GARION C, DUFAY-CHANAT L, KOETTIG T, et al., 2015. Material characterisation and preliminary mechanical design for the HL-LHC shielded beam screens operating at cryogenic temperatures[C]. IOP conference series: materials science and engineering, CERN.

GROBNER O, 2001. Overview of the LHC vacuum system[J]. Vacuum(60): 25-34.

HATCHADOURIAN E, LEBRUN P, TAVIA L, 1998. Supercritical helium cooling of the LHC beam screens[C]. ICEC 17 Conference, Bournemouth, UK: CERN: 14-17.

KARLINER M M, MITYANINA N V, PERSOV B Z, et al., 1995. LHC beam screen design analysis[J]. Particle accelerators(50): 153-165.

KERSEVAN R, 2017. Beam dynamics meets vacuum, collimations, and surfaces[C]. He vacuum system of the future circola collider-challenges and innovations, CERN.

KOTNIG C, TAVIAN L, BRENN G, 2017. Investigation and performance assessment of hydraulic schemes for the beam screen cooling for the future circular collider of hadron beams[C]. Iop conference, CERN.

KURENNOY E, 1995. Trapped modes in waveguides with many small discontinuities[J]. Physical review, 3(51): 2498-2509.

KURENNOY S S, 1995. Impedance issues for LHC beam screen[J]. Particle accelerators (50): 167-175.

LEBRUN P, TAVIAN L, WEELDEREN R V, et al., 2012. Cryogenic beam screens for high-energy particle accelerators[C]. ICEC24, CERN.

RATHJEN C, 2002. Mechanical behaviour of vacuum chambers and beam screens under quench conditions in dipole and quadrupole fields[C]. Proceedings of EPAC 2002, Paris.

THE CEPC STUDY GROUP, 2018. CEPC conceptual design report[R]. Institute of high energy physics.

第6章 粒子加速器中的电子云问题

束流粒子与残余气体分子之间的相互作用会降低束流品质，对于粒子做回旋运动的储存环来说更是如此，微量的残余气体就会导致电子云现象的产生，从而缩短束流寿命，造成束流的崩溃。因此加速器真空室中，束流与残余气体的相互作用必须设法尽可能降低。

残余气体与束流的相互作用分类如图 6-1 所示，带电粒子在与残余气体的相互作用中不发生能量传递，则称为弹性散射(无能量损失)。通过弹性散射，束流粒子被残余气体的分子散射从而偏转。这就像台球的碰撞，弹性散射(弹性碰撞)会偏转粒子的轨迹，而在电磁相互作用和强相互作用的情况下都可能有弹性散射。非弹性散射可以改变粒子的性质，也可以产生新的粒子。非弹性散射进一步分为韧致辐射、电离能损、电子俘获、电子损失和核反应等。核反应是在强相互作用的情况下，发生核反应从而产生分裂而生成新的粒子。电离能损指的是单位电荷粒子的阻止能力与速度的关系，可以解释为阻止能力，代表着每单位距离的能量损失。电子俘获指的是带电粒子与残余气体在非弹性散射过程中，正离子可以从残留气体原子中捕获电子，从而导致相应的能量损失。电子损失代表在非弹性散射中，一个未完全剥离的离子也会失去一个电子，从而导致电子损失。

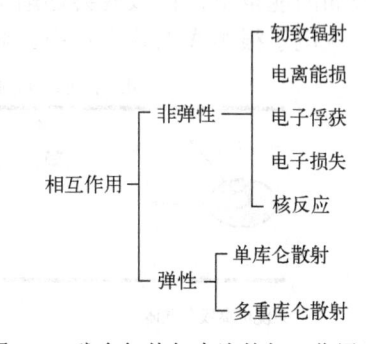

图 6-1 残余气体与束流的相互作用分类

6.1 电子云效应

加速器束流运行时管道内形成的低能电子云是限制当代环形加速器束流流强的物理效应之一。电子云会以多种方式影响加速器的性能，如引起真空度降低，热负载增加(热负载的增加对于在低温下运行的超导组件至关重要)；电子云的产生还会影响电子束的稳定性，造成束流强度的降低并增加粒子损失，对束流品质和束流寿命产生一定影响。

目前，在全球范围内的许多高流强加速器中都观察到了电子云效应：美国的布鲁克海文国家实验室(Brookhaven National Laboratory，BNL)的相对论重离子对撞机(Relativistic Heavy Ion Collider，RHIC)，康奈尔电子储存环(Cornell Electron Storage Ring，CESR)，洛斯阿拉莫斯国家实验室(Los Alamos National Laboratory，LANL)的质子储存环(Proton Storage Ring，PSR)，日本的 KEKB(KEK Belle)电子-正电子对撞机，意大利弗拉斯卡蒂的国家核物理研究院(National Institute for Nuclear Physics，INFN)的 DAΦNE 电子-正电子对撞机，以及欧洲核子研究组织(CERN)质子同步加速器(PS)，超级质子同步加速器(SPS)和大型强子对撞机(LHC)。

本节分两部分介绍电子云。第一部分为电子云形成过程，第二部分讨论了电子云效应的主要影响因素，即二次电子，包括二次电子的概念、计算方法、二次电子产额(SEY)、二次电子产额测试方法等。

6.1.1 电子云现象

电子云的积累取决于各种各样的参数,包括电子束、真空室和磁场的特性,并且它的产生强烈依赖于束流和加速器材料的性质。电子云的产生过程如图6-2所示,真空管内的杂散电子扰乱加速器束流中的带电粒子,将带电粒子反弹或散射到真空管壁上时就会产生电子云。初级电子(Primary Electron,PE)主要是由同步辐射产生的光电子和在束流内部由残余气体电离产生的电子组成。在电磁场的作用下,这些带有能量的初级电子与真空腔室壁面发生碰撞,被真空室内壁反射或吸收,将产生大量二次电子,导致电子倍增从而产生电子云现象。在某个阶段,电子云的密度会非常高,以致影响束流品质。电子云的积聚还会带来其他不利影响,如真空压强上升、壁面额外的热负载等。这种效应在正电子加速器中更为严重。在正电子加速器中,电子以可变的入射角偏离束流轨道并在腔室内壁发生散射,从腔壁上释放的带负电的电子被吸引到带正电的束流上,并在其周围形成电子云。对于动能约为300eV的电子,这种影响最为明显,在低于该能量时,该效应会急剧下降,而在较高的能量下,该效应会逐渐下降,这是因为电子将自己"藏"在加速器管壁的深处,使二次电子很难逸入真空室中。对于更大的入射角(远离法线的角度),效果也更加明显。

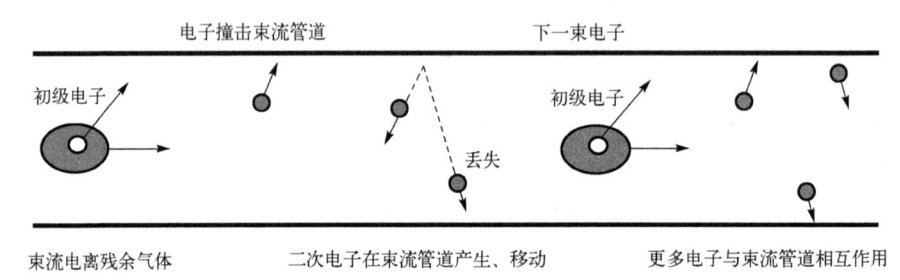

图6-2 电子云形成示意图

电子云一旦形成就会与电子束相互作用。相互作用的强弱取决于电子云密度的高低,电子云的产生会影响束流品质,如耦合束团不稳定性、单束团不稳定性等。

1. 耦合束团不稳定性

储存环中一般有许多束团,各种机制可以导致各个束团之间的耦合。通过这种耦合,束团的横向或纵向位置位移将影响随后束团的横向或纵向弯转。图6-3是耦合结构示意图。束团 n 在真空室的共振结构中激发电磁场,该电磁场使束团 $n+1$、$n+2$ 等产生弯转效应并沿束流传播,稍后,耦合将再次作用于束团 n。对于某些耦合强度和角度,从所有束团到束团 n 的影响将在多个转弯转中同相相加,从而产生越来越大的振荡运动,这称为耦合束团不稳定性。

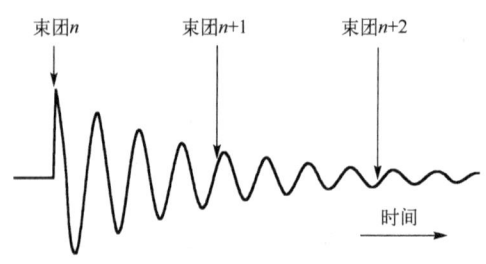

图6-3 束团 n 通过共振激发而耦合到随后束团的激发场
(出于说明的目的,此处夸大了激发振荡的衰减率)

2. 单束团不稳定性

束流管内部产生和积累的电子形成与带电粒子束相互作用的"电子云"。如果电子数量可观,束流头部会偏离束流轴线,并与电子云相互作用时将诱发单束团不稳定。束流的其他部分将受到新的电子云分布影响,尾部也将发生偏转。由电子云引起的束团不稳定会导致束流崩溃。

在研究由电子云引起的束团不稳定性时,还应考虑空间电荷、磁场、谐振器等的影响。单束团和耦合束团的不稳定性主要与电子云的频率、同步加速器调谐、机器周长、束流大小、束团的长度、色度和相对论因素有关。单束团不稳定性的模拟计算程序主要有 MICROMAP(由 GSI 开发)、PEHTS(由 KEK 开发)、CMAD 和 HEADTAIL(由 CERN 开发)等。

3. 相干频移

电子云即使没有引起束团不稳定性,仍然会影响加速器电子感应频率。束流的头部很少遇到电子云,它们的频率保持不变,而尾部的束流受电子云影响更大,这些电子在前一个束团的通过过程中积累,因此加速器经历了强烈的电子相干频移。

6.1.2 二次电子

导致电子云问题的主要未知参数之一是束流管道的二次电子产额。二次电子发射的总效应通常决定了电子云的密度。在加速器中,可以通过提高真空室内真空度来降低残余气体密度,从而降低光子、电子和离子致解吸产额,以达到降低二次电子产额的目的。另外,由于同步辐射(SR)引起的光电子发射(Photo Electron Emission,PEE)与光子通量成正比,因此可以通过使用光子阱、光子吸收器等来减少照射到真空室壁上的光子通量,来降低 PEE,从而减少光子或电子撞击时光电子或二次电子产额,即光电子产额(Photoelectron Yield,PEY)和二次电子产额。

简单来讲二次电子的产生,就是当具有足够动能的带电粒子(即初级电子)撞击固体表面时,初级电子可以渗透到材料 1~10nm 的表面中并产生二次电子,这些电子可能扩散到固体深处,还可能被出射到固体外部即真空中。

对于散射的二次电子,根据其散射类型可分为三类:弹性背散射电子、非弹性背散射电子及真二次电子,如图 6-4 所示。

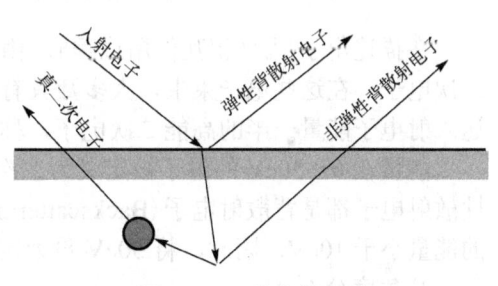

图 6-4 三种发射类型

(1) 弹性背散射电子:电子在表面发生弹性碰撞,不进入固体内部,电子出射角度与入射角度相同,且没有能量损耗。电子的弹性背散射过程类似于光的镜面反射,在弹性背散射过程中出射电子与入射电子是同一个电子,当电子仅发生弹性背散射时,散射电子数量与入射电子数量相同,二次电子产额为 1。

(2) 非弹性背散射电子:初始电子在与表面碰撞后会进入固体内部,内部散射过程中电子的部分能量会传递给晶格,以发射声子的形式消散,初始电子经过多次散射后离开表面。非弹性背散射过程中出射电子与入射电子也为同一电子,但能量有所消耗,且出射电子的出射角度与入射角度并不相同。在部分理论中,学者们认为非弹性背散射电子的比例很小,为了简化电子散射过程,近似认为非弹性背散射电子的出射角度等于相应入射电子的入射角度，当入射电子仅发生非弹性背散射时，出射电子数量与入射电子数量相同，二次电子产额为1。

(3) 真二次电子：初始电子经碰撞进入材料内部后，将能量传递给晶格及材料内部的其他电子，使得材料内部有部分电子处于被激活的状态，称为内二次电子。受激发的内二次电子在材料内部运动，如果沿运动路径恰好能够运动到表面且能够克服材料表面势垒，则内二次电子就会有一定的概率出射，出射后即成为真二次电子。当发生激发真二次电子的过程时，出射电子的数量从理论上讲可以少至零个，多至无穷个，但不应违反能量守恒定律。

1. 二次电子特征

1) 电子能量

当高能电子轰击样品表面时，它们会穿透样品表面，与样品内部原子发生许多弹性和非弹性相互作用。在弹性散射过程中，入射电子，即所谓的初级电子与它们先前的方向大角度偏离，几乎没有能量转移到样品。这种散射是入射电子与带正电原子核或带负电电子之间库仑散射作用的结果。当入射电子轰击样品表面后，典型的电子能量分布如图6-5所示，可以看到弹性散射电子的能量呈尖峰分布。对于非弹性散射电子，入射电子(PE)将与样品原子相互作用，通常会出现等离子体振荡、俄歇电子和二次电子的峰值。

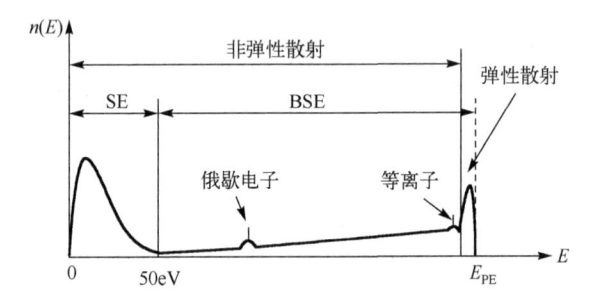

图6-5 当入射电子轰击样品表面后，从样品表面发射出的电子能量分布图

在描述电子-固体相互作用过程时，由于非弹性散射而从样品中激发出来的所有电子称为二次电子。在这些电子束中，大多数具有几十电子伏的能量，称为慢二次电子，少数具有高达入射电子能量一半的高能二次电子，称为快二次电子。

能量在0~50eV的电子被定义为二次电子(SE)，能量大于50eV的非弹性散射电子和弹性散射电子都是背散射电子(Backscattering Electron，BSE)。由于90%以上的二次电子发射的能量小于10eV，因此，将50eV设为定义二次电子的上限。

2) 角度分布

来自多晶表面的SE角度分布是相对于样品局部的余弦函数，几乎与初级电子的入射角无关。

3) 逃逸深度

SE是在初级电子与样品相互作用的相应体积内产生的，但由于它们的动能很低，只有那些来自样品表面下较浅层的电子才能逃逸。而在样品深处产生的SE会遭受更多的非弹性散射，并沿着它们到达表面的路径损失更多的能量，因此它们可能没有足够的能量来克服能量势垒而逃逸。

与电子-固体相互作用产生的其他信号相比，SE的逃逸深度很小。Seiler的研究表明，SE最大逃逸深度$T \approx 5\lambda$，其中λ是SE的平均自由程(MFP)；对于金属，$\lambda = 0.5 \sim 1.5\text{nm}$，$T \approx 5\text{nm}$；对于绝缘体，$\lambda = 10 \sim 20\text{nm}$，$T \approx 75\text{nm}$。导电电子在金属中含量丰富，而在绝缘体中很少。

尽管 SE 只从表层逃逸，但其并不只提供样品表面的信息。发射的 SE 由 SE$_\text{I}$ 和 SE$_\text{II}$ 两部分组成。SE$_\text{I}$ 是由入射电子穿过逃逸区时产生的；SE$_\text{II}$ 是由在同一区域产生的离开样品的背散射电子。虽然这两个不同的 SE 是由不同电子产生的，但它们在本质上是相同的。但 SE$_\text{II}$ 是 BSE 的结果，它们携带着来自样品深处的信息，故对于样品内部特征的成像，首选高能量入射电子产生的 SE$_\text{II}$。

4) 空间分布

SE$_\text{I}$ 和 SE$_\text{II}$ 具有不同的空间分布，因此其成像功能也不同。SE$_\text{I}$ 位于入射电子束照射的区域，因此具有高分辨率。SE$_\text{I}$ 的半最大值全宽度(Full Width at Half Maximum，FWHM)由 SE 的平均自由程 λ 确定，约为纳米级。SE$_\text{II}$ 出现在更广的区域，近似于 BSE 分布的区域，因此是低分辨率信号。根据 Hasselbach 和 Rieke，SE$_\text{II}$ 的空间分布可以用高斯分布近似。

SE$_\text{I}$ 和 SE$_\text{II}$ 的分布随电子束束流能量的不同而不同。由于决定 SE$_\text{I}$ 的参数是 λ，因此它不会随束流能量的变化而变化。然而，SE$_\text{II}$ 的宽度随电子束能量的变化很大，从几微米对应的能量 E_PE = 30keV 到 E_PE = 1keV 的几纳米。在高束流电场下，SE$_\text{II}$ 是主导信号；在低束流电场下，SE$_\text{II}$ 的分布缩小到接近 SE$_\text{I}$ 的大小，在这种情况下，SE$_\text{I}$ 对高分辨率信号做出了贡献。因此，SE$_\text{I}$ 决定了 SEM 的最终分辨率。并且在任何获得高分辨率的过程中，SE$_\text{I}$ 需要加强而 SE$_\text{II}$ 需要被抑制。

2. 二次电子产额

二次电子产额(δ)定义为每单位面积离开样品表面的电子数(I_s)与入射电子数(I_p)之比。I_s 是二次电子流强。总的二次电子产额即 δ 是二次电子产额 δ_true 和弹性散射产额 δ_el 的总和：

$$\delta = \delta_\text{true} + \delta_\text{el} \tag{6-1}$$

电子反射回来的概率可以用一个指数衰减来描述：

$$\delta_\text{el}(E) = \exp(-E/E_\text{w}) \tag{6-2}$$

δ_el 与入射角 θ 无关，仅取决于电子的能量 E。背散射电子与材料弹性相互作用，它们撞击材料表面并以相同的能量发射。

真实的二次电子产额可以估算为

$$\delta_\text{true} = \delta_\text{max} \frac{s(E/E_\text{max})}{s-1+(E/E_\text{max})^s} \tag{6-3}$$

式中，s 为材料特定的参数。在入射能量为 E_max 处达到最大值 δ_max，参数 δ_max 和 E_max 取决于入射角，但对于接近法线的入射角可以认为是恒定的。

δ_max 决定了真空室壁是作为电子的吸收体还是发射体，因此 δ_max 在电子云的积累中起着关键作用。二次电子发射原理示意图如图 6-6 所示，I_p 定义为撞击在样品上的电子电流或者直接称为初级电子电流。电流大小为 I_p 的电子束入射到样品，引起样品表面二次电子的发射，I_s 为二次电子电流(包括弹性和非弹性过程)。I_p 和 I_s 方向相反，二者之差为流经样品的总电流，记为 I_t。

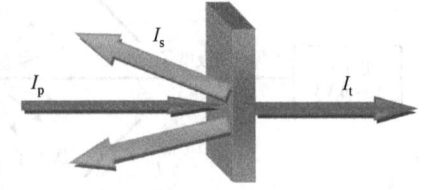

图 6-6 二次电子发射原理示意图

根据电荷守恒,在二次电子测试实验中只需测得 I_p、I_t 和 I_s 中的两个值,即可根据三者之间的关系计算另一值,然后得出二次电子产额 δ:

$$\delta = \frac{I_s}{I_p} = 1 - \frac{I_t}{I_p} \tag{6-4}$$

SEY 测试装置的示意图如图 6-7 所示。测量 SEY 有不同的实验方法:例如,图 6-7(a) 可以同时测量 I_s 和 I_t,即产生的二次电子电流和流过样品的电流;图 6-7(b) 可以通过"法拉第杯"分别测量电子源产生的初级电子电流 I_p,然后测量样品二次电子电流 I_s。

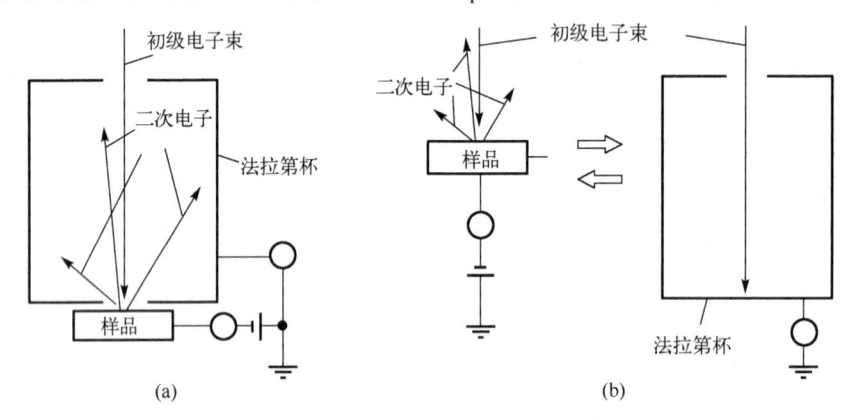

图 6-7 SEY 测试装置的典型布局

CERN 使用的 SEY 测试装置的测量原理如图 6-8(a) 所示,可以同时记录流过样品的电流 I_t 及二次电子收集器上的电流 I_s,SEY 测试时用能量为 60~3000eV 的初级电子轰击样品。测量组件安装在可烘烤的全金属超高真空(UHV)系统中。

ONERA 使用的 SEY 实验装置如图 6-8(b) 所示。该测试装置的本底压强约为 $3×10^{-7}$Torr,半球形电子收集电极(收集器)面向样品表面。该装置配备有六个电磁线圈,用于补偿进入真空室的磁场。样品架和收集器可以独立偏置以选择所需的电位。SEY 测试时初级电子束垂直入射在样品表面,入射电子能量为 1~2000eV。SEY 装置的测试原理如图 6-8(b) 所示,测试过程中得出初级电子电流 I_p 和二次电子电流 I_s。

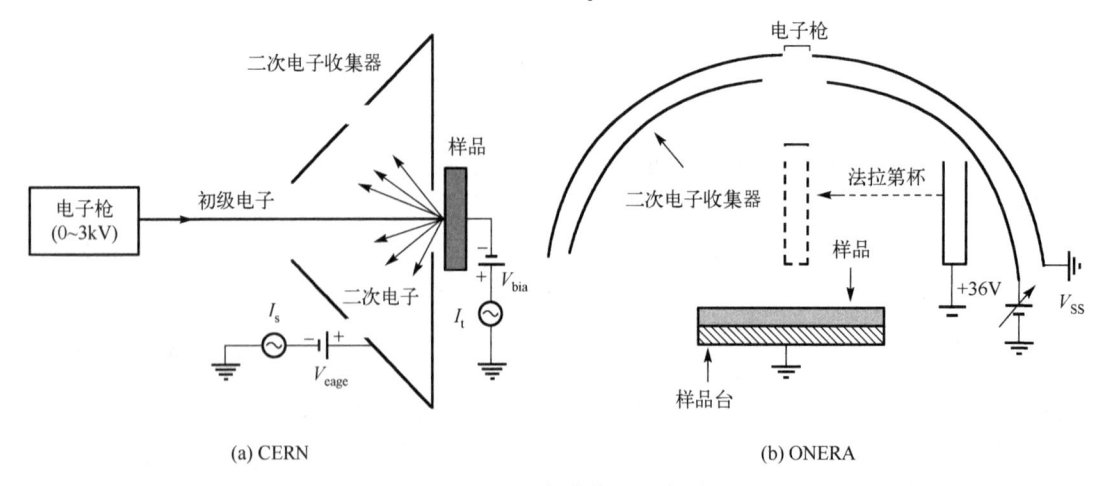

(a) CERN

(b) ONERA

图 6-8 SEY 实验装置示意图

国内部分研究所和高校也有很多 SEY 测试装置,其中西安交通大学的测试装置示意图如图 6-9 所示,测试原理与图 6-7(a)相似,主要由真空室、电子枪和测试部分组成的测量系统对样品的 SEY 特性进行测试。

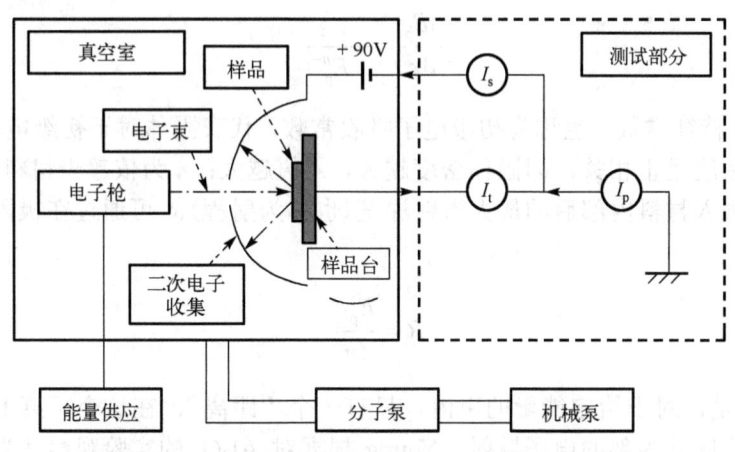

图 6-9　西安交通大学使用的 SEY 测量装置示意图

另外,为了避免由电子轰击而造成的表面改性,在 SEY 的测试中最好使用低电流。而在非常低的初级电子能量(理想状况下约 0eV)下,必须限制由残余电磁场引起的杂散效应对电子轨迹影响。因此,在某些情况下,真空中的离子泵产生的电磁场,尤其是在非常低的能量下会影响 SEY 测试精度。解决这个问题的方法是在样品位置使用 Helmotz 线圈使其磁场达到零(约 nT),或者使用镍铁合金(75% Ni、15% Fe、Cu 和 Mo)制成的金属腔(具有很高的磁导率),这样可将真空系统内的任何磁场减小到 0.3μT。

3. 二次电子的计算

1)计算公式

当固体表面被带电粒子(离子、电子)和光子轰击时,会产生二次电子发射。1902 年,德国物理学家奥斯汀(L. Austin)和斯塔克(H. Starke)首次发现了这一现象。

二次电子发射(Secondary Electron Emission,SEE)系数(δ),也称为二次电子产额,由式(6-5)给出:

$$\delta = \int n(x, E_p) g(x) \mathrm{d}x \tag{6-5}$$

该方程将 SEY 分为两个因素:二次电子的产生和它们从固体表面逸出的概率。在距离固体表面 x 深度的 $\mathrm{d}x$ 厚度内,由每一个入射电子产生的平均二次电子数由 $n(x,E_p)$ 给出,并与路径单位长度的平均能量损失 $-\mathrm{d}E/\mathrm{d}x$ 有关。能量损失除以从材料价带(ε)出射一个二次电子所需的平均能量,等于单位路径长度上初级电子产生的二次电子数。

电子从表面逸出(二次电子)的概率由 $g(x)$ 给出,一般近似为 $B\exp(-\alpha x)$,其中 B 为常数,代表逃逸概率系数,取决于材料表面的物理状态,如表面势垒、表面吸附、沾污等;而 α 是二次电子的吸收系数。

$$\delta = \frac{-B}{\varepsilon} \int \frac{\mathrm{d}E_p}{\mathrm{d}x} \exp(-\alpha x) \mathrm{d}x \tag{6-6}$$

(1) 初级电子的能量损失。

从式(6-6)可以清楚地看出,初级电子单位长度的能量损失需要建模。Lye 和 Dekker 用幂律分布来描述能量损失。能量损失由式(6-7)给出:

$$\frac{dE_p}{dx} = -\frac{A}{E_p^{n-1}} \tag{6-7}$$

式中,A 为材料特征常数,也称为初级电子吸收常数,代表固体对于初级电子的阻碍能力,与固体的物理密度呈正相关,即固体密度越大,A 值越大;n 为依赖于材料的幂指数。

初级电子进入材料内部后的最大透射深度(也称为射程)R 可通过在极限 $(0, E_p)$ 内积分式(6-7)得

$$R = \frac{E_p^n}{An} \tag{6-8}$$

式(6-8)的含义是,对于给定能量的束流,只有一个"距离",在这个距离上电子的所有能量将损失。由于固体内部的电子散射,Young 根据对 Al_2O_3 的实验观察认为,整个材料的能量损失实际上是恒定的。透射电子的数量与"距离"大致呈线性关系减少。这个理论后来被称为"恒定损耗理论",由式(6-9)给出:

$$\frac{dE_p}{dx} \propto \frac{E_p}{R} \tag{6-9}$$

(2) 二次电子发射率。

由式(6-7)和式(6-6)可得

$$\delta = \frac{B}{\varepsilon}\left(\frac{An}{\alpha}\right)^{1/n} \exp(-\alpha R) \int_0^{y_m} \exp(y^n) \, dy \tag{6-10}$$

式(6-10)与材料常数无关,如 A、B 和 ε。这使得 SEY 曲线具有通用性。

Lye 和 Dekker 从数学的角度证明,对于非常低的入射电子能量($E_p \ll E_{pm}$),式(6-10)可以表示为

$$\delta \approx \frac{BE_p}{\varepsilon} \tag{6-11}$$

2) 蒙特卡罗模拟计算方法

电子输运的蒙特卡罗模拟是描述基于散射过程的随机现象。电子穿透近似于经典的锯齿形轨迹,如图 6-10 所示。将样品视为无结构连续介质,其步长由随机散射平均自由程决定,从弹性散射模型出发,结合适当的加权因子,导出散射角 θ_1 和 ϕ_1。电子能量损失沿轨迹连续发生或在散射点瞬时发生,根据方程(6-12)记录每个散射点的坐标。跟踪这些轨迹,直到电子的能量降低到任意的截止能量,或者电子从样品表面逃逸。

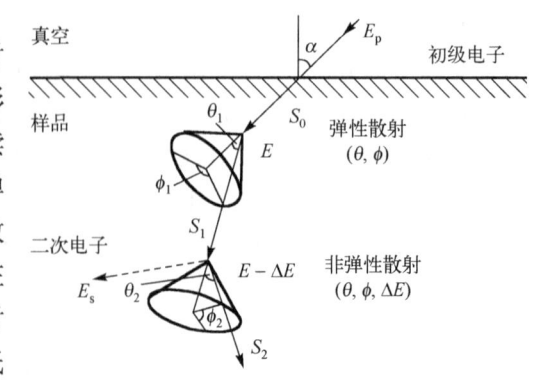

图 6-10 蒙特卡罗模拟电子轨迹的示意图

$$\begin{pmatrix} x_{n+1} \\ y_{n+1} \\ z_{n+2} \end{pmatrix} = \begin{pmatrix} x_n \\ y_n \\ z_n \end{pmatrix} + S_n \begin{pmatrix} \sin\theta_n \cos\phi_n \\ \sin\theta_n \sin\phi_n \\ \cos\theta_n \end{pmatrix} \qquad (6\text{-}12)$$

用一个简单的例子说明蒙特卡罗模拟计算方法，如图 6-11 所示，通过模拟记录大量的电子轨迹、相互作用体积和相应的能量耗散。研究发现，对于高原子序数材料[图 6-11(a)中的 Ag]的相互作用体积更浅、更平坦。电子在低原子序数[图 6-11(b)中的 Al]的材料中穿透得更深，形成一个在表面下窄而深的体积，接近梨的形状。在斜入射时，相互作用被较大面积的样品截获，如图 6-11(c)所示。

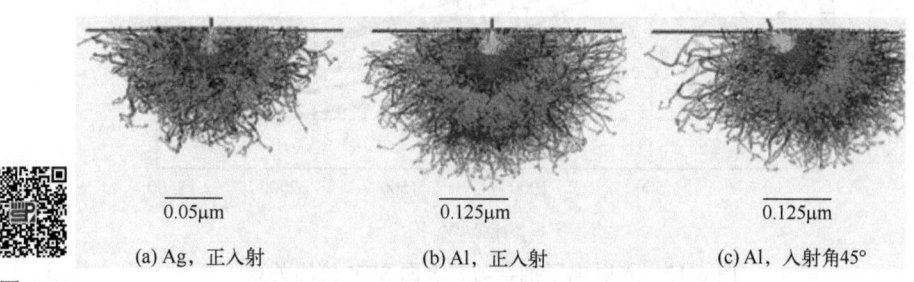

(a) Ag，正入射　　(b) Al，正入射　　(c) Al，入射角45°

彩图 6-11　　图 6-11　能量为 5keV 的电子与不同固体相互作用的蒙特卡罗模拟
（入射电子数为 1000，样品表面颜色从黄色开始的能量衰减轨迹）

6.2　二次电子抑制方法

目前，学者们已经提出了多种缓解电子云的策略，以得到具有稳定的低 SEY 及在某些情况下还具有低 PEY 的真空腔室。尽管各种研发仍在积极进行中，但还没有一个独特且最终的方案能够完全解决与高 SEY 相关的所有问题。迄今为止已采用了不同的缓解策略或将不同的缓解策略结合在一起使用的方式。目前，电子云抑制策略通常有两种：①被动式对策，旨在减少 SEY 和 PEY 等表面改性方法；②主动式对策，引入外部电场或磁场等外部附件方式以减少电子云的形成。本节着重介绍表面改性和外部附件两种方式及它们衍生的各种方法，以及这些方法对 SEY 的影响。

$\delta < 1$ 是抑制二次电子多重效应的充分条件。在特定场景下，SEY 的最大值应小于某个阈值；例如，CERN 的超级质子同步加速器(SPS)中的 $\delta_{\max} < 1.3$。

6.2.1　表面改性

1. 烘烤及光子、电子和离子的轰击

铜表面的最大 SEY 通过在 300℃下烘烤后由 2.35 减小至 1.8。除此之外，光子、电子、离子的轰击也降低加速器表面 SEY。

以电子轰击为例，电子轰击是电子云形成过程中发生的现象，电子束击中了加速器壁并导致其 SEY 的减少。这样的过程被称为"擦洗"，能够消除电子云带来的不利影响。电子轰击通常用于各种设备中，如射频腔或加速器腔室，以减轻电子倍增。

如图 6-12 所示，对于未烘烤的铜样品，大于 10^{-6}C/mm^2 的电子剂量后其 SEY 锐减，而对于大于 $1\times10^{-3}\text{C/mm}^2$ 的剂量，相当于电子"擦洗"其表面，因此可获得 δ_{max} 的最小值（接近 1.2）。下面简单介绍一下光子轰击、电子轰击、离子轰击等降低材料表面 SEY 的原理。

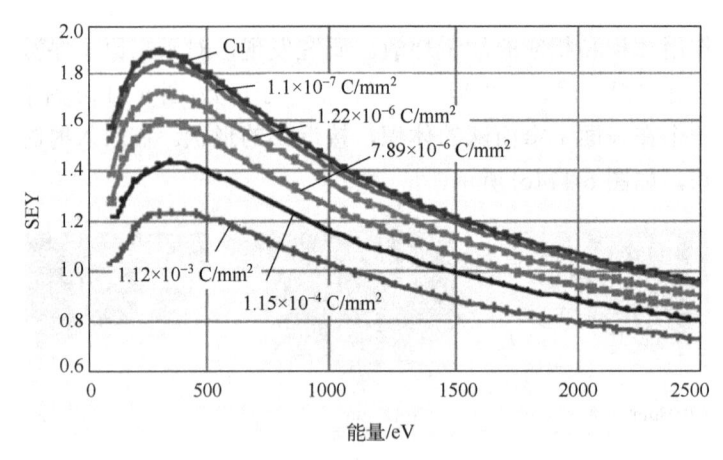

图 6-12 入射电子剂量与铜表面 SEY 值的关系

X 射线光电子能谱(XPS)分析表明，仅在电子撞击区域，样品表面的碳含量从 40%增加到 60%。因此，SEY 的降低可能与电子轰击引起富碳表面层的形成有关。碳的来源可能是残余气体(如 CO、CO_2、碳氢化合物)或电子辐照过程中从样品中解吸的分子(CO、CO_2)。

通过 X 射线光电子能谱测定，镀铜样品的 SEY 与其表面化学成分相关。样品表面存在大量污染性吸附物，SEY 曲线的最大值高达 2.2。在入射电子束动能(E_p)为 10~500eV 时，发现电子擦洗过程降低了 SEY，对于 50~500eV 的电子，δ_{max} 为 1.1，而对于 10eV 的电子，δ_{max} 仍保持在 1.35 左右。在这两种情况下，表面氧化相均被显著还原，而仅在以 500eV 洗涤的样品中观察到了石墨状碳层的形成。

R. Larciprete 等的研究结果发现，铜表面的电子"擦洗"可以分两个步骤进行：第一步是在 10eV 和 500eV 下发生弱结合污染物的电子致解吸，并且相应地降低了 SEY；第二步是由于高剂量下更多高能电子的激活，通过已污染样品表面或在辐照过程中累积在该表面上的吸附物解离，增加了类石墨 C—C 键的数量。

因此，在粒子加速器中，由于同步加速器辐射和多重电子对真空室壁的轰击，SEY 随着机器运行时间的增加而逐渐降低。这种降低是通过逐渐形成石墨状的碳薄层而影响 SEY。但是在许多情况下，即使 δ_{max} 降至最低水平可能仍不足以避免出现电子云。

2. 表面粗糙度

材料的表面形态也会影响二次电子的产生。当二次电子与材料发生多次碰撞时，它们被吸收的机会增加，并导致 SEY 降低。这里可以采用各种技术来产生宏观或微观结构：机械法、湿法腐蚀、干法蚀刻(等离子体蚀刻)、表面生长纳米材料和激光烧蚀。

1)机械法

铜表面的 75% 均匀分布着深度为 0.5mm、直径为 1mm 的孔，可得到较低 SEY($\delta_{max}\approx$ 1.2)的粗糙表面，但这种方法制成的粗糙表面通常有较大的表面电阻。

2) 湿法腐蚀

金属的微孔阵列表面能够有效地抑制 SEY。有学者通过两步湿化学蚀刻法制造多孔 Ag 表面,化学沉积合成 TiO_2 涂层,以及化学沉积 Au 涂层,制备了具有优良多孔抑制性能的多孔 $Ag/TiO_2/Au$ 涂层。研究证明,多孔 Ag 涂层具有小于 1.2 的低 SEY 值,可以用在不同的领域。整个制备过程简单可行,具有广阔的应用前景。

3) 等离子体蚀刻

即使按照超高真空标准进行清洁,材料表面也会被由氧化物、物理吸附和化学吸附气体组成的表面层覆盖,这些表面层会改变材料的二次电子发射。离子轰击不仅会溅射出污染物,将其从表面清除,还会导致表面粗糙度的增加。当固体被电子轰击时,它将通过发射二次电子做出响应。研究人员通过实验来探索氩离子溅射金表面用于去除表面污染物的可行性,研究结果发现氩离子溅射可以去除污染并得到粗糙的表面结构,实现 SEY 的降低(从 2.01 到 1.54)。

4) 表面生长纳米结构

热蒸镀(Thermal Evaporation)产生的纳米沟槽状结构抑制了总二次电子产额从而实现抑制二次电子的目的。热蒸镀是用于沉积薄膜的一种技术。靶材在真空腔中被电子束或者电阻丝加热蒸发成气态,气态的原材料会直接黏附在衬底上。已有研究利用热蒸镀得到最大 SEY 为 0.9 的纳米结构银,实现了较好的 SEY 抑制效果。

5) 激光烧蚀

最初,降低 SEY 主要是创建微观结构(凹槽),但是这些结构具有较大的射频表面电阻。后来研究发现,亚微米结构和纳米结构在降低 SEY 中也起作用。因此,人们将精力集中在激光烧蚀表面工程(Laser Ablation Surface Engineering, LASE)技术上,它不仅应提供低 SEY,还应提供低表面电阻。

利用 LASE 降低 SEY 是目前正在开发的有前途的技术。激光处理的能量密度超过金属(如不锈钢、铜、铝及其合金和其他金属)表面的烧蚀阈值时可以形成微观结构,如亚微米结构和纳米结构。LASE 工艺可以产生深度为数十微米的凹槽,凹槽壁上覆盖着亚微米和纳米球状或微纳米线状结构(图 6-13)。样品表面上的这些结构可以提供低于 1 的 SEY 特性:在这种表面上极大地增加了二次电子的多重撞击,从而降低了材料表面的二次电子发射。

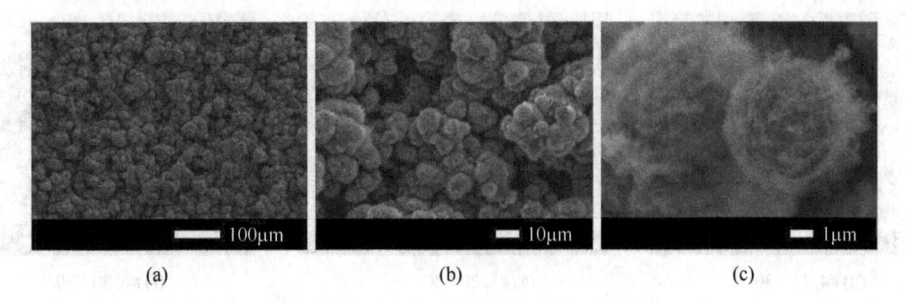

图 6-13 经激光处理铝合金样品的 SEM 显微照片

3. 低 SEY 薄膜

通过实验研究,人们发现部分材料自身具有较低的 SEY,表 6-1 列出了一些常见的纯净材料的最大 SEY 值 δ_{max} 和相应的入射电子能量 E_{max}。虽然这些值与带有氧化物层的金属表面有很大差别和不同,但若将这类低 SEY 材料以薄膜的形式覆盖在其他 SEY 较高的固体表面,能够有效降低原始固体表面的 SEY。其中镀膜工艺可以通过磁控溅射、原子层沉积等多种工艺实现。

表 6-1 材料的最大 SEY 值和对应的能量

材料	Ag	Al	Au	抛光 C	Cu	Fe	Nb	Ti
δ_{max}	1.5	1	1.5	1	1.4	1.3	1.2	0.9
E_{max}/eV	800	300	700	300	600	400	375	28

1) TiN 薄膜

氮化钛(TiN)涂层由于公认的低 SEY 而成为一种出色的 SEY 抑制涂层,在如 Cu、Al 或不锈钢衬底等材料表面上使用物理气相沉积方法制备 TiN 涂层可将 δ_{max} 降低至 1.5。研究表明,纳米结构的 TiN 涂层比致密的 TiN 薄膜能更有效地捕获电子。纳米结构的 TiN 涂层更容易在低 N_2 浓度下形成,相反,致密的 TiN 薄膜更容易在高 N_2 浓度下形成。图 6-14 是在不同 N_2 流量下 TiN 涂层的各种表面形貌。图 6-14(a)~(c)表示#1~#3 的内部结构松弛,并且在涂层之间有许多随机分布的间隙。图 6-14(d)~(f)表示#4~#6 是致密膜,并且膜内部没有缝隙。另外,在低 $\lambda_{N_2/Ar}$(N_2:Ar =0:30、5:30 和 10:30)条件下更容易制造疏松的纳米结构 TiN 涂层。比较#1~#3 的表面形貌和截面图像可以观察到,随着 N_2 流量的增加,纳米结构的 TiN 涂层中的间隙变小,而 TiN 纳米颗粒的尺寸变大,图 6-14(d)~(f)所示的这三个样品的表面相对平坦。这些结果表明较高的 $\lambda_{N_2/Ar}$(从 15:30 到 30:30)更可能导致形成致密的 TiN 薄膜。

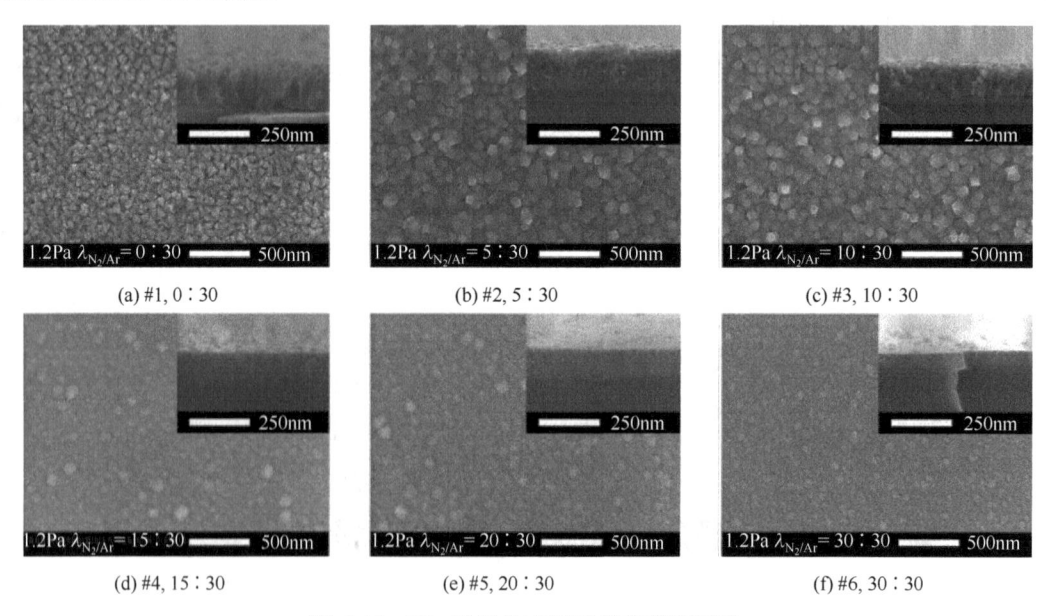

图 6-14 TiN 涂层的表面形貌和截面图像

TiN 涂层的 SEY 较低,不仅是由于 TiN 涂层本身的 SEY 较低,而且还归因于 TiN 晶粒形成的金字塔结构(由于其表面的粗糙度)。实际上,薄的 TiN 涂层呈金黄色,其 δ_{max} 为

2.4，而表面有厚涂层的 TiN 为黑色，其 $\delta_{max}\approx 1.5$，黑色归因于材料的粗糙度。此外，SEY 的变化很大程度上取决于紧凑型 TiN 薄膜的电阻率，即致密 TiN 薄膜的真实 SEY 随着其电阻率指数下降而呈线性减小趋势。

2) 非蒸散型吸气剂

高放气表面是束流长寿命的限制因素之一。解决这个问题的有效方法之一是在真空管或真空室的整个内壁上覆盖一层 NEG 材料（图 6-15）。NEG 在加热到合适的激活温度后可提供活性吸气表面。另外，加热使 NEG 表面氧化物扩散到整个涂层内部，以达到吸收残余气体的目的。

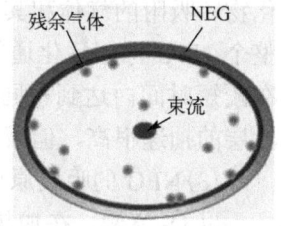

图 6-15 NEG 薄膜示意图

NEG 泵已广泛用于工业、直线加速器、回旋加速器、聚变反应堆和对撞机等大型物理研究项目。最初的研究工作是提高 NEG 抽速和吸附能力，并降低其激活温度，随后的工作是减少 NEG 光子致解吸（PSD）、电子致解吸（ESD）和离子致解吸（ISD），以抑制 PEY 和 SEY。此外，NEG 涂层表面电阻的研究工作也在进行。

(1) NEG 简介。

NEG 表面通过物理或化学吸附的方式去除残余气体。ⅣB 族（Ti、Zr、Hf）材料对氧气具有很高的溶解度（氧气在材料主体内部的溶解和扩散取决于该材料在该温度下的溶解度和扩散性），在加热到 NEG 对应的激活温度后有助于溶解本体的表面氧化物。热扩散为表面氧化物在材料内部扩散提供了路径，是选择吸气材料的另一标准，而ⅤB 族元素（V、Nb、Ta）具有较高的氧扩散系数。

ⅣB 族（Ti、Zr、Hf）和ⅤB 族（V、Nb、Ta）材料的合金涂层比传统材料表面具有更多优势，如产生极高的真空度、较低的 SEY、低的光子解吸系数等，而这些特性都有利于极高真空（XHV，压力 $< 10^{-10}$ mbar）的形成，以及降低 SEY 以延长光束寿命。因此，ⅣB 族和ⅤB 族材料在高能粒子加速器和同步加速器等中非常适用。

(2) NEG 涂层的性能。

NEG 泵具有许多重要功能，如活性气体的抽气性能，并且使用它们获得的真空可比其他超高真空（UHV）更高。NEG 泵无油且无振动，非常适合清洁系统，但污染和机械干扰对 NEG 泵的影响较大。

NEG 可以通过其活性表面上的化学反应捕获如 CO、CO_2、O_2、H_2O 和 N_2 等气体分子，但 H_2 不发生化学反应，而是整个原子溶解到薄膜中。简单来讲，NEG 对 H_2 是物理吸附，对 O_2、CO、N_2 等的吸附以化学吸附为主。当空气或如 CO、CO_2、O_2、H_2O 和 N_2 之类的气体排放到 NEG 涂层处后，在 NEG 表面形成一层碳化物、氧化物和氮化物。该化合物层的形成限制了 NEG 膜的抽气能力，降低了对 H_2 的黏附率。但是从另一方面来看，它起到了对 NEG 膜较深部分的保护作用。

因此，为了最大程度地减少 NEG 在空气中的暴露，通常在加速器运行之前就将空气排空。沉积后的 NEG 涂层膜是高纯度金属或金属合金。但镀有 NEG 的腔室可以在 N_2 气氛中安全存储或转移。值得一提的是，Pd 和 Pd-Ag 薄膜作为覆盖层可保护 NEG 薄膜免受氧化。

NEG 暴露在空气中或是工作一段时间后，其表面将由 O_2 和 CO_2 等覆盖形成钝化层（碳化物、氧化物和/或氮化物），钝化层不仅减少了活性成分与真空室残余气体的相互作用，而且还阻碍活性气体扩散到 NEG 薄膜中。为了恢复 NEG 的吸气能力，通常在真空环境或者惰性气体中将其加热，增强吸附在薄膜表面的气体分子在扩散过程中的动能，使表面氧化物解吸或向内部扩散并溶解，从而消除钝化层并重新获得清洁的活性金属表面。表面氧化物、吸附的气体和其他污染物的离开，释放出一定位置用以重新与残余气体相互作用，整个 NEG 涂层活化通常需要至少 24h 以上。但是，需要注意的是：较高的激活温度可以在较短时间内达到相同的激活水平，而较长的激活时长有助于降低激活温度。虽然 NEG 涂层的抽速很高，但吸附能力有限。

(3) NEG 的吸气原理。

以 O_2 为例，在加热过程中，NEG 表面钝化层中的 O_2 若能以足够的速率向内部扩散，并能够形成固溶体，则表面的吸气剂原子将恢复吸气能力。

对于单个 O 原子，形成氧化物和固溶体的吉布斯自由能变化量 ΔG_{ox} 和 ΔS_{ss} 分别可以表示为

$$\Delta G_{ox} = \Delta H_{ox} - T \cdot \Delta S_{ox} \tag{6-13}$$

$$\Delta G_{ss} = \Delta H_{ss} - T \cdot \Delta S_{ss} \tag{6-14}$$

式中，ΔH 和 ΔS 分别为焓变和熵变，对于 NEG 薄膜所用的金属材料，其量级大致在 500J/(mol·K) 和 10J/(mol·K)。对于一个氧化物和氧的固溶体并存的封闭系统，将使系统的吉布斯自由能向最低时的状态转化。当 $\Delta G_{ox} = \Delta G_{ss}$ 时，氧化物和固溶体处于平衡状态；当 $\Delta G_{ox} < \Delta G_{ss}$ 时，O_2 的溶解是不允许的；当 $\Delta G_{ox} > \Delta G_{ss}$ 时，O_2 的溶解是允许的，即

$$\Delta H_{ox} - \Delta H_{ss} > -T(\Delta S_{ss} - \Delta S_{ox}) \tag{6-15}$$

形成氧化物和固溶体的焓变 ΔH_{ox} 和 ΔH_{ss} 的大小就决定了式(6-15)能否满足。表 6-2 列出了单个 O 原子在 ⅣB、ⅤB 和 ⅥB 族元素中的 ΔH_{ox} 和 ΔH_{ss}。对于 Ti 和 Zr，$\Delta H_{ox} > \Delta H_{ss}$，式(6-15)总是满足，即在任何温度下 O_2 的溶解都是容许的，直到其含量达到溶解度。对于 Hf、V、Nb 和 Ta，$\Delta H_{ox} < \Delta H_{ss}$，由于 ΔH_{ox} 和 ΔH_{ss} 的差值较小，因此当温度 T 高于某值时式(6-15)才会满足，即只有在高于某临界温度时才允许形成固溶体。对于 Cr，ΔH_{ox} 和 ΔH_{ss} 的差值较大，即使在很高的温度下式(6-15)也无法满足，即氧的溶解是不允许的。因此，为了使吸气剂在较低的温度下即可激活，ⅣB 族元素如 Ti 和 Zr 可能是较为合适的选择。

表 6-2 单个 O 原子形成氧化物和固溶体的焓变

族序数	氧化物	ΔH_{ox}/(kJ/mol)	ΔH_{ss}/(kJ/mol)
ⅣB	Ti-TiO	−542.9	−560.67
	Zr-ZrO$_2$	−550.65	−619.23
	Hf-HfO$_2$	−556.9	−552.29
ⅤB	V-VO	−432.0	−422.15
	Nb-NbO	−419.8	−383.85
	Ta-Ta$_2$O$_5$	−409.5	−386.96
ⅥB	Cr-Cr$_2$O$_3$	−376.8	−221.97

(4) NEG 的研究进展。

在 NEG 材料研究领域，意大利塞斯(SAES)公司的研究生产开始较早、规模较大、成

果较多。1995 年，受 CERN 启发，该公司首次在不锈钢管道内壁制备了 St101 吸气剂(84% Zr + 16% Al)薄膜。但 NEG 需要非常高的激活温度($\gg$ 350℃：Zr、Ti、Zr-Al、Ti-Al、Zr-V-Fe、Th-Ce-Al)。真空室的烘烤温度限制：不锈钢为 250～300℃，铜及其合金为 200～250℃，铝及其合金为 150～180℃，为使吸气剂薄膜能适用于铜、铝合金等管道，SAES 公司致力于寻找激活温度更低的吸气剂薄膜材料体系。近几年开始研究稀土系的 ZrCoRE 合金薄膜。ZrCoRE 系是由 ZrCo 和 Zr-Ni-RE 等储氢合金发展而来，其激活温度较低(300～450℃)，能吸收活性气体，安全性明显优于 Ti-Zr-V、Zr-V-Fe 等体系，且其毒性小、对环境较友好。

1998 年，CERN 为 LHC 开发了低激活温度 NEG 涂层(Ti-Zr-V)。早期研究表明，二元合金的激活性能优于单一金属的，三元 Ti-Zr-V 合金因为 O 在 V 中的扩散速度快，其表面暴露出更多的金属态活性吸附位点，还有更低的激活温度和更高的 H_2 黏附系数。NEG 涂层开发的最初工作是通过使用 Ti、Zr 和 V 成分来降低 NEG 激活温度。因此，CERN 后续对 Ti-Zr-V 薄膜做了大量研究，发现 Ti-Zr-V 薄膜的激活温度与 Ti、Zr、V 比例密切相关，最低激活温度为 180℃，时间为 24h(Ti 30%、Zr 20%、V 50%)。

在三元合金之间，Hf-Zr-V、Ti-Zr-Hf 和 Ti-Hf-V 的激活温度彼此相当，且优于 Ti-Zr-V，但是后者更便宜，因此 180℃激活的 Ti-Zr-V 薄膜是当今使用最广泛的 NEG 涂层。近年来，英国达斯伯里实验室 ASTeC 真空组在 Ti-Zr-V 三元合金的基础上，利用磁控溅射镀膜技术在实验室制备了 Ti-Zr-Hf-V 四元合金型 NEG 薄膜。通过添加 Hf 来进一步减小晶粒尺寸并增加晶界密度的 Ti-Zr-Hf-V，实现了激活温度的进一步降低，并且用合金靶材沉积的柱状 Ti-Zr-Hf-V 薄膜可实现最低的 150℃激活温度。

NEG 涂层优化的大部分工作是在 CERN 和达斯伯里实验室进行的。然而，NEG 膜的许多沉积和表征是在世界各地的许多研究实验室中进行的。

目前对 NEG 的研究还有沉积参数的改变，如溅射方法、溅射角度、工作温度、工作压强和衬底表面粗糙度等都会影响 NEG 的性能，进而探究 NEG 不同形态对其吸气性能的影响。从图 6-16 和图 6-17 可以看出，即便相同的 NEG 也有不同的形态。沉积在铜和不锈钢上时非常光滑，在铝和铍上时显示出明显的粗糙。

(a)柱状 (b)致密

图 6-16 柱状和致密 Ti-Zr-Hf-V NEG 涂层的 SEM 图像

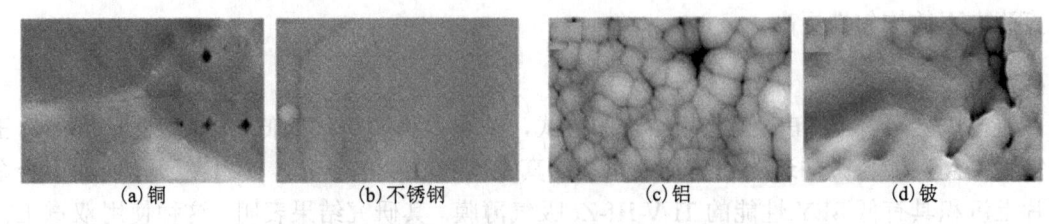

(a)铜 (b)不锈钢 (c)铝 (d)铍

图 6-17 基材的性质对 Ti-Zr-V 涂层形态的影响
(由 SEM 获得的每张图片均代表 5μm × 3μm 面积)

3) 石墨烯

由于 SEE 发生在被初级电子击中材料最上面的 5nm 层中,因此通常用于缓解电子云效应的技术依赖于通过沉积具有较低 SEY 材料的薄膜来进行表面改性。SEE 不仅取决于材料的类型,还取决于表面污染物和表面形态。同样重要的是,具有低 SEY 的表面要确保在化学上是稳定的。原则上,使用 SEY＜1 的材料可避免形成电子雪崩的可能性,但在某些应用中 SEY 阈值要求可能会更高。

基于碳的薄膜,特别是无定形碳薄膜,由于相对较低的 SEY(0.96～1.05)而被广泛关注。带有无定形碳涂层的镍 SEY 达到了 $\delta_{max} \leqslant 1$:在这种材料表面上不会发生电子的多重撞击。通过使用直流磁控溅射将无定形碳薄膜沉积于不锈钢表面,可以将不锈钢的 SEY 从 2.4 降低至约 1,同时其性能几乎不变。最近的研究表明,表面石墨烯涂层可以进一步降低 SEY。这种材料相对于无定形碳的潜在优势是其优异的化学惰性。据报道,使用电泳沉积 (Electrophoresis Deposition, EPD)涂覆石墨烯的不锈钢样品的表面最大 SEY 为 1.4,低于未涂覆不锈钢的 2.4。王洁等的研究表明铜基板上的石墨烯最大 SEY 为 1.25。Montero 等报道了涂覆石墨烯纳米片的铝表面上的 SEY,通过简单改变基底的粗糙度即可显著地改善其 SEY。然而,由于缺乏有关所用石墨烯的基本特性(如 sp^2/sp^3 碳比、氧含量等)及表面光洁度的数据,人们难以评估石墨烯对其工作中报道的低 SEY 值的贡献。但石墨烯的电子结构、化学惰性,以及在金属表面上的不同涂覆方式,使其成为低 SEY 的主要候选材料之一。

近来在大气压下将微波驱动的等离子体应用于生产氮掺杂的高质量自立式石墨烯片也有相关的研究工作开展。该方法的优点在于其可再现性和控制合成材料的形态、结构和功能特性的能力。最近已经使用电泳沉积法将这种材料对不锈钢和无氧铜进行涂覆,使样品的 SEY 从约 2.4 降低到 1.0。此外,将此类样品暴露于空气中在约 150℃的高真空下烘烤 64h,SEY 仅改变百分之几。除此之外,调整石墨烯的电子结构,可以进一步提高其 SEY。

4) 类金刚石薄膜

通过等离子体增强化学气相沉积法(Plasma Enhanced Chemical Vapor Deposition, PECVD)制备的类金刚石(DLC)薄膜通常在空气转移到测量仪器后具有接近 1.5 的 SEY。覆盖 DLC 薄膜样品的 SEY 值随着入射电子剂量的增加,δ_{max} 降低,而相应的 E_{max} 改变不大。另外,在制备 DLC 薄膜的过程中不需要大型磁体设备,没有位置限制,且 DLC 薄膜具有不需要激活等优点。故 DLC 薄膜可以作为抑制加速器真空室电子云效应非常有前途的解决方案。

图 6-18(a)和(b)分别显示了通过直流(Direct Current,DC)溅射和脉冲直流技术沉积制备的样品的原子力显微镜(Atomic Force Microscope,AFM)表面形貌图,对比可以看到,与通过脉冲直流技术制备的薄膜相比,直流溅射技术制备的薄膜平均晶粒尺寸较小,并且在直流电下的均匀性更高。

4. 其他方法

通过以上多种低 SEY 工艺相结合的方式,或可以得到更优的低 SEY 表面。例如,王洁等为提高高能粒子加速器超高真空系统的真空度和减少电子云,提出在激光处理铝合金基片上沉积具有低 SEY 性能的 Ti-V-Hf-Zr 吸气薄膜。其研究结果表明,这种使用双重工艺得到的粗糙表面表现出优良的 SEY 抑制效果,δ_{max} 从 2.3 降到了 1.10。

(a) 直流溅射　　　　　　　　　(b) 脉冲直流技术

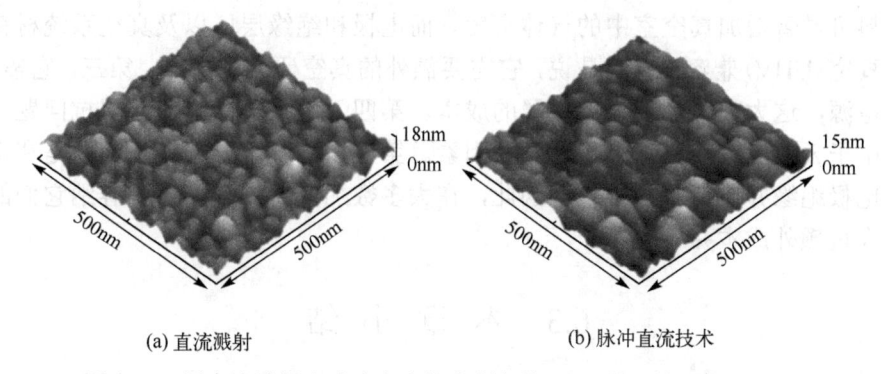

图 6-18　用直流溅射和脉冲直流技术制备的 DLC 样品的 AFM 形貌图

6.2.2　外部附件

1. 螺线管

纵向电磁场会将电子限制在产生电子的真空室壁附近，因此会降低在束流附近电子云的密度。即使是较弱的纵向螺线管磁场也会使电子云的主要低能电子(≈5eV)进入环形轨道，并随后撞击腔室表面。由于电子撞击管壁时的能量也较小，因此二次电子产生的可能性也很小。如果此过程足够快，则电磁场可以清除两个束通管道之间的电子。

如图 6-19 所示，该磁场将电子的路径在磁场作用下弯曲到束流管道壁的附近，在磁场作用下电子被束缚在管壁从而最大程度地减少了二次电子对束流的影响。图 6-20 是 Fermilab 实验室构建的螺线管缠绕束流管道。

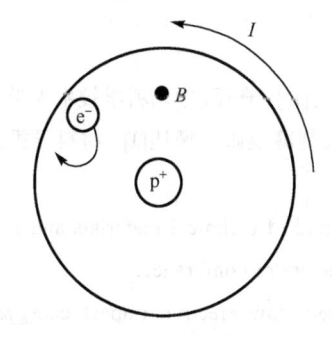

图 6-19　螺线管作用　　　　　图 6-20　Fermilab 实验室构建的螺线管缠绕束流管道

但螺线管降低电子云方法的限制也是存在的：例如，在空间有限的情况下不允许在周围缠绕线圈；在许多弯曲截面部分不能采用电磁线圈；而在磁场区域中，外部螺线管磁场无法有效抑制电子云的形成。

2. 电极

CERN 用实验验证附加清洗电极对电子云的清除效果。实验过程中对装置上一组磁场和电极上的偏置电压进行了真空压强的测量，其结果表明，清洗电极可以有效地抑制电子云。

附加清洗电极的做法也有一定的缺点和限制：第一，它需要设计和制造这些电极，并重新设计和采用一个真空室来容纳这些电极。第二，由于光子、电子和离子致解吸，电极和绝缘材料可显著增加真空室中的气体密度。而电极和绝缘层,以及真空系统材料选择必须与超高真空(UHV)兼容;也就是说,它需要额外的真空研究和测试。第三,它需要电缆、控制器和电源,这大大增加了大型机器的成本。第四,电极可能会引起阻抗问题,在采用电极缓解电子云效应之前应仔细考虑各种因素。第五,一个重要的技术问题是在操作过程中需确保电极绝缘并避免灰尘堆积。因此,在大多数加速器中,要找到容纳它们的空间而又不花费大量额外成本并不容易。

6.3 本章小结

为服务于加速器高真空环境,本章从缓解电子云效应角度出发,介绍了两个抑制电子云形成的方法:①被动式对策,旨在减少 SEY 和 PEY 等表面改性方式;②主动式对策,引入外部电场或磁场等外部附件方式。

(1) 表面改性方法(被动),如烘烤及光子、电子轰击真空腔室表面,采用各种技术如湿法腐蚀、干法蚀刻(等离子体蚀刻)或激光烧蚀来产生宏观或微观结构增加表面粗糙度,或者采用具有低 SEY 性能和较强吸气性能的二元/三元/四元 NEG 合金膜以达到同时减少真空内的残余气体和降低二次电子的双重效果。

(2) 引入外部电场或磁场等(主动式)方法对于加速器和对撞机的超高真空系统的设计都具有一定限制和要求,在应用前应仔细研究和分析其工程条件,并仔细考虑并测试其安全性、可靠性和相应机器性能等。

参 考 文 献

张波,2010. 真空室内壁镀 TiZrV 吸气剂薄膜的工艺及薄膜相关性能的研究[D]. 合肥: 中国科学技术大学.

周超,李得天,周晖,等,2019. MEMS 器件真空封装用非蒸散型吸气剂薄膜研究概述[J]. 材料导报,33(3): 438-443.

BAGLIN V, BOJKO J, GRBNER O, et al., 2000. The secondary electron yield of technical materials and its variation with surface treatments[C]. EPAC 2000: 7th european particle accelerator conference.

BELHAJ M, ROUPIE J, JBARA O, et al., 2013. Electron emission at very low electron impact energy: experimental and Monte-Carlo results[C]. ECLOUD, CERN.

BENVENUTI C, CHIGGIATO P, PINTO P C, et al., 2001. Vacuum properties of TiZrV non-evaporable getter films[J]. Vacuum, 60(1/2): 57-65.

GUPTA R, RAI D K, DUTTA D, et al., 2008. A study of diamond like carbon films deposited by PECVD using DC and pulsed DC power supply[J]. American physical society, 53(2): 57-65.

KENDALL J M, BERDAHL C M, 1979. Two blackbody radiometers of high accuracy[J]. Applied optics, 9(5): 1082-1091.

LI J, HU W B, WEI Q, et al., 2017. Electron-induced secondary electron emission properties of MgO/Au composite thin film prepared by magnetron sputtering[J]. Journal of electronic materials, 46(3): 1466-1475.

LIN Y H, 2007. A study of the secondary electrons[J]. Nihon kikai gakkai ronbunshu B hen/transactions of the Japan society of mechanical engineers part B, 56(527): 2067-2072.

MALYSHEV O B, BAGLIN V, BENDER M, et al., 2019. Vacuum in particle accelerators: modelling, design and operation of beam vacuum systems[M]. Hooboken: Wiley-VCH.

MØLLER S P, 1999. Beam-residual gas interactions [C]. CERN accelerator school, germany: CERN.

TEYTELMAN D, 2019. Coupled-bunch instabilities in storage rings and feedback systems[M]. New York: Springer International Publishing Switzerland.

WANG J, GAO Y, YOU Z M, et al., 2019. Non-evaporable getter Ti-V-Hf-Zr film coating on laser-treated aluminum alloy substrate for electron cloud mitigation[J]. Coatings, 12(9): 839.

WANG J, GAO Y, 2019. Study on the effect of laser parameters on the SEY of aluminum alloy[J]. IEEE transactions on nuclear science, 66(3): 609-615.

WANG Y N, WAN Z, 2018. Secondary electron emission characteristics of TiN coatings produced by RF magnetron sputtering[J]. Journal of applied physics, 124(5): 053301.1-053301.7.

第7章 粒子加速器真空系统材料

加速器真空系统的腔体结构材料需要有一定的机械强度，用以承受加速器处于超高真空环境时在腔室内外表面形成的巨大压力差。直线加速器及环形加速器在正常运行时，真空室内的压强并非是一个恒定的数值，而会随着带电粒子束的传输呈现出"动态"的变化。因此，腔体真空室因压强差产生的应力也不是固定值，所以加速器的腔体要具有良好的机械稳定性。同时，腔体材料也需要具备良好的导热能力，这是因为加速器中的束流在输运过程中会打到室壁的内表面上，且加速器在运行时产生的同步辐射也会在腔体内表面产生较大的热功率，这两点在设计加速器时尤为重要。

7.1 材料的选择标准

除了需要具备很好的机械稳定性和良好的导热能力外，根据不同加速器的运行状态，其真空系统材料还需满足以下要求。
(1) 耐腐蚀性强。
(2) 易于清洁的表面。
(3) 高熔点和沸点。
(4) 优良的气密性。
(5) 较低的蒸气压。
(6) 高弹性模量和高机械强度。
(7) 易于机械加工、车削、折叠、焊接。
(8) 导电性需满足一定的设计要求，以便降低系统阻抗或者提供良好的电气绝缘。
(9) 成本低廉。

7.2 材料的机械性能

许多材料在正常运行时会受到应力或者载荷的作用，如风力发电机的叶片和飞机的机翼。因此在选择材料进行生产制造前，对所使用材料的特性必须非常熟悉，以保证制造及正常使用时产生的变形都在可接受的范围内。接下来介绍加速器常用材料机械性能的一些重要特性。

7.2.1 应力-应变

材料在外加应力作用下产生的形变称为应变。在应力作用下材料会发生形变，形变量取决于应力的数值。当施加较小的应力时，金属材料产生的应变和应力大小呈线性关系，这就是著名的胡克定律，即

$$\sigma = E\varepsilon \tag{7-1}$$

比例系数 E 称为弹性模量，也称为杨氏模量，GPa。常见加速器材料的弹性模量如表 7-1 所示。

表 7-1 室温下不同加速器材料的弹性模量

材料	弹性模量/GPa	材料	弹性模量/GPa
钨	407	黄铜	97
钢	207	铝	69
镍	207	镁	45
钛	107	玻璃陶瓷	120
铜	110		

金属、陶瓷等不同材料之间的弹性模量数值差异可以从原子尺度上做出解释，宏观上表现出的应变实际为原子间距的微小变化和原子键的拉伸，所以弹性模量 E 的数值实际为原子间结合力的大小。弹性模量 E 与原子间引力斥力平衡点的原子间距 r_0 处曲线的斜率成正比，如式(7-2)所示，图 7-1 所示为弹性模量的大小与平衡原子间距的关系。

$$E \propto \left(\frac{dF}{dr}\right)_{r_0} \tag{7-2}$$

材料的形变分为非永久性形变和永久性形变。弹性变形是非永久性的形变，当应变释放时，应力会沿直线下降回到原点。而对于陶瓷腔体这类脆性材料而言，应力-应变曲线不再是线性的，因此对于此类非线性曲线，式(7-1)中的弹性模量 E 不再适用，通常使用切线模量或者割线模量描述弹性模量，如图 7-2 所示。其中切线模量是在某应变下应力-应变曲线的斜率，而割线模量是从原点到给定点的割线斜率。

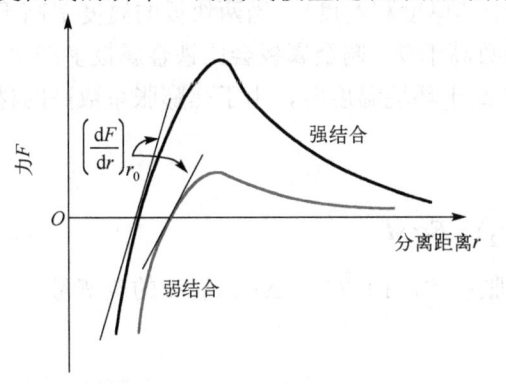

图 7-1 弹性模量的大小与平衡原子间距的关系 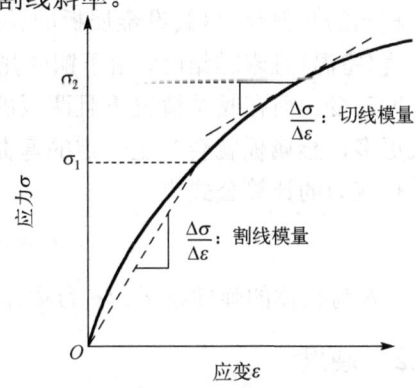　　图 7-2 应力-应变曲线(非线性弹性变形)

Huttel 等指出加速器腔体形变的关键部分是非圆形腔室，如图 7-3 所示。形变 dy 与弹性模量 E 成正比，如式(7-3)所示。应力与真空室宽度平方成正比，如式(7-4)所示。拥有大弹性模量 E 的材料产生的形变更小，这种特性的材料利于加速器的束流准直与运行。不同材料的弹性模量 E 不同，例如，铝和不锈钢的弹性模量 E 相差近三倍，要想保证在相同应力下产生相同的形变 dy，可以通过更大的厚度 $t(1.45t)$ 来弥补。所以腔体的设计无论是材料的选取还是尺寸大小的确定都十分重要，式(7-3)及式(7-4)都只是粗略计算，对于实际产生的应力与变形可使用有限元软件，如用 ANSYS 来进行力学性能模拟。

$$dy \propto E \frac{w^4}{t^3} \tag{7-3}$$

$$\sigma \propto \frac{w^2}{t^2} \tag{7-4}$$

除了大气压产生的应力之外，加速器腔体在热负载的作用下也会产生一定的热应力，如图 7-4 所示，下面介绍热应力的相关概念。

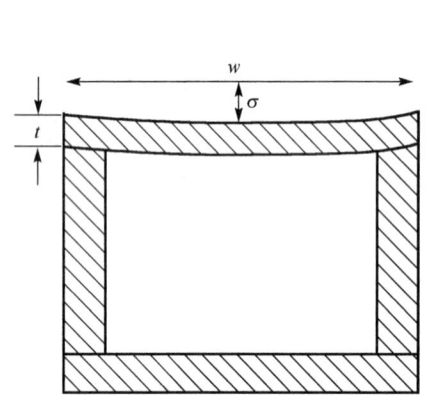

图 7-3　大气压下非圆形真空腔室的变形 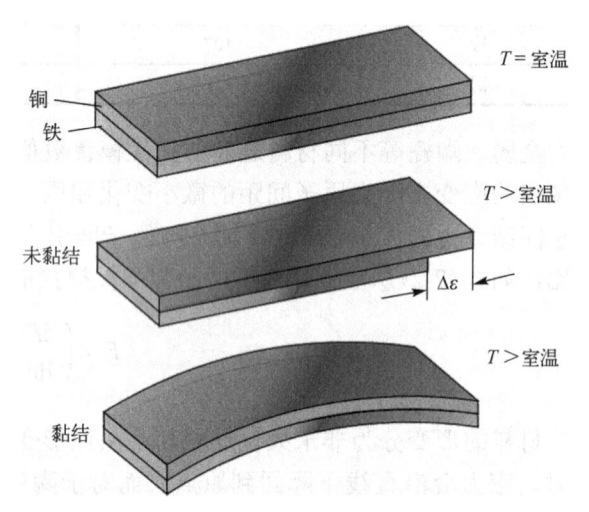　　图 7-4　不同材料之间的热应力

热应力是由温度变化在物体内部产生的应力。图 7-4 有铜、铁两块金属薄板，在室温下有相同的几何尺寸(假设金属板的长度远大于其厚度和宽度)。当两块板的温度 T 高于环境温度(室温)且未黏结时，由于铜的热膨胀系数高于铁，铜金属板会比铁金属板多产生 $\Delta\varepsilon$ 的长度改变。而在黏结情况下且两板的温度 T 高于环境温度时，由于热膨胀系数高的材料伸长更多，金属板就会产生一定的弯曲。

热应力的计算公式为

$$\sigma = E\alpha(T_1 - T_2) = E\alpha\Delta T \tag{7-5}$$

式中，E 为物体的弹性模量；α 为物体的热膨胀系数，$10^{-6}/℃$；ΔT 为温度的改变量。

7.2.2　硬度

加速器真空系统材料除了需要考虑应力、应变之外，还需要考虑的另一个重要机械性能是硬度。硬度是衡量材料抵抗局部塑性形变的能力，如抵抗划痕和小凹陷。早期的硬度测试——莫氏硬度是使用一种高硬度的天然矿物对材料(其硬度小于矿物)进行刮擦，对比数值表来测得材料的硬度。

随着技术的进步，人们开发出了一系列的硬度测试技术，如洛氏硬度与布氏硬度，即将一个小的压头压入待测材料表面，测得压痕的深度和尺寸，得到的数值与材料硬度值密切相关；材料越软，压痕往往越大且越深，相对应的硬度指数也就越低。但此种方法测得的硬度只是相对硬度值。下面详细介绍两种常见的硬度测试方法。

1. 洛氏硬度试验[①]

洛氏硬度(Rockwell Hardness)测试是测量硬度最常用的方法,它的操作简便。通过各种不同的压头和载荷组合,然后将此作为试验力施加在待测材料表面,并保持一定的时间,之后撤去负载并测量压痕深度。洛氏硬度测试方法可以测试几乎所有的金属合金和一些聚合物。所使用的压头是直径为 1.588mm、3.175mm、6.350mm、12.70mm 的碳化钨球体,测试的硬度值是由较小载荷和较大载荷作用下的穿透深度差决定的。利用较小的载荷可以提高测试的准确性。根据主要载荷和次要载荷的大小,可以分为罗克韦尔试验和表面罗克韦尔试验。对于罗克韦尔试验,次要载荷为 10kg,而主要载荷为 60kg、100kg 和 150kg。每个符号由字母表中的一个字母表示,罗克韦尔试验的载荷参数在表 7-2 和表 7-3 中给出。

表 7-2 罗克韦尔试验载荷大小

符号	压头	主要载荷/kg	规模符号	压头	主要载荷/kg
A	钻石	60	F	1/16in 球体	60
B	1/16in 球体	100	G	1/16in 球体	150
C	钻石	150	H	1/8in 球体	60
D	钻石	100	K	1/8in 球体	150
E	1/8in 球体	100			

注:1in = 2.54cm。

表 7-3 表面罗克韦尔试验载荷大小

符号	压头	主要载荷/kg	规模符号	压头	主要载荷/kg
15N	钻石	15	45T	1/16in 球体	45
30N	钻石	30	15W	1/8in 球体	15
45N	钻石	45	30W	1/8in 球体	30
15T	1/16in 球体	15	45W	1/8in 球体	45
30T	1/16in 球体	30			

2. 布氏硬度试验[②]

布氏硬度(Brinell Hardness)测试与洛氏硬度测试的方法类似,具有测量精度高的优点,常用来测量硬度较低的材料。与洛氏硬度测试方法不同的是,布氏硬度测试是将直径为 10.00mm(0.394in)的硬化钢(或碳化钨)压头压入待测金属的表面。标准载荷范围为 500~3000kg,增量为 500kg;在整个试验过程中,载荷在 10~30s 内保持恒定。较硬的材料需要更大的外加载荷。布氏硬度值 HB 是载荷大小和压痕直径的函数:

$$HB = \frac{2P}{\pi D\left(D - \sqrt{D^2 - d^2}\right)} \quad (7-6)$$

式中,D 为压头的直径,mm;d 为压痕的直径,mm;P 为载荷大小,kg。压头压入材料的示意图见图 7-5。

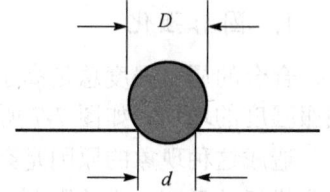

图 7-5 压头直径和压痕直径示意图

[①] 美国 ASTM 标准 E18《金属材料洛氏硬度的标准试验方法》。
[②] 美国 ASTM 标准 E10《金属材料布氏硬度的标准试验方法》。

3. 维氏试验和努氏试验

与金属材料不同，陶瓷是易碎材料，没有金属那样优良的延展性，当使用上述两种硬度测试方法将压头压入陶瓷材料表面时，压入过程很容易使待测材料破裂；同时产生大量的裂缝也会造成数据读取的不准确，所以洛氏试验和布氏试验的球形压头并不适用于陶瓷材料。这导致了陶瓷材料的硬度测试较为困难。陶瓷材料的硬度可经维氏(Vickers)试验[①]和努氏(Knoop)试验[②]测得。维氏试验也称为钻石金字塔试验，广泛应用于陶瓷材料的硬度测试。这两种测试方法使用一个非常小的几何呈金字塔形状的金刚石压头压入待测样品表面，两种测试方法，见图 7-6。维氏和努氏硬度测试方法的载荷数值比洛氏和布氏硬度测试方法的小得多，数值为 1～1000g。然后在显微镜下观察并测量产生的印迹，并将这个测量值转换成硬度值，硬度值见表 7-4。对于非常易碎的陶瓷材料，采用努氏硬度测试方法更合适。

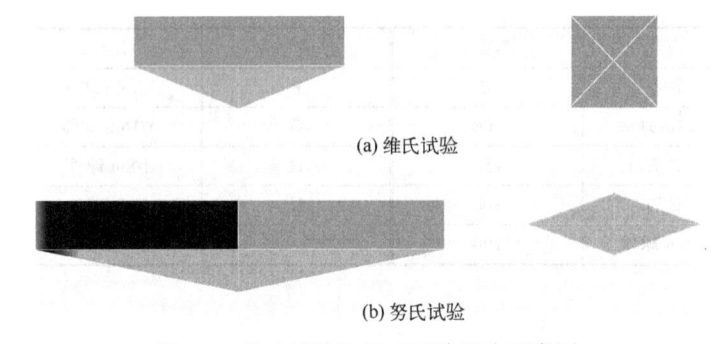

图 7-6 维氏试验和努氏试验压头示意图

表 7-4 陶瓷材料的维氏硬度和努氏硬度

材料	维氏硬度/GPa	努氏硬度/GPa	材料	维氏硬度/GPa	努氏硬度/GPa
金刚石(C)	130	103	碳化钨(WC)	22.1	—
碳化硼(B_4C)	44.2	—	氮化硅(Si_3N_4)	16.0	17.2
氧化铝(Al_2O_3)	26.5	—	氧化锆(ZrO_2)	11.7	—
碳化硅(SiC)	25.4	19.8			

7.2.3 强化

如 7.2.1 节所述，当施加在材料上的应力过大时会引起材料的塑性形变。加速器腔体在设计时，工程师常使用两种方法提高腔体的强度以满足设计要求，但相对应的腔体的延展性会有所下降。

1. 固溶强化

合金的屈服强度总是高于纯金属的屈服强度。对于铜合金，镍的掺杂浓度增加会导致屈服强度的增加，如图 7-7 所示。

造成这种现象的原因是杂质原子的加入会对周围的主体原子施加晶格应变，这使得晶格位错运动受到一定的限制，从而增加了整体合金的强度和硬度。

---

① 美国 ASTM 标准 C1327《高级陶瓷维氏压痕硬度的标准试验方法》。
② 美国 ASTM 标准 C1326《高级陶瓷努氏压痕硬度的标准试验方法》。

2. 形变强化

通过应变来使材料强化称为形变强化，也称为加工强化，由于发生形变时材料所处的温度远低于金属的熔化温度，所以有时又称此种强化方式为冷加工。

材料的形变强化可用位错之间的相互作用来解释。材料的位错会随着施加应力产生形变而增加；随着材料的变形，位错之间的平均距离也会减小；而位错之间是相互排斥的，所以会阻碍其他原子的运动；最终使得材料的屈服强度、抗拉强度得以提升。

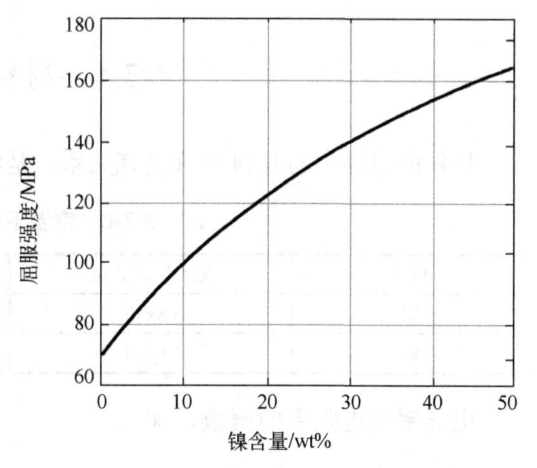

图 7-7 镍含量的变化对铜镍合金屈服强度的影响

7.3 材料的热导率

热传导是介质内部没有宏观运动下由高温区域向低温区域传热的一种现象。热传导的计算公式为

$$q = -k\frac{dT}{dx} \tag{7-7}$$

式中，q 为单位面积下的热流密度，W/m^2；k 为热导率，又称导热系数，反映材料热传导的能力，$W/(m·K)$；$\frac{dT}{dx}$ 为温度梯度；负号表示热流的方向是从热向冷进行传导的。

热量在固体材料中通过两种方式传导，其一是通过晶格振动（声子），其二是通过自由电子传导，热导率是这两种传导方式的总和，即

$$k = k_l + k_e \tag{7-8}$$

式中，k_l 为晶格振动的热导率；k_e 为电子热导率。通常情况下二者只有一个占主导地位。

在加速器真空系统中，腔体主要为金属合金或者陶瓷材料，金属材料中自由电子传导在热传导过程中占主导，因为电子有更高的速度，也不会像声子一样容易发生散射。但近些年来发现的新型真空传热机制能否运用于超高真空系统下加速器腔体热传导有待研究。对于陶瓷材料而言，因为非金属缺少自由电子，所以晶格振动在热传导中占主导。表 7-5 给出真空系统常见材料的热导率及热膨胀系数。

表 7-5 常见材料的热导率及热膨胀系数

材料	热膨胀系数 α /(10^{-6}/℃)	热导率 k /[W/(m·K)]	材料	热膨胀系数 α /(10^{-6}/℃)	热导率 k /[W/(m·K)]
铝	23.6	247	1025 钢	12.0	51.9
铜	17.0	398	氧化铝（Al_2O_3）	7.6	39
铁	11.8	80	二氧化硅（SiO_2）	0.4	1.4
316 不锈钢	16.0	15.9			

7.4 材料的电导率

材料的电导率与几何形状没有关系，是物质的基本属性。常见材料的电阻率见表 7-6。

表 7-6 室温下常见材料的电阻率

材料	电阻率 $\rho/(\Omega\cdot m)$	材料	电阻率 $\rho/(\Omega\cdot m)$
铝	3.8×10^7	铁	1.0×10^7
铜	6.0×10^7	不锈钢	0.2×10^7

电导率为电阻率的倒数，即

$$\sigma = \frac{1}{\rho} \tag{7-9}$$

根据不同的设计需求，对加速器材料的电导率也有很高的要求，在需要减少涡流损耗的地方，材料的电导率应该尽可能高，而在需要电气绝缘的地方电导率应该尽可能低。

7.5 粒子加速器常用材料

7.5.1 传统金属材料

自 1928 年世界上第一台加速器问世，加速器真空室的主要任务是在粒子传输时保持超高真空同时承受外部大气压施加的压力。而金属制成的真空室不仅可以保持腔体内部极高的真空度，还有很高的结构强度和抗腐蚀性，所以绝大多数加速器的真空室都是由不锈钢、铝、铜等金属制成。随着加速器越来越多，运行状况也都有所不同，对加速器材料的需求也有所不同，下面介绍常见的加速器真空系统所用材料。

1. 不锈钢材料

铬含量超过 13%的铁碳合金称为不锈钢。不锈钢具有很多优点，如足够高的机械强度(屈服强度 200GPa)、足够高的硬度(HB190)和较低的放气率。除上述优点外，不锈钢还可以通过冷加工进行强化，同时铬元素的加入使其表面生成一层很薄的氧化铬，这使材料的耐腐蚀性得以增强。所以，不锈钢非常适合用作加速器真空系统的结构材料。

德国卡尔斯鲁厄(ANKA)同步辐射光源和电子同步加速器(DESY)在加速器中广泛使用了不锈钢材料。加速器腔体结构材料常使用 304 系列不锈钢(18% Cr，8% Ni)，这种不锈钢是奥氏体不锈钢，在室温下具有奥氏体结构。图 7-8 是用于真空系统的各种合金之间的关系，箭头为改善性能的方向。

早期在加速器制造过程中，焊缝附近很容易腐蚀，这一现象称为"焊缝腐蚀"。图 7-8 中数字 L 代表低碳(碳含量小于 0.03%)，通过降低材料中碳含量可使不锈钢焊接性得以增强，从而减少焊缝腐蚀的发生。带 L 的不锈钢更适合用作连接材料。但降低碳含量后，不锈钢的机械强度会有所下降，同时降低碳含量的工艺更加复杂，每降低 0.03%的碳，需要向合金加入 1%的镍。数字后的 N 代表氮元素的掺杂，氮元素的加入会提高不锈钢的屈服强度和硬度。下面给出加速器常用奥氏体不锈钢的成分组成：304 不锈钢（铬 18%、镍 9%、碳 0.07%），304L 不锈钢（铬 18%、镍 11%、碳 0.03%），316L 不锈钢（铬 18%、镍 14%、钼 3%、碳 0.03%），316LN 不锈钢（铬 18%、镍 14%、钼 3%、氮 3%、碳 0.03%）。表 7-7 给出了 304、316L 不锈钢部分机械性能。

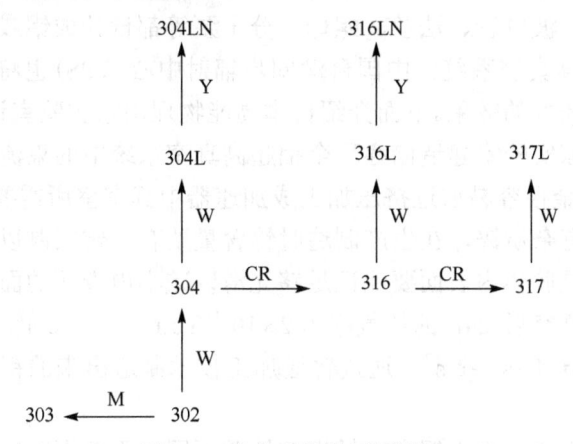

图 7-8 真空系统常用不锈钢

CR—耐腐蚀性；Y—屈服强度；W—可焊接性；M—可加工性

表 7-7 304、316L 不锈钢部分机械性能

名称	组成部分	抗拉强度/MPa	屈服强度/MPa
304 不锈钢	18% Cr、9% Ni、0.07% C	515	205
316L 不锈钢	18% Cr、14% Ni、3% Mo、0.03% C	485	170

提高不锈钢屈服强度的方法在 7.2.3 节就已经阐述，这里不再重复叙述。

不锈钢在生产制造过程中会产生大量的杂质，有两种工艺可以去除不锈钢中的杂质。第一种方法是通过机械加工除杂质，由于较轻的杂质会聚集在不锈钢的表面，利用机械加工切除表面 3～5mm 的部分即可。第二种方法是通过电渣精炼工艺对材料进行除杂。

制造完成的不锈钢腔体需要进行测试。使用正常工作压力进行应力测试时，材料所受的应力应该比理论计算值低 0.2%；使用约 1.5 倍工作压力对材料进行压力测试时，材料所受应力应该会超过理论计算值的 0.2%，这会使材料发生较大的形变，所以在进行 1.5 倍工作压力测试时应当十分小心。

2. 铝材料

铝材料通常用于高真空加速器和小型法兰。由于铝常用于温度高达 100℃的密封腔室，所以铝合金中不应该掺杂如铅或锌这样高蒸气压的元素。

铝和铝合金是大型电子储存环真空系统的最优材料，因为它们具有很好的导热性、极低的气体排放率、低残余放射性和价格便宜等优点，但也有热膨胀系数大、表面多孔、生成复杂形状困难和热导率高的缺点，这会导致铝材料在焊接时容易产生气孔和裂纹。

这些缺点使得斯坦福正负电子非对称储存环（SPEAR）、德国电子同步加速器研究所的正负电子串联环形加速器（PETRA）、法国奥赛新型电子正电子存储环（DCI）、康奈尔电子储存环（CESR）和美国国家同步加速器光源（NSLS-I）等加速器的真空系统并没有使用全铝，它们的连接法兰、泵、阀门及波纹管都由不锈钢制成，只有束流的腔室为铝合金材料制成。

在不锈钢和铝混合使用的真空系统中，由于铝的温度限制，不锈钢无法得到有效烘烤。日本高能物理国家实验室(KEK)在设计环形交叉存储加速器环(TRISTAN ring)时，去除了连接法兰，将真空室、波纹管、法兰、螺母、分子泵等都设计成铝或铝合金部件，开发了世界上第一个全铝超高真空系统。中国台湾同步辐射中心(TPS)也将铝材料应用于3GeV的光源并得到比预期还好的效果。下面介绍日本高能物理国家实验室设计的全铝真空系统。

日本高能物理国家实验室建造储存环全铝超高真空系统中的束流腔室使用了Al-Mg-Si合金(6063-T6)，该合金很容易通过挤压加工成加速器中真空室所需要的复杂形状；但由于6063-T6铝合金中含有杂质锌，在生产制造时锌含量要有一定限制以获得较低的蒸气压，另一个需要注意的点是腔体内表面要保证足够光滑以减小内表面的面积。

铝制真空室在抽真空后24h的放气率为$2\times10^{-11}\mathrm{Torr}\cdot\mathrm{L}\cdot\mathrm{s}^{-1}\cdot\mathrm{cm}^2$，在150℃下烘烤24h后的放气率为$10^{-14}\mathrm{Torr}\cdot\mathrm{L}\cdot\mathrm{s}^{-1}\cdot\mathrm{cm}^2$。通过普通加工技术制造出来的铝制真空室放气率约为$10^{-12}\mathrm{Torr}\cdot\mathrm{L}\cdot\mathrm{s}^{-1}\cdot\mathrm{cm}^2$。

对于腔体的连接而言，由于铝和不锈钢的性质不同，不锈钢腔室的焊接和铝腔室的焊接会有所不同，同时铝的表面有一层氧化层，该氧化层在焊接时必须去除，交流钨极氩弧焊方法有助于更有效地去除氧化层。KEK使用了2219-T87铝合金作为连接法兰，在整个焊接过程必须控制好焊接的热量，防止焊缝中出现裂纹和气孔。

加速器运行时会产生放射性问题，而铝材料有残余放射性低和活化截面低两个优点。当加速器运行较低功率时，产生的同步辐射可以直接打在腔室内壁上进行吸收。

铝没有不锈钢优良的机械性能，在设计制造时需要通过尺寸设计进行适当的补偿。

3. 铜材料

铝的价格很便宜，电子储存环的真空室广泛采用铝合金来制作。铝材料对X射线和γ射线的透过性较好，当德国哈登大型电子储存环(HERA)和大型正负电子对撞机(LEP)这种大功率装置，若使用铝材料作为腔体，同步辐射热效应会显著增加，从而导致磁铁的热功率上升，为了避免这个问题，铜材料可以替代铝材料。

铜由于具有高电导率和优良的导热性，常常用于粒子加速器的热辐射吸收装置。HERA使用铜锡合金($CuSn_2$)制作束流腔室，因为这种合金可以更有效地吸收装置运行时产生的同步辐射。

HERA有两个储存环，一个为电子储存环，另一个为质子储存环，其中电子储存环的真空室由$CuSn_2$制成。HERA的电子储存环总长度为4.8km，一共由400个模块组成，每个模块长约9m。束流管道的横截面积为80mm×40mm，铅屏蔽层的厚度约为5mm，真空系统主要使用溅射离子泵来抽气。结果表明，4mm厚的$CuSn_2$腔室的逃逸同步辐射功率在8%以下，而如果使用铝作为腔体材料，辐射功率约为50%。

与铝材料相比，使用铜材料制作加速器真空系统腔体主要是以挤压的方式制造，但每次挤压只能制成一个管道，然后通过电子束焊接或铜焊接将两个管道焊接起来，这会导致生产过程更加复杂也更加昂贵。HERA将主腔室、抽气管道、冷却管道通过钎焊连接在一起，主腔室和抽气管道是由$CuSn_2$(Sn含量2%)制成，锡的加入是为了提高合金的硬度和机械稳定性，同时也不会影响铜材料本身的性能；冷却管道材料是普通无氧铜。

KEK 的不对称对撞机由于高流强的设计方案不得不采用 OFHC 铜作为真空室的材料来承受很高的热负载，其连接法兰由不锈钢 AISI304 制成。

7.5.2 复合材料

1981 年，欧洲核子研究组织(CERN)将超级质子同步加速器(SPS)改造成质子-反质子对撞机，束流能量高达 315GeV，对撞机的真空系统需要很高的真空度，在实验时要提供足够高的"真空度"才能使碰撞产生的次级粒子很好地被探测器检测到。采用铍材料可以得到最好的真空度，但铍的价格十分昂贵，欧洲核子研究组织提出了一种复合材料来解决这个问题。

欧洲核子研究组织提出了铝复合材料的解决方案，这种腔室由很薄的金属铝管道构成，同时具有碳纤维结构的良好的机械稳定性。欧洲核子研究组织对材料样品进行测试，结果表明如果没有金属铝作为衬底，这种复合管道无法满足超高真空的要求。外部的碳纤维结构可以加强整体管道的机械稳定性。整个管道的金属铝衬底和外部碳纤维结构是在 150～200℃下固化形成的。制备完成的管道经过机构的测试，真空度可达到 10^{-10}mbar 量级。欧洲核子研究组织提出的解决方案既可以实现很好的真空度，同时材料的成本也非常低。

7.5.3 非金属材料

自从世界上第一台加速器制造出来以后，加速器的真空腔室都是由金属材料制成的。金属材料有很好的机械稳定性和足够的机械强度，但在金属腔室的表面，由于磁场的存在，产生的镜像电流会对束流的稳定运行产生影响，而使用非金属材料(如玻璃、陶瓷)则不会有这些问题，当然非金属材料(如陶瓷、玻璃)也可以作为绝缘材料在真空系统中使用。

非金属材料用于加速器真空系统的真空腔室有很多优点，首先可以保持很高的真空度，其次材料拥有足够高的机械强度以承受外界的压力，最后材料的熔点也很高，可以直接进行烘烤。表 7-8 给出了陶瓷和玻璃材料的熔点及抗压强度。

表 7-8 陶瓷和玻璃的材料特性

材料	陶瓷	玻璃
熔点/℃	>3000	1400～1600
抗压强度/MPa	>10000	1000

1. 陶瓷

陶瓷的主要成分为 Al_2O_3，其机械强度比玻璃要好很多，同时价格也非常便宜。通常加速器真空系统使用的陶瓷管道是用含水的氧化铝粉末压制或者挤压而成，制成的管道再通过金刚石进行切割加工成所需的形状。在对陶瓷管道进行烘烤时，材料的长度会有较大的收缩，在 2000℃的温度下烘烤，烘烤结束以后材料的长度收缩约 20%。烘烤过后的材料只可使用金刚石进行加工，而无法使用其他方法加工。

由于陶瓷是不可焊接的，在进行焊接之前通常在陶瓷管道的连接界面处进行金属化或者预处理，然后再通过铜焊与不锈钢法兰连接。

2. 玻璃

玻璃是一种广泛的真空材料，可用作真空容器等。玻璃材料没有固定的熔点这一特殊性，使得无法作为加速器真空系统的主要材料。但在加速器真空系统中玻璃可以作为一些可视的窗口，通过掺杂特定的材料来屏蔽伽马射线，也可以添加其他氧化物作为改性剂，赋予每种玻璃特定的物理特性。

玻璃有很多种，对于真空系统使用的玻璃类型有限，主要为两种：第一种是"硬玻璃"，是在二氧化硅（SiO_2）中添加氧化硼（B_2O_3）；第二种是"软玻璃"，主要添加剂为氧化钠（Na_2O）或者氧化铅（PbO）。软硬玻璃除了化学成分的不同之外，物理特性也有很大的差别，软玻璃做成的腔室外壳可以在350℃以上烘烤，而硬玻璃在400℃时烘烤非常安全，有些耐热硬玻璃可在500℃以上烘烤。

7.5.4 其他材料

加速器真空系统除了使用上述一些常见材料以外，还会使用一些其他材料来满足加速器运行的一些特点的需求。

大型强子对撞机（LHC）的束流导管运行在10～20K的温度下，需要管道的相对磁导率低于1.003，可以使用铁锰合金来满足运行的要求。

交变梯度同步加速器超高真空系统的腔室使用镍铬合金625制作而成，使用这种材料的目的是降低加速器运行时产生的涡流损耗。与不锈钢材料相比，镍铬合金的电导率更小。

钛合金也可以用作加速器真空系统的结构材料，因为钛这种材料不仅能像铝材料一样很容易加工制造出来，而且具有高于不锈钢三倍的屈服强度。如果采用钛合金来代替不锈钢材料，可以大大降低真空室壁的厚度。

1965年，Brookhaven国家实验室（BNL）和欧洲核子研究组织通过电解沉淀将铌沉积到铜制作的基底上。铌材料在1967年用作超导加速器腔体材料。近些年来高纯度铌材料广泛用于超导腔体。Jefferson实验室制造出了世界上第一个高纯度铌腔体，这引起了科学家广泛的关注。

7.6 材料的连接

材料的连接技术对加速器真空系统的品质至关重要，除了需要选取合适的材料之外，还要对材料的表面进行处理（表面清洁、抛光、清洗等工艺）。加速器真空系统的连接除了要有良好的机械稳定性之外，对连接处的密封性和低放气率等也有相当高的要求。

材料的连接大体上分为两类，第一类是永久连接，这种连接方式只有连接部位损毁破坏的情况下才能拆除[①]。永久连接大致分为三种，分别是焊接、钎焊和附着黏合。这三种连接工艺的应用取决于材料的种类，不同材料的连接技术见表7-9。

表7-9 不同材料的永久连接工艺

连接的材料	焊接	钎焊	附着黏合
铁/铁	可能	常见	可能
金属/玻璃	常见	不可能	常见
金属/陶瓷	常见	不可能	常见
玻璃/陶瓷	不可能	不可能	常见
塑料/金属	不可能	不可能	常见

① 德国工业标准 DIN 8593-0:2003-09(2003)。

焊接是一种使两个或两个以上的部件在加热或者施加力的作用下通过焊接连接在一起的技术。在加速器真空系统中，常见的焊接技术有惰性气体焊接、等离子体焊接、电子束焊接、激光焊接、爆炸焊接和扩散焊接等。

钎焊与焊接的不同之处在于钎焊使用了焊料来连接不同的部件。由于钎焊使用了焊料，因此具有不同熔化温度的材料可以相互连接，如钢与铜、陶瓷与不锈钢、玻璃与不锈钢等。在加速器真空系统中，钎焊常用于金属和陶瓷之间的连接。

附着黏合与钎焊很类似，与之不同的是使用的黏合剂是一种不需要加热的材料。黏合剂分为物理黏合剂和化学黏合剂两类。在加速器真空系统中，黏合对需要连接部分的表面清洁度和油脂性有极高的要求。可以通过机械加工的方式来增加材料的黏合强度。由于黏合剂也会随时间、辐射、潮湿、热等外界环境因素所老化，因此在进行黏合时需要考虑黏合剂的寿命。

第二类为可拆卸连接，此种连接方式在连接以后可以做到灵活拆卸。真空系统设备的一些特殊部件需要很强的灵活性和维护等原因，致使这种连接方式的出现。

可拆卸连接有弹性体密封、金属密封等方法。弹性体密封连接的基本原理是在两个密封面之间挤压弹性材料，通过弹性材料的变形形成了平坦的密封，从而防止或最小化气体的直接流通。

加速器真空管道的连接常使用金属密封的方法，最广泛使用的是 Swagelok（世伟洛克）及 VCR 的连接系统。Swagelok 密封连接原理如图 7-9 所示。

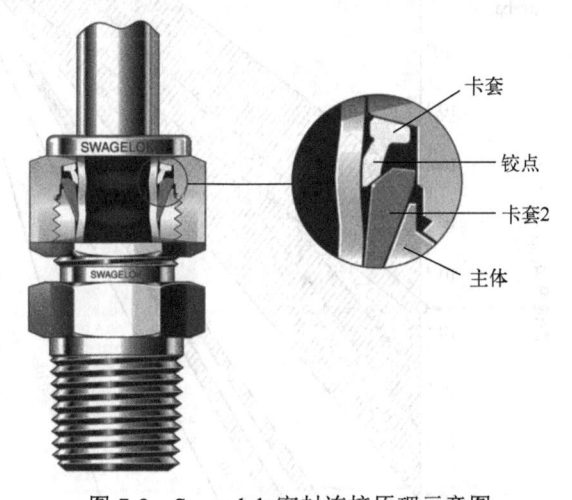

图 7-9　Swagelok 密封连接原理示意图

7.7　气体渗透率和气体排放

真空容器的极限压强决定了容器的性能。极限压强的数值通常由外壳的气密性、腔室内的气体排放及泄漏的气体渗透所决定。了解这些原理和材料的具体行为对于真空系统设计和操作十分重要。

7.7.1 气体渗透率

气体渗透是在大气侧壁面的吸附、外部壁面的扩散和腔体内侧壁面的解吸这三个过程。如果将气体的渗透看作一个完整的过程,那么渗透与腔体壁面的面积 A 和壁面厚度 d 有关。

假设腔体壁的厚度为 d,表面积为 A,温度为 T,壁面两侧的压力分别为 p_1 和 p_2,腔体壁面的气体渗透量用字母 q 表示。渗透量 q 与壁的表面积 A 成正比,与壁的厚度 d 成反比,同时还与温度 T 及壁两侧压力 p_1 和 p_2 有关。渗透量 q 的表达式为

$$q = f(T) f(p_1, p_2) \frac{A}{d} \tag{7-10}$$

式中,p_1、p_2 为压力,N;A 为面积,m²;d 为厚度,mm。特定的气体渗透通量(渗透传导率)为

$$\bar{q}_{\mathrm{perm}} = q_{pV} \frac{d}{A} \cdot \frac{1}{p_1 - p_2} \tag{7-11}$$

式中,q_{pV} 为气体量,Pa·L。

1. 金属的气体渗透率

气体穿过金属的渗透率与壁温之间的关系如图 7-10 所示。

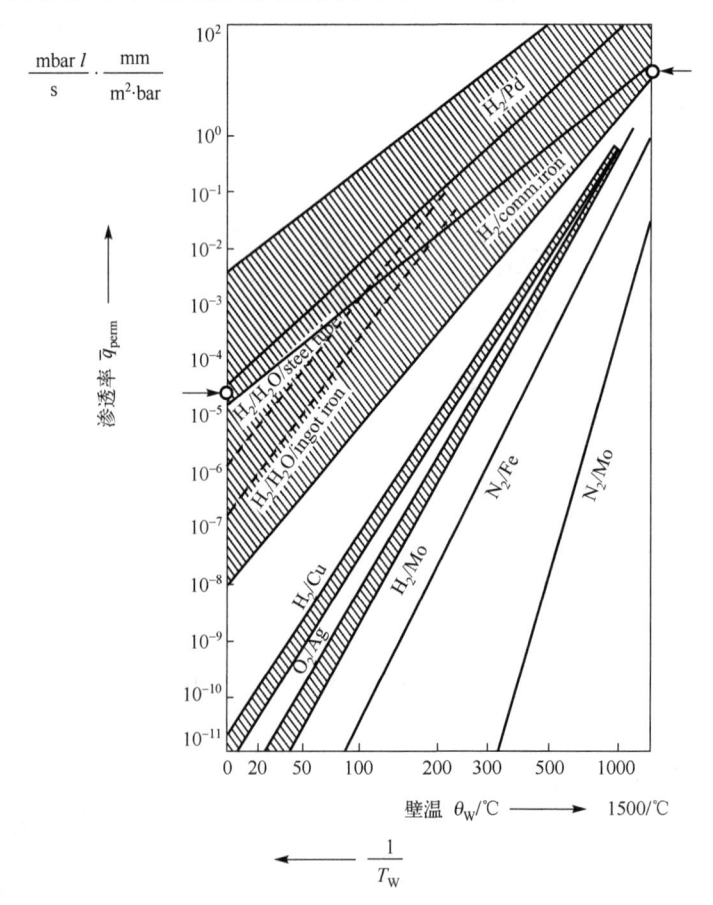

图 7-10 特定气体穿过金属的渗透率与壁温之间的关系

如图 7-10 所示，室温下的气体渗透率非常低，氢气比氧气和氮气两种气体能更快地渗透到金属管道中，钯金属对氢气的渗透率最高。利用这一点可以通过加热的钯管将纯氢气充入真空容器中。

不锈钢的气体渗透率要比标准钢低。由于大气中氢气的含量低，在室温下氢气的渗透通常也很小。对于任何其他扩散过程，氢气的扩散及氢气的渗透率都随温度升高而升高。

2. 玻璃和陶瓷的气体渗透率

气体穿过玻璃的渗透率与壁温之间的关系如图 7-11 所示。陶瓷材料没有相关的实验数据。从图 7-11 可以看出，在室温下，玻璃对氦气的渗透率相对较高，对氢气的渗透率则较小。当玻璃中二氧化硅（SiO_2）的含量降低时，氦气的渗透性会有所下降。因此，软玻璃的氦气渗透率比硬玻璃低。

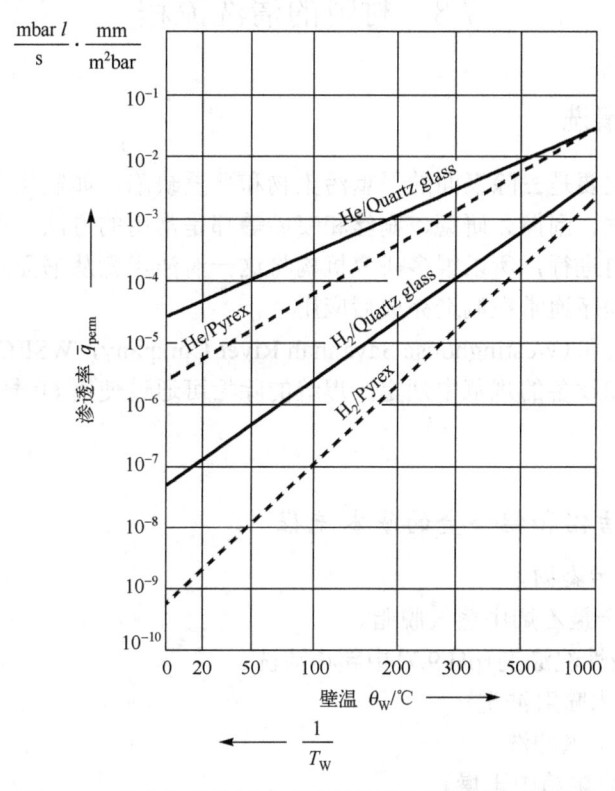

图 7-11 特定气体穿过玻璃的渗透率与壁温之间的关系

7.7.2 气体释放

在真空条件下任何固体都会释放气体。残余气体主要由三个来源组成：固体的固有蒸气压（饱和蒸气压）、表面吸附气体的解吸，以及溶解或吸收的气体从固体材料内容扩散到固体表面。这些物理过程已在第 3 章介绍，本节将着重于实际应用。

密封系统中的任何物质都与其气相处于热力学平衡，系统中的蒸气压称为固有蒸气压或饱和蒸气压。饱和蒸气压曲线描述了饱和蒸气压和温度之间的关系。物质的熔点与饱和蒸气压之间没有明确的关系。考虑到金属的饱和蒸气压和熔点，发现镉、锌和镁的蒸气压相对较高，会降低真空，而铟的熔点很低。因此，这些金属不适合加速器真空系统，含这种金属的合金也是如此。

在真空条件下，被吸附和封闭的气体最初释放迅速，随后释放速率随时间下降。为了便于比较，给出了室温下在真空中暴露 10h 后的总气体排放速率。下列参考值适用：

(1) 金属：10^{-7} Pa·L/(s·cm^2)[10^{-9} mbar·L/(s·cm^2)]。

(2) 弹性体：10^{-5} Pa·L/(s·cm^2)[10^{-7} mbar·L/(s·cm^2)]。

由于弹性体有相对较高的放气速率，它们在真空系统中使用得尽可能少。在没有替代材料可用的情况下，如在法兰接头或阀座的密封中，可使用特殊塑料，使其接触到的表面积尽可能小。

7.8　材料的清洗流程

7.8.1　不锈钢的清洗

不锈钢的清洗主要是去除表面的严重污染物和严重缺陷，如氧化皮和划痕，可以通过机械方法去除。擦拭、刮擦、研磨、刷丝和喷砂等都是常用的方法。由于不锈钢的清洗大多数在制造组装之前进行，所以很多研究机构将这一清洁步骤从书面列出的清洁流程中排除，而正式的清洁程序通常在制造完成后应用。

西屋萨凡纳河公司(Westinghouse Savannah River Company，WSRC)规定：在清洗不锈钢管、管材、管件和设备的规范中规定，焊缝的除垢可通过使用 60 号或更细的砂轮。

7.8.2　铝的清洗

1. CERN 清洁铝和铝合金的基本流程

(1) 去除明显的污染物。

(2) 在 121℃的全氯乙烯中蒸气脱脂。

(3) 在 60℃的碱性洗涤剂(pH 9.7)中超声清洗。

(4) 使用冷软化水喷射冲洗。

(5) 使用冷去离子水冲洗。

(6) 在 150℃的热烘箱中干燥。

2. SLAC 清洁铝和铝合金的基本流程

(1) 在三氯乙烷中蒸气脱脂约 5min。

(2) 用冷自来水冲洗 1min。

(3) 浸泡在浓度为 4oz(1oz = 28.349523g)/gal[1gal(US) = 3.78543L]的 Diversey 17 A 非蚀刻铝清洁剂中(温度为 60℃，时间约 5min)。

(4) 用冷自来水冲洗 2min。

(5) 使用脱氧剂脱氧，直到所有氧化物全部除去。

(6) 用冷自来水冲洗 2min。

(7) 在 Amchem 蚀刻剂，60℃，1~10min 内进行蚀刻。

(8) 用冷自来水冲洗 2min。
(9) 按照步骤(5)，将表面清洁干净。
(10) 用冷自来水冲洗 2min。
(11) 在冷去离子水中冲洗。
(12) 在热去离子水中冲洗。
(13) 在 65℃ 的空气烘箱中干燥，或用干燥氮气吹干。
CERN 和 SLAC 清洁铝和铝合金的基本流程归纳，如图 7-12 所示。

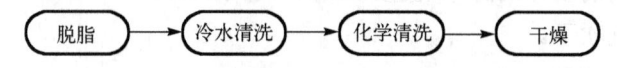

脱脂 → 冷水清洗 → 化学清洗 → 干燥

图 7-12　铝和铝合金的清洗流程归纳

7.8.3　铜的清洗

1. CERN 清洗流程

(1) 使用全氯乙烯进行脱脂。
(2) 在碱性洗涤剂(pH 9.7)溶液中超声清洗(温度 60℃，时间 5～10min)。
(3) 使用冷软化水冲洗。
(4) 在室温下，在 50%(体积分数)盐酸浴中脱氧(时间 5～10min)。
(5) 使用冷软化水冲洗。
(6) 在含有 80mL 三氧化铬和 3mL 硫酸溶液中钝化。
(7) 使用冷软化水冲洗。
(8) 使用热软化水(60℃)或乙醇(25℃)冲洗。
(9) 风干。
(10) 真空烘烤 6h(气压低于 1×10^6 Torr，温度为 450℃)。

2. Sandia 国家实验室清洗流程(OFHC 铜零件)

(1) 使用冷溶剂超声清洗进行脱脂以去除表面的有机污染物。
(2) 使用洗涤剂洗涤。
(3) 使用酸溶液去除氧化物。
(4) 使用水冲洗。
(5) 使用丙酮冲洗。
(6) 使用甲醇冲洗。
(7) 干燥。
(8) 使用尼龙袋包装。

3. SLAC(斯坦福直线加速器中心)清洗流程(OFHC 铜)

(1) 使用三氯乙烷进行蒸气脱脂。
(2) 使用碱性溶液浸泡并清洗(温度 80℃，时间 5min)。
(3) 使用冷自来水冲洗 2min。
(4) 浸入 50% 盐酸中(温度 25℃，时间 1min)。

(5)在硫酸溶液中进行光亮浸渍。
(6)使用冷自来水冲洗 2min。
(7)在室温下,浸泡在 6 倍质量的氰化钾溶液中 15～20s。
(8)使用冷自来水冲洗 1min。
(9)在冷去离子水中冲洗 1min。
(10)在热去离子水中冲洗 30s。
(11)浸入分析试剂级异丙醇中(温度 46℃,时间 30s)。
(12)用干燥氮气吹干。
(13)烘干(温度 66℃)。
(14)用无绒纸和铝箔包裹。

4. 干洗铜和黄铜的程序

(1)用 1,1,1-三氯乙烷进行蒸气脱脂。
(2)使用乙醇或丙醇清洗 10～15s。
(3)使用丙酮清洗 10～15s。
(4)烘干。
(5)冷却包装。

5. 清洁铜金和铜银合金的程序

(1)用 1,1,1-三氯乙烷进行蒸气脱脂。
(2)浸泡在橡木 HD-126 中(温度 68℃,时间 1～2min)。
(3)碱性漂洗 15～30s。
(4)水漂洗 15～30s。
(5)用 5% HNO_3 浸泡 8～10min。
(6)用去离子水冲洗 30s。
(7)第二次用去离子水冲洗 30s。
(8)用乙醇冲洗 15～30s。
(9)用丙酮冲洗 15～30s。
(10)蒸气脱脂。
(11)烘干。
(12)冷却包装。

6. 量子力学公司(OFHC 铜垫圈清洗)

(1)用 1,1,1-三氯乙烷进行蒸气脱脂。
(2)在碱性(pH 10)洗涤剂中超声清洗(温度 60℃,时间 35min)。
(3)用热蒸馏水冲洗。
(4)在无水异丙醇 200 中超声清洗(室温,时间 3～5min)。
(5)在新鲜蒸馏水中煮沸 3～5min。
(6)在洁净室热灯下干燥,不需要烘烤。

CERN、Sandia 国家实验室、SLAC 和量子力学公司对铜的清洗流程归纳,如图 7-13 所示。

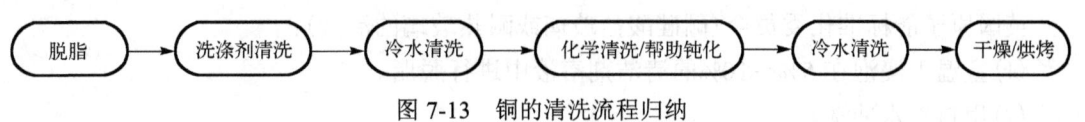

脱脂 → 洗涤剂清洗 → 冷水清洗 → 化学清洗/帮助钝化 → 冷水清洗 → 干燥/烘烤

图 7-13　铜的清洗流程归纳

7.8.4　陶瓷的清洗

1. CERN(陶瓷材料的烘烤)

(1)成品陶瓷件应在大气压力,700~1000℃下烘烤 2h。

(2)真空烧制。

(3)烧制后,暴露在真空中的陶瓷表面在安装前应具有最少的暴露和接触;搬运时必须使用干净的一次性无尘手套。

2. SLAC(陶瓷的清洗)

(1)在由溶解在 500mL 温水(50℃)中的 0.5g 伊加佩尔 710(碱性洗涤剂)组成的溶液中进行超声清洗,加入 20mL 氢氧化铵,并加入 480mL 冷水,在室温下清洗 5min。

(2)用冷去离子水冲洗 1min。

(3)在 25% 乙酸溶液中漂洗以中和氨。

(4)在冷去离子水中超声清洗 3min。

(5)用热去离子水冲洗 1min。

(6)在室温等级的异丙醇中超声清洗 3min。

(7)烘干。

3. 英国原子能标准化委员会(陶瓷的清洗)

(1)用尼龙刷和专用的百洁粉擦洗。

(2)在 1%~2% 的洗涤剂溶液中超声清洗 10min。

(3)冷水超声波冲洗 10min。

(4)在硝酸中超声清洗。

(5)用自来水冲洗。

(6)用软化水冲洗。

(7)用干热空气吹干。

(8)在空气烘箱中加热至 1000℃,持续 8h,加热和冷却速率不得超过 50℃/min。如果陶瓷上钎焊有金属零件,则跳过此步骤。

CERN、SLAC 和英国原子能标准化委员会对加速器陶瓷材料的清洗流程归纳,如图 7-14 所示。

化学清洗 → 超声清洗 → 冷水清洗 → 干燥/烘烤

图 7-14　陶瓷材料的清洗流程归纳

7.8.5 玻璃的清洗

英国原子能标准化委员会(硼硅酸盐玻璃或耐热玻璃的清洗)：
(1)室温下浸泡在5%~10%的清洁剂溶液中进行脱脂。
(2)用自来水冲洗。
(3)用热软化水冲洗。
(4)用干热空气吹干，或烘干。

或者：
(1)用1,1,1-三氯乙烷进行蒸气脱脂。
(2)在1%~2%的洗涤剂溶液中超声清洗10min。
(3)用自来水冲洗。
(4)在热软化水中超声冲洗2min。
(5)用干热空气吹干，或过度干燥。

7.8.6 材料清洗程序及工艺

1. 化学清洗

许多研究机构通过清洗去除制造的加速器器件中的细小污染物。几乎所有的清洗流程都包含化学清洗这一步骤。其中一些还包括化学清洗以外的操作，如等离子体清洗、抛光及烘干。

但每个研究机构都有不同的程序，清洁剂和漂洗剂的选择和清洁顺序都是相互依赖的。不同研究机构清洗流程如表7-10所示。

表7-10 不同研究机构清洗流程

研究机构	脱脂		清洗			干燥		
	液体	蒸气	冲洗	酸性	碱性	冲洗	室温	加热/烘烤
BNL	×				×	×		×
CERN		×			×	×		×
SLAC		×	×	×	×	×		×
Edwards				×	×	×		
Varian		×	×	×	×			×
Extrel				×	×	×		×

2. 等离子体清洗

等离子体广泛运用于各个领域。其中，等离子体清洗对材料的表面改性和清洁有很广的应用，所以等离子体也可以对加速器腔体内表面进行清洗。

等离子体清洗的工作机理是依靠"游离状态"的离子"活化作用"来去除表面的污染物，是所有清洗方法中最为彻底的清洗方式之一。

橡树岭国家实验室散裂中子源通过使用室温下低密度的活性等离子体去除腔体表面碳氢化合物，同时增加腔体表面的功函数，在这个过程中会使腔体有更高的加速梯度，整个腔体的性能会得到很好的改善。

Basovic 使用等离子体对纯铌制造的超导腔体进行清洗，发现经过处理的表面二次电子产额（SEY）有所降低，同时对比了不同气体的等离子体处理效果。

加速器超导腔体的场发射会随着运行时长的增加而受到限制，同时场发射是造成腔体内表面污染的主要来源之一。Kim 通过原位等离子体对腔体进行清洗发现，经过此方法处理后能有效减少场发射。美国奥克利奇国家实验室的散裂中子源的高 β 腔经过等离子体清洗后，其腔的加速梯度也有很大改善，同时使用这种清洗方法还可以去除材料表面吸收的残余气体。

P. Tyagi 等成功地在 1.3GHz 的超导腔内实现等离子体点火。未来可使用如氧气等气体清洁腔体表面的碳氢化合物，并用残余气体分析仪（RGA）监控每个腔室的清洁情况。

北京大学重离子物理研究所利用氩离子对加速器超导腔体进行清洗，经过清洗后的超导腔体的机械性能和超导性能都有所提升，同时清洗会对腔体内表面有抛光作用。

3. 抛光

加速器腔体经过加工制造以后，内表面会存在约 150μm 的损坏层，必须清除这 150μm 的损坏层。抛光工艺对加速器腔体损坏层的去除起到很关键的作用，常见的抛光方法有机械抛光、化学抛光（CP）及电解抛光（EP）。

机械抛光能够较快并且有效地消除加速器腔体焊接处一些不规整的区域，其主要方式有电转砂轮研磨和离心式滚磨抛光（CBP）。其中，离心式滚磨抛光是 KEK 加速器腔体的处理标准步骤之一。离心式滚磨抛光的原理是将磨料及研磨剂装入腔体内部，然后将腔体固定在转轴上，转轴转动的同时腔体也跟随转轴一起转动，磨料及研磨剂对腔体内表面进行抛光实现打磨的目的。

由于加速器腔体大部分是由金属制作而成，在制成之后都会与空气中的氧气接触，从而在腔体表面生成一层氧化物，可以使用化学抛光的方法去除这层氧化物。化学抛光的原理是利用酸溶液溶解氧化层来实现抛光的效果。以超导腔体的铌材料为例，铌暴露在空气中会形成一层 5nm 厚的 Nb_2O_5，使用氢氟酸和硝酸分别处理铌的氧化物，其化学反应式如下：

$$6Nb + 10HNO_3 =\!=\!= 3Nb_2O_5 + 10NO\uparrow + 5H_2O$$
$$Nb_2O_5 + 10HF =\!=\!= 2NbF_5 + 5H_2O \tag{7-12}$$

化学抛光的一个主要优点就是操作简单，只需将酸性溶液倒入腔体内部即可。常见的化学抛光有两种方式，分别是水平化学抛光和垂直化学抛光，如图 7-15 所示。

美国斯坦福直线加速器中心（SLAC）所采用的化学清洗工艺中，先用蒽松乳浊清洗剂去除波导表面的油污杂质，继而使用酸性洗液清洗氧化层，最后再用约 6% 的氰化钾溶液进行化学抛光。反应式如下：

$$2Cu + 4CN^- + 2H_2O =\!=\!= 2[Cu(CN)_2]^- + 2OH^- + H_2\uparrow \tag{7-13}$$

图 7-15 水平化学抛光和垂直化学抛光

当然化学抛光也存在缺点,首先是在化学反应过程中铌会吸附氢气,其次铌晶粒的界面很容易腐蚀。为了避免吸附氢气,常用冷却水冷却,并保持水温在 15℃以下。界面腐蚀的问题可通过高反应速率来避免。

7.9 本章小结

本章介绍了加速器真空系统常用的金属及非金属材料,简述了材料的选择标准,以及材料的机械性能,介绍了几种材料的硬度测试方法和强化方法,较为详细地介绍了加速器真空系统中不锈钢、铝、铜、陶瓷、玻璃、铌等材料的使用。本章还介绍了不同材料的连接方式,主要为永久连接及非永久连接。介绍了气体在加速器真空系统材料中的渗透率及解吸。此外,还介绍了不同研究机构对加速器真空系统材料的清洗流程和清洗工艺。

参 考 文 献

范佳锟,王洁,高勇,等,2021. 超级质子-质子对撞机中束流热屏的热-结构耦合模拟分析[J]. 物理学报,70(1): 256-265.

郝建奎,焦飞,黄森林,等,2005. 提高射频超导加速腔性能的表面干式处理研究[J]. 物理学报 (7): 3375-3379.

靳松,高杰,2018. 超导腔电抛光技术的研究进展[J]. 化工设计通讯,44(10): 78.

谢文君,蒙峻,罗成,等,2017. HIAF 强流重离子加速器真空室烘烤功率计算及热-结构耦合分析[J]. 真空科学与技术学报,37(4): 424-429.

张国柱,杜海文,刘丽琴,2001. 等离子清洗技术[J]. 机电元件 (4): 31-34.

宗占国,2008. 1.3GHz 单 Cell 大晶粒铌超导射频腔研究[D]. 北京:中国科学院理化技术研究所.

ADERHOLD S, KOSTIN D, MATHEISEN A, et al., 2015. Analysis of degraded cavities in prototype modules for the European XFEL[C]. Proceedings of the 17th international conference on RF superconductivity, JACoW.

BALLION R, BOSTER J, GIESSKE W, et al., 1990. The vacuum system of the HERA electron storage ring[J]. Vacuum, 41(7-9): 1887-1889.

BASOVIC, M ILOS, 2016. Secondary electron emission from plasma processed accelerating cavity grade niobium[D]. Thomas jefferson national accelerator facility (TJNAF), Newport News.

BRUNET J C, CRUIKSHANK P, OSTOJIC R, et al., 1999. Update of the LHC arc cryostat systems layout and integration[C]. Proceedings of the IEEE particle accelerator conference, Elsevier Science.

CALLISTER W D, 2012. Material science and engineering technology[M]. 4th ed. New York: Advanced Materials Research.

CHAO A W, MESS K H, TIGNER M, et al., 2013. Handbook of accelerator physics and engineering[M]. 2nd ed. Hackensack: World Scientific Publishing Co. Pte. Ltd.

DOLEANS M, TYAGI P V, AFANADOR R, et al., 2016. *In-situ* plasma processing to increase the accelerating gradients of superconducting radio-frequency cavities[J]. Nuclear instruments and methods in physics research, section a: accelerators, spectrometers, detectors and associated equipment (812): 50-59.

DOLEANS M, 2016. Ignition and monitoring technique for plasma processing of multicell superconducting radio-frequency cavities[J]. Journal of applied physics, 120(24): 243301-1- 243301-11.

EDELMANN C H, 1975. Outgassing of solid-state matter in vacuum[J]. Vakuum-technik, 38(8): 223-243.

ELSEY R J, 1975. Outgassing of vacuum materials-II [J]. Vacuum, 25(8): 347-361.

ENGEIMANN G, GENET M, WAHL W, 1987. Vacuum chambers in composite material[J]. Journal of vacuum science & technology A: vacuum, surfaces, and films, 5(4): 2337-2341.

ESSER H G, 1984. DEUPERM a facility to measure hydrogen isotope diffusion and permeation through solids[J]. Vakuum-technik, 33(8): 226-237.

FONG K Y, LI H K, ZHAO R, et al., 2019. Phonon heat transfer across a vacuum through quantum[J]. Nature, 576(7786): 243-247.

FURUTA F, SAITO K, SAEKI T, et al., 2006. Experimental comparison at KEK of high gradient performance of different single cell superconducting cavity designs[C]. EPAC 2006-Contributions to the proceedings, European physical society accelerator group.

GEYARI C, 1976. Design considerations in the use of stainless steel for vacuum and cryogenic equipment[J]. Vaccum, 26(7): 287-297.

HISAMATSU H, ISHIMARU H, KANAZAWA K, et al., 1996. Design of the vacuum system for KEKB[J]. Vacuum, 47(6-8): 601-603.

HSIUNG G Y, CHANG C C, YANG Y C, et al., 2014. Ultrahigh vacuum technologies developed for a large aluminum accelerator vacuum system[J]. Applied science and convergence technology, 23(6): 309-316.

HUTTEL E, 1999. Handbook of vacuum technology[J]. Cern accelerator school vacuum technology, 99(5): 237-253.

ISHIMARU H, 1984. All-aluminum-alloy ultrahigh vacuum system for a large-scale electronpositron collider[J]. Journal of vacuum science & technology A: vacuum, surfaces, and films, 2(2): 1170-1175.

JOUSTEN K, 2016. Handbook of vacuum technology[M]. 2nd ed. Hoboken: Wiley-VCH.

LEE T Y, TAEKYUN H, 2019. Dielectric material for the electron accelerator vacuum chamber[C]. 2019 International vacuum electronics conference (IVEC), institute of electrical and electronics engineers Inc.

MELLORS G W, SENDEROFF S, 1965. Electrodeposition of coherent deposits of refractory metals[J]. Journal of the electrochemical society, 112(3): 266-282.

MORETTI M, PIERINI P, 2014. Mechanical analysis of the XFEL 3.9GHz cavities in support of ped qualification[C]. International particle accelerator conference, IPAC 2014. Joint Accelerator Conferences Website.

WESTON G, 1975. A paper in our education series: the theory and practice of vacuum science and technology in schools and colleges[J]. Vacuum, 25(11/12): 469-484.

WILSON K M, DALY E F, HENRY J, et al., 2003. Mechanical cavity design for 100mV upgrade cryomodule[C]. Proceedings of the 2003 IEEE particle accelerator conference, institute of electrical and electronics engineers Inc.

YVES D, 1965. Large accelerator vacuum system engineering[J]. Vacuum, 67(3/4): 347-357.

第 8 章 真空系统的烘烤

为保证加速器真空腔室残余气体分子造成的带电粒子损耗控制在可接受范围内，加速器真空腔室的气压至少要低于 10^{-8}Pa，如果仅采用真空泵进行抽气，达到 10^{-6}Pa 的气压就需要进行连续数周的抽气。气体的内部扩散和表面解吸，真空室壁上吸附的水蒸气及材料内部溶解的气体(主要是氢气)是真空条件下放气的主要来源。真空系统的烘烤是指在大气或真空条件下对真空系统或系统中的一部分进行加热，可以起到加快气体的扩散和解吸的作用。在烘烤过程真空材料出气速率加快，此时使用真空泵将气体抽出，烘烤结束后降低到室温，即可大大降低真空室内的气压，缩短真空泵的抽气时间。相比于其他除气手段，如离子轰击除气等，烘烤除气效果明显，且适用于各种规模的真空系统，因此烘烤除气被广泛应用在加速器真空系统中，成为加速器真空系统控制过程中不可或缺的一个环节。

真空系统烘烤的关键在于烘烤温度和持续时间的选择。过高的烘烤温度会导致材料机械强度降低。例如，铝合金在超过 200℃ 时的结构强度会明显降低，而不锈钢在低于 500℃ 下烘烤不会对强度产生明显影响，仅会影响表面氧化层。另外，不平衡的加热会使材料内部热应力发生变化，对材料造成损伤，引发真空系统不稳定。因此，在烘烤时不仅需要结合材料本身的性质确定烘烤的温度和保温时间，还需要采取适当的加热方式，确保真空室的均匀加热。本章首先对真空烘烤进行简单概述，然后介绍几种真空系统常用材料的烘烤技术要求，最后介绍了真空系统常见的加热方式。

8.1 真空系统烘烤概述

一个设计合理的真空系统，如果只靠真空泵，如机械泵配合涡轮分子泵、溅射离子泵等进行抽真空，通常可以达到 $10^{-4} \sim 10^{-5}$Pa 的真空度，若要达到 10^{-6}Pa 以上的真空度，则需要真空泵连续数周的抽气，而限制最高真空度的主要因素是材料在真空条件下的放气。真空材料的放气主要来自两个方面：

(1) 已被吸附在表面的分子，在真空室抽至较低压强时从表面释放；

(2) 真空材料内部的气体原子扩散到表面，在表面和其他原子结合成分子，并扩散到真空中。

这两方面放气的存在限制了真空室能达到的最高真空度，而加速器所要求的超高真空和极高真空系统往往需要 10^{-9}Pa 以上的真空度。为了实现更高的真空度，可以对真空材料进行除气处理，常见的除气方法包括：高温烘烤、离子轰击和同步辐射光等。其中，离子轰击除气多用于真空规管、小型真空容器或工件的除气；同步辐射光除气不仅效果差，还受到各种条件的限制，除了一些特殊装置外很少应用。在加速器真空系统中用得最多的就是高温烘烤除气。

烘烤是指真空系统运转过程中，将真空系统或系统中某一部件加热升温烘烤一段时间。烘烤可以加快气体的扩散和解吸过程，在烘烤过程中同时采用真空泵进行抽气，结束后再

降到室温。真空系统中,系统能达到的压强与真空泵的抽气速率及材料的放气速率有关,即

$$P = \frac{Q}{S} + P_0 \tag{8-1}$$

式中,P为真空室的压强,Pa;Q为抽速,L/s;S为放气速率,L/s;P_0为初始压强。真空材料的放气速率和材料吸附气体的吸附方式有关,各种气态物质与真空室器壁表面发生作用时,主要会发生物理吸附和化学吸附,具体的吸附原理在本书第4章有详细描述。烘烤就是通过高温使气体分子克服与器壁的结合作用,从而可以从真空室器壁表面扩散到真空中,再由真空泵抽走。当气体与真空室器壁等固体发生物理吸附时,分子通过范德华力与器壁吸附,结合力较弱,因此可以在较低的烘烤温度下使被吸附的分子迅速解吸,一般100~200℃就能使物理吸附的分子解吸。而发生化学吸附时,气体分子通过化学键与器壁结合,结合力较强,需要更高的烘烤温度使气体分子解吸。例如,化学吸附的水蒸气需要300℃以上的烘烤温度才能释放出来,所需的时间也会更长。

当一个真空系统暴露在大气中后再进行真空抽气时,主要的气体来源首先是真空室的表面解吸,解吸的主要成分是水蒸气。水蒸气在从真空室器壁解吸出来之后,会吸附在另一侧的真空室器壁上,并停留一段时间,然后又从这个器壁上解吸,重复这个过程直到水蒸气进入真空泵口。在室温下,水在室壁上的平均停留时间通常在10s到1h之间,因此在经过长时间抽取之后,水蒸气仍然能停留在真空室内,影响真空室的气压。烘烤的作用就是可以减少水蒸气停留在真空器壁上的时间。在经过150~200℃烘烤之后,停留时间可以降低到10^{-3}~10^{-2}s,极大缩短了抽真空的时间。水蒸气在表面的平均停留时间随温度的升高而缩短,有

$$\tau = \tau_0 \exp\left(\frac{E_d}{k_B T}\right) \tag{8-2}$$

式中,τ_0与材料表面分子热振动频率的倒数相当,通常为10^{-13}s;E_d为气体的解吸活化能,金属材料上水蒸气的解吸活化能为92~100kJ/mol;k_B为玻尔兹曼常量。因此,高温烘烤有效缩短了水蒸气停留时间,从而缩短了抽真空的时间。

图8-1展示了在150℃下烘烤时真空系统压强的典型变化情况。当温度升高到150℃时,水蒸气大量解吸,因此气压曲线出现一个明显上升。在经过10h烘烤后降低到室温,此时主要的水蒸气已经被抽出,真空室中的剩余气体主要成分变成了氢气。氢气主要来自材料内部,是在加工材料过程中溶入的氢原子由于在材料内部有很好的扩散性,因此在真空条件下从材料内部逐渐扩散到材料表面,和另一个氢原子结合成氢气并从表面解吸。

根据真空材料的不同,烘烤温度也会不同。虽然温度越高,出气越快,但是要考虑材料是否能承受高温,烘烤温度选择要适宜。例如,金属、不锈钢的烘烤温度为450℃左右;铜需要约500℃的烘烤温度;铝合金的烘烤温度通常在200℃以内,更高的温度会影响其机械强度。而对于玻璃真空系统,玻璃在真空条件下加热到150℃,吸附的气体大部分可以释放出来;钠钙玻璃在140℃时出气量最大,铅玻璃约为175℃,硼硅玻璃需要300℃的烘烤温度。

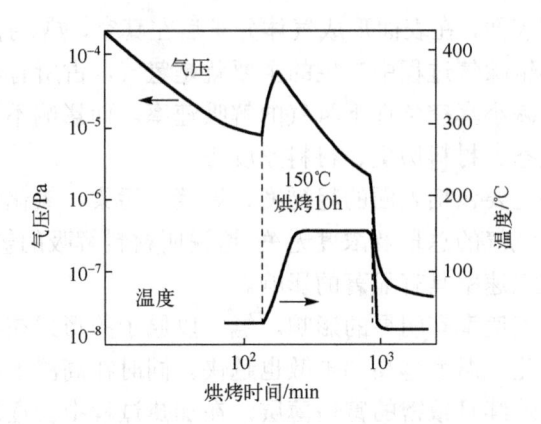

图 8-1　烘烤时间对真空室压力的影响

在真空系统材料的烘烤除气过程中，不同材料放出的气体也会有所差异。例如，不锈钢烘烤 1h 前放出的成分主要是水蒸气，占 90%以上，其次是氮气、一氧化碳与甲烷；烘烤 1h 后，氢气是主要成分，占 95%以上。20 号钢烘烤 1h 前出气最多也是水蒸气，占 90%以上，但 1h 后放气的构成中二氧化碳占 60%~70%，氢气占 25%~30%。

烘烤是真空系统运行过程中不可或缺的一环，不仅能去除材料表面的水分和油脂等污染物，还能加快材料放气，获得更高的真空度。真空系统材料及内部结构各不相同，难以用一套统一的烘烤程序来满足所有真空系统的需求，因此要结合具体的材料、结构等制定合适的烘烤温度、烘烤时间、升温速率等。在特定真空系统中烘烤时间取决于许多因素。除了使用的材料外，所应用的泵，真空室的密封类型、几何形状和尺寸，尤其是其内表面对于调节也起着决定性的作用。此外，还要注意烘烤时加热的均匀性，避免加热不均匀导致应力变化，影响加速器使用寿命。

8.2　真空系统的材料

加速器真空系统常用的材料包括不锈钢、铝合金、无氧铜、玻璃和陶瓷等。由于超高真空系统需要经过烘烤才能达到所需的真空度，因此材料在高温烘烤下的放气性能也成为衡量真空材料品质的一个重要因素。本节着重分析常见的真空材料在加热烘烤后的出气情况，归纳总结适用于特定材料的烘烤方式。

真空材料的烘烤温度和烘烤时间的选择是一个综合性问题，不仅需要考虑材料在高温下的出气性能，还需要综合考虑运行时间和成本，以及高温对材料机械性能的影响，结合不同的需求，选择不同的升温速率、保温时间和烘烤温度。接下来将分别讨论不同真空材料的烘烤细节。

8.2.1　不锈钢

在生产不锈钢的过程中，当不锈钢熔化时，空气中约 4×10^{-2}Pa 的氢气迅速扩散到其中。在真空条件下，溶解在不锈钢内部的氢原子扩散到氢浓度较低的真空表面区域，在表面与第二个氢原子结合形成氢气分子。因为氢气的解吸活化能相当低，在准静态平衡下，氢原子将一直流向真空表面，在表面形成气体分子后在真空、热、撞击等作用下进入真空，影响系统真空度。不锈钢除气过程中产生的主要就是氢气，占所有气体的70%以上，因此不锈钢烘烤的关键就是减小真空条件下氢气的解吸速率。而影响不锈钢出气速率的因素主要包括：温度、表面状态、材料历史、材料厚度等。

不锈钢的表面状态主要包括表面的粗糙度、焊缝、污染、氧化层等。有研究表明，氢气的放气速率和材料中氢气的总量及浓度无关，这说明材料解吸的氢气主要来自材料表层，因此表面状态对氢气放气速率具有显著的影响。

温度也对不锈钢出气速率有明显的影响。氢气以原子的形式在不锈钢中扩散过程的扩散系数随温度呈指数变化，温度越高，扩散也越快。同时在高温下不锈钢表面氧化层会发生变化，最初形成一层连续且致密的富铬薄层，在加热过程中会逐渐形成由铁氧化物、镍氧化物及尖晶型氧化物等组成的复杂而不连续的氧化物。关于氧化层对气体扩散的影响，1997年M. Bernardini等认为氧化物对气体扩散没有明显的影响，但在2017年，Makfir Sefa等的实验证明在真空下烘烤的不锈钢和在空气中烘烤的不锈钢出气性能有明显不同，证明在空气中烘烤形成的铁氧化物对气体扩散有着阻挡作用，并且氧化层的厚度、孔隙和裂缝等都会影响气体扩散的速度。氧化层的具体性质对出气速率的影响目前还没有完全清楚。

除了影响不锈钢的出气速率外，温度还对不锈钢的机械性能有着明显影响。奥氏体不锈钢不能长时间保持在450～850℃的温度范围内，因为铬会迅速与碳反应（晶界碳沉淀或敏化），导致合金中铬被消耗，破坏其机械性能。因此，不锈钢不可在超过450℃的温度下长时间烘烤。综合文献可以知道，不锈钢的烘烤主要有以下几种方案：

(1) 真空炉高温烘烤。将材料置于真空加热炉内，加热到大于950℃，压强小于10^{-3}Pa，加热数小时。

(2) 中温真空烘烤。将腔室内部排空，加热到400～500℃，腔室外部置于大气中。

(3) 中温空气烘烤。在大气条件下加热到400℃或更高的温度进行烘烤。

(4) 在100～180℃低温烘烤，主要用于真空炉退火处理后去除表面水分。

真空炉高温烘烤一般用作对不锈钢材料装配前的处理，而非加速器真空系统的原位烘烤（In-Situ Bake-Out）。下面主要介绍不锈钢低温烘烤和中温烘烤的烘烤方式。

1. 低温烘烤

不锈钢表面有一层致密的含铬氧化层，具有抗氧化和抗腐蚀的作用。含铬氧化层在高温下逐渐转变为含铁和含镍的氧化层，其对氢气的扩散具有阻碍作用，会作为氢气放气的屏障，降低氢气的放气速率。同时高温烘烤还能改变表面反应速率，减少表面气体解吸的位点数。烘烤温度小于180℃可以不改变氧化层的成分，同时烘烤温度需要大于100℃，否则不能有效去除不锈钢表面的水分。在这个温度范围内的烘烤可以称为不锈钢的低温烘烤。

验证316LN不锈钢容器在低温烘烤下的出气速率，容器内表面积为13200cm²。烘烤过程如下：第一次烘烤前，将容器抽气两周，测量出此时出气速率为10^{-13}mbar·L/(s·cm²)；抽空的容器用涡轮分子泵排气阀连接到腔室内，通入50%氩气和50%潮湿空气的混合气体，直至压强等于大气压强；将容器抽至10^{-5}Pa，并以20K/h的速率升温，直到最高烘烤温度，保温60h。然后以20K/h速度降温到100℃时关闭加热器，24h后冷却到室温，开始测量出气速率。重复这个过程，可以得到多次烘烤后的结果。测量结果如图 8-2 所示，图中数字表示测量的顺序。从图中可以发现：

(1) 100℃下烘烤周期越长，出气速率 q 值越低，4个周期后 q 值能达到稳定。

(2) 烘烤温度越低，出气速率 q 值越低。

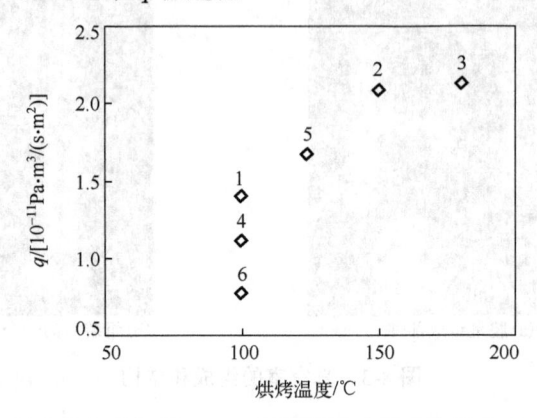

图 8-2 不同烘烤温度的真空烧制 316LN 不锈钢腔室的出气速率（23℃时的氮气当量）

这个结论和气体分子扩散理论相悖，可能是由于不锈钢表面的氧化层。材料暴露在空气中并进行连续烘烤，会在表面形成一层阻碍气体扩散的氧化膜，这一层氧化膜阻挡气体的能力与温度相关。当氧化层的热膨胀系数和下方合金的不同时，温度升高时氧化层破裂导致出气速率增加。

不锈钢在较低温度（100～180℃）下烘烤，最低出气速率大约为 $7.5×10^{-8} Pa·m^3/(s·cm^2)$，此时放气主要发生在表面，表面吸附的水蒸气和氢气在高温下解吸，但低于 300℃的烘烤温度难以让材料内部溶解的氢气充分扩散，因此低温烘烤只适用对真空度要求较低的场合。通常是在不锈钢经过高温炉 1000℃左右烘烤之后，采用低温烘烤的方式去除不锈钢表面和近表面吸附的气体。

2. 中温烘烤

不锈钢在 400～500℃下的烘烤称为中温烘烤。中温烘烤又有真空烘烤和空气烘烤两种方案。这两种方案会因为形成的氧化层不同而得到不同的出气速率和通量。SEFAM 等通过实验对比了这两种烘烤方案的效果。在 SEFAM 的实验中设置了四个真空室，分别命名为 VAC1、LAIR2、DAIR3 和 DAIR4，均由 304L 不锈钢制成。图 8-3(a)展示了真空室的组成部分，包括一个标准三通、一个标准接头、两个空白法兰（全部采用 DN40CF 法兰）及一个零长度减速法兰。图 8-3(b)展示了一个真空室组装后的样子。真空室采用无氧高纯铜密封垫片。无氧高纯铜的出气通量约为 $10^{-12} Torr·L/(s·cm^2)$ 量级，约为整个系统的 5%，因此不会对测量结果产生明显影响。四个真空室完全相同，真空内表面积为 $348 cm^2$，体积为 0.291L。在烘烤前，先将真空室按如下流程清洗：①商用洗涤剂结合温水加超声清洗；②去离子水浸泡超声清洗；③异丙酮冲洗；④氮气吹干。

实验中将四个真空室的烘烤条件设置如下：VAC1 内部抽成真空，外部暴露在实验室大气中，430℃下烘烤 360h，测量烘烤前后的出气速率。烘烤后，VAC1 冷却并放空，然后用干燥空气进行空气烘烤，烘烤温度为 240℃，时间为 24h，再次测量出气速率。LAIR2

真空室和 VAC1 一同进行烘烤，烘烤温度和烘烤时间与 VAC1 一致，不同的是 LAIR2 内部通有干燥空气。DAIR3 和 DAIR4 烘烤温度分别为 415℃和 250℃，烘烤时间均为 48h。

(a)腔室组成部件　　(b)组装后的一个真空室

图 8-3　真空室的组成和结构

实验中测量真空室出气速率的装置如图 8-4 所示。

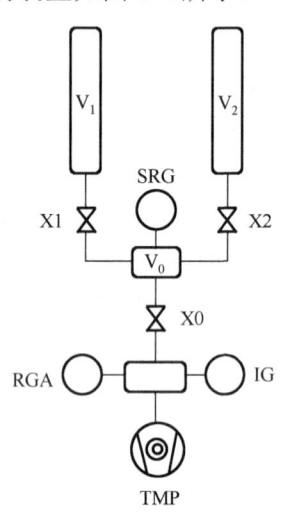

图 8-4　测量真空室出气速率的实验装置结构

X0、X1、X2—阀门；V$_0$、V$_1$、V$_2$—真空室；IG、SRG—真空规管；TMP—涡轮分子泵；RGA—残余气体分析仪

在进行上述热处理之前，先对真空室进行 150℃下 72h 的烘烤以除去水分，测出此时的氢气出气量，即热处理前的量，然后进行中温烘烤，得到表 8-1 所示的结果。

表 8-1　四个真空室的烘烤方式和测量结果

样本腔室	热处理方式	烘烤温度/℃	烘烤时间/h	氢气出气量/[Torr·L/(s·cm^2)]
VAC1	烘烤前			1.8×10^{-9}
LAIR2	烘烤前			1.8×10^{-9}
VAC1	真空烘烤	430	360	1.9×10^{-11}
LAIR2	空气中烘烤	430	360	1.3×10^{-10}
DAIR3	干燥空气烘烤	415	48	3.8×10^{-10}

续表

样本腔室	热处理方式	烘烤温度/℃	烘烤时间/h	氢气出气量/[Torr·L/(s·cm^2)]
DAIR4	干燥空气烘烤	250	48	7.8×10^{-10}
VAC1	干燥空气烘烤	430	24	1.1×10^{-11}

对于 VAC1 和 LAIR2 进行了 430℃下持续 360h 烘烤后，氢气的出气量都明显下降，空气烘烤使出气量下降了一个量级，而真空烘烤使出气量下降了两个量级，显然真空烘烤能得到更高的真空度。原因在于：空气烘烤产生的氧化层的氢气扩散系数比不锈钢低，在空气中烘烤形成氧化层后，氧化层成为阻挡氢气扩散的"屏障"，阻止了大部分氢气从不锈钢中扩散出来。在氧化层后面高浓度的氢原子会慢慢扩散到氧化层，产生比未经处理的真空室更高的出气速率。而真空下的烘烤不会产生氧化层，不锈钢材料中的氢气可以扩散到表面并从表面脱附，产生比空气中烘烤低一个数量级的出气速率。

DAIR3 和 DAIR4 分别在 415℃和 250℃下烘烤 48h，这个烘烤温度和烘烤时间并不足以让不锈钢中的氢气充分扩散出来，但这两个真空室经过烘烤后还是获得了比烘烤前更低的出气速率。这说明不锈钢在空气中烘烤形成的氧化层对氢气的扩散具有阻碍作用，而在 415℃下烘烤的 DAIR3 相比在 250℃下烘烤的 DAIR4 有着更低的出气速率，这与氧化层的厚度相关。将 VAC1 继续在干燥空气中 430℃下烘烤 24h，出气速率进一步下降，原因是在空气中烘烤形成的氧化层对氢气扩散的阻碍作用使得出气速率降低。

综上所述，不锈钢在低温(100~180℃)下多次烘烤，可以除去不锈钢表面水分，并且保证不破坏不锈钢表面致密的三氧化二铬氧化膜。但低温烘烤难以将不锈钢内部的氢气去除，因此可以达到的出气速率有限，100℃下反复烘烤后可以达到 10^{-8}Pa·L/s 量级的出气速率。在空气中的中温烘烤，会在烘烤的前期在不锈钢表面形成一层氧化膜，氢气在氧化膜中的扩散速度比较小，因此氧化膜对氢气的扩散具有阻碍作用，导致空气中的烘烤不能使材料中的氢气充分扩散出去。氧化层的厚度与烘烤效果关系很大，而氧化层厚度又取决于烘烤温度、烘烤时间、初始表面条件和几何形状等。中温真空中的烘烤由于没有氧化层的干扰，可以达到比空气烘烤低两个数量级的出气量，且易于控制，是更为实用的烘烤方案。

8.2.2 铝合金

1. 铝合金概述

铝合金具有密度低、比强度高、熔点低、力学性能好、磁导率小、抗腐蚀能力强、放气速率低等特点，被广泛应用于建筑、航空、船舶、汽车等多个行业，真空系统中也有广泛的应用。

根据成分制造工艺的不同，可以将铝合金分为变形铝合金和铸造铝合金两大类。铸造铝合金包括 Al-Cu 系合金、Al-Si 系合金和其他铸造铝合金；而变形铝合金可分为锻造铝合金、防锈铝合金、硬铝合金、超硬铝合金等。每种铝合金有自己的编号，表示不同铸造工艺、不同成分的铝合金。不同编号的铝合金性质和用途各不相同，如表 8-2 所示。

表 8-2　不同系列铝合金的主要特性

系列	主要元素	是否热处理	主要性能	真空性能
1xxx	99% Al	否	耐化学腐蚀，强度低	最好
2xxx	Cu	是	比强度高，耐腐蚀性差	好
3xxx	Mn	否	中等强度，加工性能好，用于罐头加工	好
4xxx	Si	否	熔点低，用于焊接填充剂	好
5xxx	Mg	否	加工困难，耐腐蚀性好	好
6xxx	Mg-Si	是	综合平衡强度和耐腐蚀性	好
7xxx	Zn	是	极高强度，中等耐腐蚀性	锌含量高会影响其性能

2. 铝合金的优势

铝合金相比于不锈钢，具有自己独特的优势，主要体现在以下五个方面。

(1) 真空性能。在超高真空系统中，真空材料的出气速率决定了能达到的最低压强。在铝制超高真空系统中，现在可以实现小于 1×10^{-13} Torr·L/(s·cm^2) 的出气速率，与不锈钢可获得的最佳出气速率相当。出气性能的提高极大地增强了铝合金在超高真空系统建设中的竞争力。铝合金的氢含量比不锈钢低 7 个数量级。铝合金的碳含量更低，因此真空中含碳气体会少很多。

(2) 导热性。铝合金的热导率为 170～230W/(m·K)，而不锈钢的热导率为 14～16W/(m·K)，因此铝合金的热导率大约是不锈钢的 10 倍。在对材料进行高温烘烤时，高热导率使得铝合金一方面拥有较低的烘烤温度(约 150℃)，另一方面在烘烤结束之后，铝合金腔室会比不锈钢腔室更快冷却。此外，铝合金的高热导率可以避免在烘烤时局部冷却点使气体重新冷凝。

(3) 磁性。铝合金没有磁性，因此由铝合金制成的真空室不会改变磁场，极大地降低了腔室本身对束流的影响。

(4) 放射性。铝合金比不锈钢具有更快的感生放射性衰减。如果用相同的带电粒子量轰击两种材料，铝合金样品的残留放射性通常比相同形状的不锈钢样品低 1～2 个数量级。而且组成不锈钢元素的核半衰期表明，不锈钢中始终存在 α 颗粒污染，这可能导致电路损坏。

(5) 经济性。铝合金本身同等质量的价格比不锈钢低。同时，铝合金密度为 2.7g/cm^3，约为不锈钢的 1/3，要达到同样的结构强度，铝合金腔壁的厚度约为不锈钢的 1.4 倍。因此，同样结构强度的铝合金造价仅为不锈钢的 1/4。

由于铝合金的这些明显优势，加上能够用挤压成型的工艺制造复杂的产品，使得许多高能加速器都使用了铝束流真空室，如斯坦福正负电子非对称储存环(Stanford Positron Electron Asymmetric Ring，SPEAR)、正负电子串联环加速器(PETRA)、欧洲核子研究组织电子储存环、美国国家同步辐射光源(NSLS)、光子工厂(Photon Factory)等。但仅束流真空室是铝合金制成，而不是全铝系统，真空系统中的法兰、波纹管、泵阀门等主要使用不锈钢制成。

3. 铝合金的烘烤

铝合金不可在高温下烘烤，超过临界温度的加热会使其失去原本的强度。临界温度取决于合金的成分,以铝合金 6000 系列举例,在 120℃下长时间烘烤,或在 160～180℃下短时间(24h)烘烤,可保证在冷却后其强度还能达到原来的标准。

对铝合金真空系统组件和相同的兼容不锈钢组件的除气性能的研究表明:与真空燃烧的不锈钢组件相比,铝合金组件可以达到相当的放气率,在某些情况下甚至可以显著降低出气速率。通过在 120℃下烘烤 24h,可以实现铝合金真空系统中最低的出气速率。由表 8-3 可知,烘烤可以极大地降低不锈钢和铝合金的出气速率,而同等的烘烤条件下,铝合金能比不锈钢达到更低的出气速率。

表 8-3　铝合金和不锈钢在烘烤和未烘烤条件下的出气速率对比

条件	铝合金出气速率/Torr·L/(s·cm^2)	不锈钢出气速率/Torr·L/(s·cm^2)
未烘烤(10h 抽气)	1×10^{-10}	3×10^{-10}
烘烤(150℃,24h)	1×10^{-13}	6.3×10^{-13}

8.2.3　铜合金

铜合金易于加工,具有出色的电气性能、机械性能及高耐腐蚀性。凭借其出色的导热性,铜腔室可以进行水冷以适应高温应用;凭借良好的可成型性,可以对铜合金进行机械加工、挤压、钎焊、焊接。铜合金具有出色的电气特性和高电导率,且铜腔室是非磁性的,经常用于射频腔的制造。铜在充分冷却后可以承受较高的热负荷,是加速器材料的理想选择,但缺点在于铜的密度较大,因此大型加速器真空腔并不会全部采用铜,只有束屏内屏会选择用铜制造,一些小型低能加速器(如射频四极场直线加速器、漂浮管直线加速器等)也会用铜来制作腔体。

铜的合金众多,由于各合金组成成分不同,烘烤温度和时间也有所不同,大体归纳如下。

1) 锰青铜

锰青铜(Manganese Bronzes)也被称为高强度黄色黄铜或含铅高强度黄色黄铜。这些合金以锌作为主要合金元素(通常为 20%～25%),而铁、铝、锰、镍和铅的含量较少。由于锌含量过高,锰青铜不适合用作真空材料。

2) 铍铜合金

铍铜(Copper Beryllium)合金是指含有铍和钴或镍的铜基合金族。这种合金适用于要求高强度、良好耐磨性和耐腐蚀性的零件。由于其高强度的特性,铍铜合金也可用作弹簧材料。C17200 铍铜产品可在 500℃的高温下持续使用 100h,具有极高的耐高温性能。而且在高达 500～750℃的时效温度下仍能保持强度。铜铍合金可以用作真空材料,需要在真空下 200℃烘烤 48h。

3) 铝青铜

铝青铜(Aluminum Bronze)合金,特别是镍、硅和锰含量超过 2%的铝青铜合金,经过热处理后会具有比锰青铜更高的强度、更高的磨损和疲劳极限。

锻造成型的铝青铜可以用作 UHV 材料,需要在 200℃下真空烘烤 48h。如果需要进行空气烘烤,则烘烤温度应限制在 175℃持续 24h。

4)磷青铜

磷青铜(Phosphor Bronze)，又称为锡青铜，是一种强度相对较低的合金。因为在铸造这些合金时，通常要添加 0.03%~0.4%的磷作为脱氧剂。磷青铜可用于超高强度激光干涉引力波天文台(Laser Interferometer Gravitational Wave Observatory, LIGO)组件真空系统。然而，由于担心合金内的高蒸气压元件会出气，LIGO 真空审查委员会(Vacuum Review Board, VRB)规定：对于磷含量小于等于 0.35%、钯(Pd)含量小于等于 1%、锌(Zn)含量小于等于1%的磷青铜，可以用在长度1m 及以上，表面积小于1000cm^2 的超高真空中，但必须经过空气烘烤，并且需要进行傅里叶变换红外光谱术(Fourier Transform Infrared Spectroscopy, FTIR)测试。

铜和无氧高电导率(OFHC)铜应能够在真空(或非氧化性气体氛围)中维持高达 200℃的烘烤温度，而不会影响其性能。但铜可能会在加热过程中发生应力松弛并导致零件变形。当铜应用于加速器时，其尺寸和残余应力对加速器性能至关重要，因此应考虑较低的烘烤温度。铜或无氧铜作为真空材料时，烘烤的首选策略是200℃下真空烘烤48h，也可在空气中，温度限制在175℃下烘烤24h，在保证真空度的同时，也不会发生氧化和大的应力变化。

8.2.4 玻璃

玻璃也是常用的真空材料。玻璃真空容器的优点是成本低、制作容易、透明、便于观察、化学性质稳定、绝缘性能好，并且玻璃出气速率远低于金属。但玻璃的抗冲击强度低、易破碎、不能承受局部温度骤变。在局部温度变化过快时玻璃会因为热膨胀而碎裂，衡量膨胀程度的物理量为热膨胀系数。玻璃的热膨胀系数见表 8-4。对于玻璃真空系统的烘烤，在烘烤时需要考虑玻璃的热膨胀系数，热膨胀系数大的玻璃在烘烤过程中温度不均匀时容易发生炸裂。

表 8-4 各种玻璃的参数比较

指标	石英玻璃	硼硅酸耐热玻璃					钠玻璃		铅玻璃	
		派热克斯	钨玻璃		钼玻璃		0080	S95	L92	0102
		7740	7720	B37	7052	B47				
应变点/℃	990	515	485	455	435	425	470	475	390	395
退火点/℃	1050	565	525	525	480	490	510	515	435	435
软化点/℃	1580	820	755	775	710	725	710	710	630	630
工作点/℃		1245	1140		1115		1005			980
线膨胀系数/(g/m^3)	5.5	33	36	37.5	46	48.5	92	92	90	89
耐热冲击/℃	1000	150	130		100		50			50
密度/(g/m^3)	2.2	2.23	2.35	2.25	2.28	2.27	2.47	2.5	3.07	3.05

在常温下玻璃本身的蒸气压很低(10^{-23}~10^{-13}Pa)，但在制备过程中，气体会被捕获到玻璃内部并与玻璃结合为合成产物，同时也有气体被吸附在玻璃表面上，这些气体主要由 H_2O(约 90%)、CO_2 和 O_2 组成。溶解和吸附的气体是玻璃系统在超高真空下主要的放气来源：

(1) 吸附。玻璃在制备过程中会在其表面形成多个断键，它们与大气中广泛存在的 H_2O 分子迅速反应生成各种羟基基团，羟基基团通过氢键吸附 H_2O，形成玻璃表面特有的亲水性。

(2) 溶解。玻璃在高温熔制过程中会与周围大气相互作用，溶解并存留气体形成合成产物，气体主要由 H_2O、CO_2、CO、O_2、SO_2 等组成。

玻璃真空系统在高温下经过 24h 的烘烤后，材料表面吸附的气体层和内部溶解的气体基本上都能抽除。烘烤温度不宜过高，过高容易引起 SiO_2 分解，温度也不能过低，否则不能将吸附的气体放出。

图 8-5 是几种玻璃出气率随温度的变化。由图可见，每种玻璃都有一个明显的初期出气量峰值，这主要是由表面的出气造成的。出气峰值的特点是出气量大，但持续时间短。不同玻璃的峰值温度不同，铅玻璃约为 180℃，钠钙玻璃为 150℃，硼硅玻璃约为 330℃。当温度继续升高时，出气量逐渐降低并到达某一最低点 A，此时出气量较低，但持续时间很长。主要原因是此时玻璃表面吸附的气体已经放出，主要的气体来源是内部气体扩散。当温度进一步升高，超过最低出气速率点 A 所对应的温度后，出气速率又迅速增大，这是玻璃开始发生热分解的标志。因此，玻璃的最高烘烤温度不应超过出气率最低点对应的温度，否则会对玻璃造成不可逆的损伤。

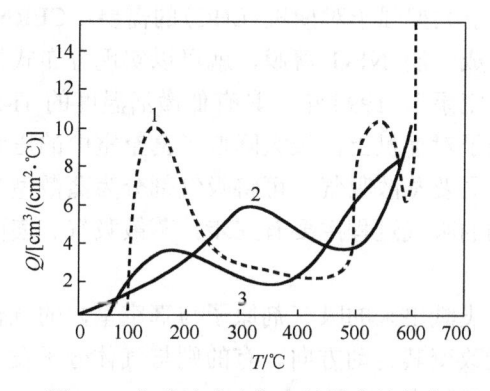

图 8-5　各种玻璃出气率随温度的变化

1—钠钙玻璃；2—硼硅玻璃；3—铅玻璃，试样面积 350cm², 加热时间 8h

8.2.5　吸气剂薄膜

20 世纪 70 年代之前建造的所有加速器和储存环中，真空系统都由一个腔室组成，一个或多个真空泵通过法兰连接到腔室，将真空室中的气体抽出来减小真空腔室中的压强。但这种"集中泵"的方式会在真空室中产生压强梯度，靠近真空泵的位置压强低，远离真空泵的位置压强高，如图 8-6 所示。在加速器发展初期，可以通过原位烘烤或者减小真空泵之间的距离来达到满足要求的真空度和压强梯度。然而随着加速器的发展和束流能量的增加，真空室的孔径逐渐减小、机器的长度逐渐增加，这种"集中泵"的方式显现出了它的不足。为了解决这个问题，引入了吸气剂泵。吸气剂，也称为消气剂，是能有效地吸收某些气体分子的材料的统称，有粉状、碟状、带状、管状、环状、杯状等多种形状。吸气剂利用自身对气体分子的物理化学吸附，将腔室内的气体吸附到表面，可以获得并维持真空，纯化气体。

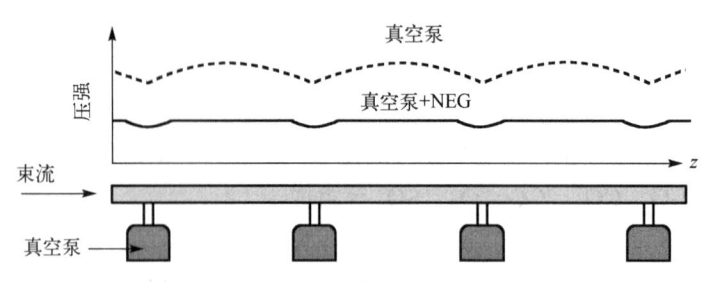

图 8-6 真空腔室中压强的纵向分布

关于吸气剂最早的报告出现在 1858 年，Plucker 在研究真空放电时发现某些气体会与真空室阴极和沉积在壁上的铂发生反应，利用该反应实现对真空室内气体的吸附。1940 年，真空室上的蒸散型吸气剂应用到了工业上(最先应用的是磷，然后是钡合金)。1979 年，SAES 公司和欧洲核子研究组织(CERN)联合开发了一种非蒸散型吸气剂(NEG)条带，即将 NEG 材料涂覆在康铜材料做成的条带上。可以将 NEG 条带分布在弯转磁铁真空室的前室中，即可实现分布式抽气。将 NEG 条带运用到 CERN 的大型正负电子对撞机(LEP)上，其激活温度在 600℃以上，高于一般真空室的烘烤除气温度，因此吸气剂的激活和真空室的烘烤除气要分别独立进行。

20 世纪 90 年代，由于大型强子对撞机(LHC)的需要，CERN 的 Benvenuti 等将 NEG 材料镀在真空室内壁，形成一层 NEG 薄膜，就可以实现分布式抽气，使真空室由放气源变为具有抽气能力的"真空泵"。1998 年，具有低激活温度的 Ti-Zr-V 三元合金 NEG 薄膜成功运用到了欧洲大型强子对撞机上，极大降低了真空室中的压强梯度。

根据制备过程中是否需要蒸散吸气，可将吸气剂分为蒸散型吸气剂和非蒸散型吸气剂两种，通常蒸散型吸气剂的吸气过程主要有三步：蒸散吸气、表面吸附和内部扩散。

1) 蒸散吸气

在材料受热蒸散时，飞溅出来的吸气剂原子与真空室内的气体分子相碰撞，在碰撞过程中有的吸气剂原子仅仅改变其运动方向，有的则与气体分子发生化学作用，生成相应的化合物并沉积在真空室内表面上。

2) 表面吸附

当气体分子碰撞固体表面时，由于物理和化学吸附作用而被束缚在吸气剂表面。

3) 内部扩散

气体在吸气剂表面具有较大的表面迁移率，可以迅速地在整个表面扩散开来。随着表面扩散的进行，在一定条件下，表面吸附的气体可能进一步向吸气剂内部进行扩散。

NEG 薄膜的吸气过程只有后两步，在其失去吸气能力后只需在真空或惰性气体环境下加热，使其表面吸附的污染物扩散到吸气剂内部，即可恢复吸气剂表面的活性。NEG 薄膜相比于其他抽气方式，具有以下优点。

(1) 无须前室，因此简化了真空室的结构。

(2) 不需要额外的安装空间。

(3) 可以部分取代传统的抽气系统。

(4) 可以降低真空室内表面的放气率。

(5) 降低了真空室内表面的二次电子产额。

同时 NEG 薄膜也有着以下的缺点。
(1) 只能抽除活性气体，无法抽除惰性气体和甲烷。
(2) 暴露在大气中会使吸气性能下降，因此不适用于频繁放气的真空系统。
(3) 寿命有限，且无法替换。
(4) 需要加热激活才能工作，激活后工作的持续时间与薄膜的质量和工作环境有关。

吸气剂材料长期暴露在大气中会在表面形成一层钝化膜，阻止吸气剂材料与活性气体继续发生反应，因此未经处理的吸气剂材料在常温下不会有吸气作用。要使吸气剂获得吸气作用，需要对吸气剂材料进行激活处理，即在降低材料表面气体压强的条件下，提高吸气剂材料的温度并维持一段时间，随着钝化膜逐渐去除，吸气剂材料中可以吸附活性气体的位点重新暴露出来，从而重新获得吸气能力。这个过程称为吸气剂的激活过程。激活的温度和时间由吸气剂的材料和制作工艺决定。在吸气剂经过一段时间的工作后，随着吸附位点的减少，吸气性能也会降低，此时需要将吸气剂进行再次激活，使其重新获得吸气能力。

吸气剂的吸气性能主要从两个方面来衡量：抽速和吸气容量。吸气剂对某种气体的抽速是指在某温度和压强下，单位时间内能抽出的该气体的体积，单位为 L/s；吸气容量为当吸气剂对该气体的抽速下降到一定值时，所吸收的全部该气体的量，单位为 Pa·L。

如图 8-7 所示，该装置可以用于测量吸气剂的抽速。直径 5mm 的小孔将系统分为上下两个部分，镀有待测 NEG 薄膜的测试管位于小孔上方，尺寸 86mm × 500mm，内表面积约 1350cm²，小孔下方的真空室与一抽速为 450L/s 的涡轮分子泵机组相连。小孔上下方的压强分别标记为 P_A 和 P_B，在对系统烘烤除气和 NEG 薄膜加热激活后 P_1 可达 10^{-8}Pa。测试气体通过管道上方的泄漏阀不间断充入，测试过程中进气率保持不变，抽速采用式(8-3)计算得到：

$$S = C\left(\frac{P_A - P_{0A}}{P_B - P_{0B}} - 1\right) \tag{8-3}$$

式中，S 为 NEG 吸气泵的抽速；C 为节流孔的常数；P_A 和 P_B 分别为腔室 A 和腔室 B 在入口有气体时的压强，Pa；P_{0A} 和 P_{0B} 分别为入口没有气体时的本底压强，Pa。

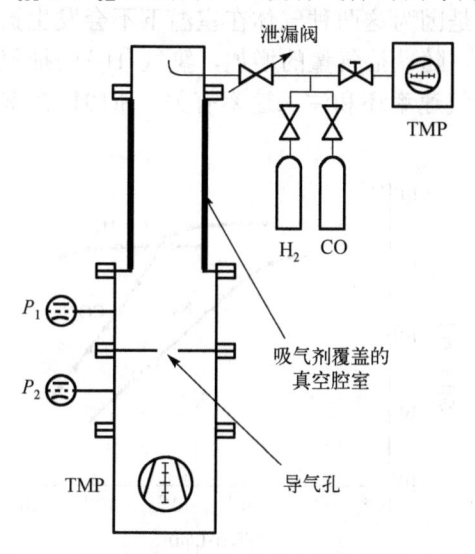

图 8-7 节流法测量吸气剂吸气性能装置示意图

下面具体介绍几种典型的 NEG 薄膜。

1. Zr-Al 合金吸气剂

Zr-Al 合金吸气剂最早是由意大利 SAES Getter 公司生产，用于 LEP 的 NEG，型号为 St101，是用 84% 锆和 16% 铝粉末在康铜带上冷压制成。它需要加热到 740℃保持 45min 来激活。在 LEP 中，加热是由电阻丝来完成，在电阻丝中通入约 95A 的电流，可以将吸气剂加热到需要的激活温度，在工作一段时间后，需要重新加热来让吸气剂恢复吸气能力，加热温度为 400℃。

为了了解激活后 Zr-Al 合金吸气剂的吸气性能，可以通过实验进行测量。测量步骤如下：样品封装在干燥的氮气中，将其取出后，安装在测量装置中。测量装置事先在 300℃ 下烘烤约 24h，并采用涡轮分子泵抽除气体。然后加热激活 NEG，激活在 (740±10)℃下进行 45min。这个烘烤温度和时间是在综合考虑抽速和 NEG 带机械性能的平衡上最好的选择，过度加热可能导致粉末剥落，而加热不足会导致 NEG 不能完全激活。实验室测试表明，该 NEG 可以承受 50 次这样的激活周期而不会对其性能产生影响。

在加速器运行期间，真空系统内部存在的气体主要为 H_2(70%)、CO 和 CO_2。这些气体是通过循环电子束产生的同步加速器光撞击真空壁后从真空壁上解吸出来的。这个过程同时会产生约 1% 的甲烷，而甲烷不能被 NEG 吸附，在加速器中通常采用溅射离子泵进行抽送。除此之外，还有部分是通过泄漏进入的空气。由测试结果表明，NEG 对 CO_2 的吸气能力和对 CO 的吸气能力相近，而对空气的吸气能力和对 H_2 的吸气能力相近，因此在测试中通常通过研究吸气剂对 H_2、CO 和 N_2 三种气体的吸气性能来说明吸气剂的性能。

研究 NEG 对单一气体的吸气性能，可以向测试装置中注入单种气体，通常是以 N_2、H_2、CO 的顺序注入。先注入 N_2 是因为 NEG 对 N_2 的抽气速率对初始条件非常敏感。测量完一种气体之后，需要将 NEG 在 450℃下烘烤 10min，这种加热称为"调节"，相较于 NEG 的激活而言是一种较为温和的加热，其目的是排除上一种气体的影响，使 NEG 恢复初始的抽气速率。

通过测试不同气体注入量和抽速的关系可以发现，氮气(N_2)和一氧化碳(CO)的抽速和气体注入速率无关，主要是因为这两种气体在室温下不会发生扩散。而与之相反，氢气在室温下会发生扩散，因此，随着抽气量的增加，氢气(H_2)的抽气速率降低，比氮气和一氧化碳要小得多，而且其抽气速率还和注入速率有关。St101 在室温下的抽气速率和抽气量的变化曲线如图 8-8 所示。

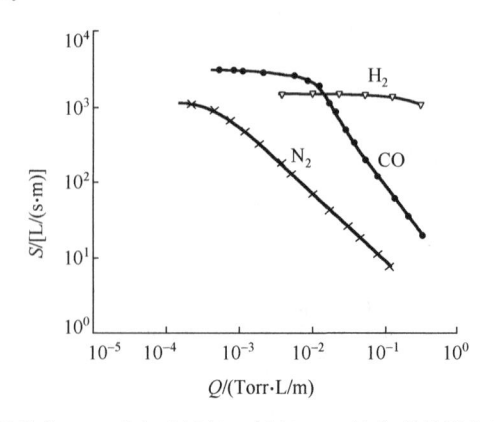

图 8-8 St101 NEG 条带(30mm 宽)对氢气、氮气、一氧化碳的抽气速率随抽气量的变化

对于氢气，任意给定时刻的抽气速率都由分子吸附和原子扩散的竞争作用来决定，当吸附速率大于扩散速度时，吸气位点减少，吸气速率降低，反之，吸附位点增加，吸附速率增加。而对于氮气和一氧化碳，由于在室温下不会发生扩散，因此随着吸附气体量的增加，吸附速率逐渐降低，直到再次激活才恢复吸气能力。

2. Zr-V-Fe 吸气剂

尽管 St101（Zr-Al 吸气剂）已经成功应用在 LEP 中，但 St101 的激活温度无法做得更低。因此在粒子加速器尺寸更小、几何结构更复杂的趋势下，St101 吸气剂薄膜难以大规模应用。为了克服 St101 吸气剂薄膜激活温度过高的问题，SAES Getters 公司开发了一种三元合金 NEG 薄膜，商标为 St707。St707 是由 70% 锆、24.6% 钒和 5.4% 铁构成，相比 St101 极大地降低了激活温度，在 450℃下烘烤即可激活。St707 NEG 的激活温度低，因此可以在不锈钢真空系统烘烤过程中活化。这种被动激活方式降低了烘烤对电源、引线和绝缘的需求，因此在较小体积的真空腔室内也可以插入较多 NEG 条带，提升了抽气速率。通常一个 3m 长的真空腔室，在使用 St707 NEG 后可以达到 10^{-14}Torr 量级的压强。

NEG 仅在环境温度下进行抽速测量，且气体注入速率为 $(1\sim3)\times10^{-7}$Torr·L/s。为了避免甲烷和稀有气体等 NEG 所不能吸取的残余气体累积造成测量误差，需要在测量周期中采用涡轮分子泵来抽取气体，抽气速率为 2.3L/s。每次测量之前，将 NEG 加热至 250℃并保持 10min，以避免残余气体吸附引起的误差。

1）激活温度

将 St707 的抽气速率作为吸气量的函数，分别在 300℃、400℃、500℃和 600℃下激活 45min 后测得的结果如图 8-9 和图 8-10 所示。

St101 吸气剂薄膜在激活温度低于约 600℃时没有吸气效果，而与之相比，St707 吸气剂薄膜在 300℃激活后已经有了较为可观的抽速，在 400℃激活后几乎达到了最大抽气速率。当超过该温度时，抽气速率首先降低，然后又单调增加，直至达到最大适用加热温度 740℃。图 8-11 的实心点表示 St707 吸气剂在不同温度下对氢气的吸气速率，其最大值出现在 400℃时，因此激活 St707 时只需要加热到 450℃就能达到最大的激活效果。

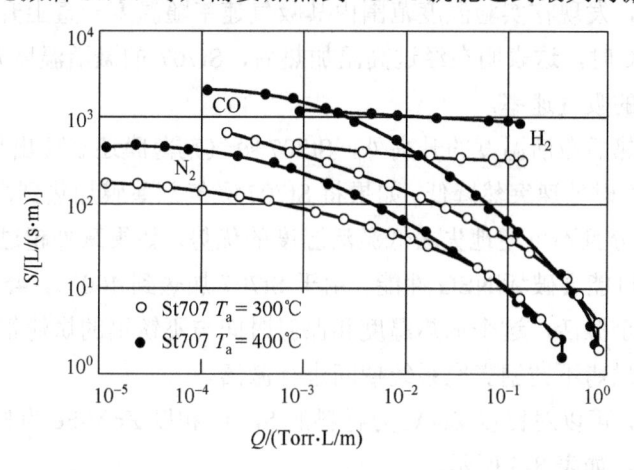

图 8-9　St707 分别在 300℃和 400℃下烘烤 45min 后对氮气、氢气和一氧化碳的吸气速率和吸气量的关系

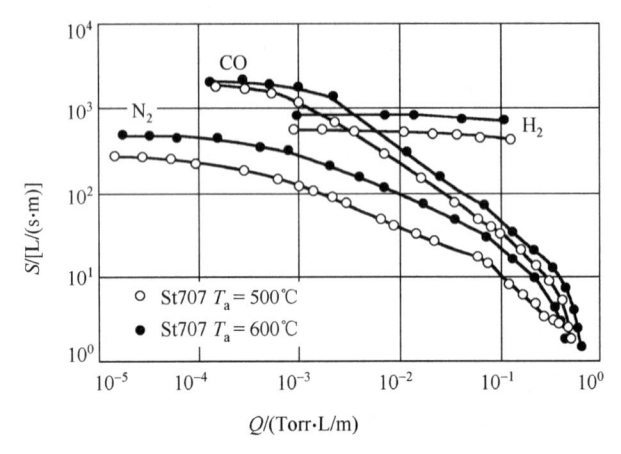

图 8-10　St707 分别在 500℃和 600℃下烘烤 45min 后对氮气、氢气和一氧化碳的吸气速率和吸气量的关系

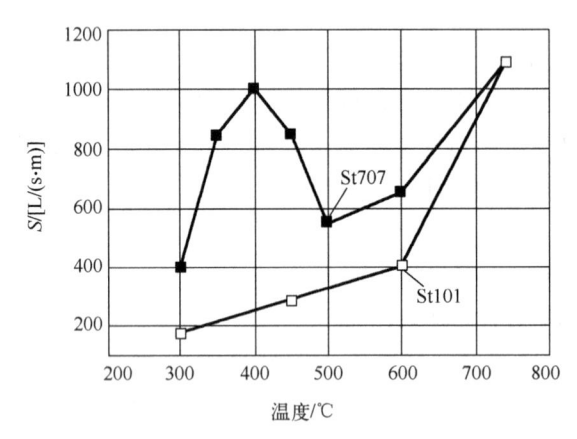

图 8-11　St101 和 St707 烘烤温度和吸气速率的关系

图 8-11 还展示了 St707 的另一个特性：将 St707 加热到 740℃后暴露在空气中，然后重新对它进行加热，发现在实验温度范围内其吸气速率随温度一直上升，最大的吸气速率出现在温度为 740℃时，这表明在经过高温加热后，St707 的激活温度升高，400℃的激活已经不能获得最佳的吸气速率。

除了在高温加热后激活温度的升高外，St707 吸气剂薄膜还表现出另一种独特的行为，即加热至 400℃以上时抽速突然降低。如果将 St707 吸气剂薄膜加热到高于 400℃的温度超过 1h，则可能会部分且不可逆地失去低激活温度的优势。如果意外超过此温度或在激活周期累积之后，甚至可能会破坏 NEG 性能。由于 St707 加热到 400℃，45min，或加热到 350℃，24h 后可以完全激活，这个加热温度和保温时间与不锈钢的烘烤很接近，因此，该吸气剂薄膜非常适合烘烤不锈钢真空系统期间进行激活。

通过以上结论，可以对比以 Zr-Al 为材料的 St101 和以 Zr-V-Fe 为材料的 St707 这两种吸气剂的基本性能，如表 8-5 所示。

表 8-5 St101 和 St707 吸气剂性能对比

指标	St101	St707
组成成分	Zr 84%，Al 16%	Zr 70%，V 24.6%，Fe 5.4%
吸气剂层厚度	约 0.1mm	约 0.1mm
激活参数	750℃，30min	400℃，45min
孔隙率	约 10%	约 10%
基底	钢或康铜	钢或康铜

2) 对混合气体的抽除

在实际的加速器真空系统中，由光子或粒子撞击引起的气体解吸会要求 NEG 同时泵送多种气体，因此，评估给定一种气体的存在如何影响 NEG 对另一种气体的抽速也至关重要。在测试过程中，可以先注入少量的基础气体，再注入样品气体，来获得 NEG 对混合气体的抽除能力。

图 8-12 是以 CO 为本底吸附气体，吸气剂对 H_2 和 N_2 的抽气能力。类似地，图 8-13 是将 N_2 作为基础气体获得的结果。将图 8-12 和图 8-13 与图 8-10 比较可以发现，在 NEG 吸附了 N_2 或 CO 的情况下，对其他气体的抽气速率明显降低，这是因为比氢气重的气体在吸气剂表面不会发生向内部的扩散，气体分子占据了吸附位点，从而降低了对其他气体的抽气速率。而氢气在吸气剂表面会发生扩散，因此在以氢气为基础气体的情况下，吸气剂对其他气体的吸附能力不会改变。

3. Ti-Zr-V 吸气剂

Zr-V-Fe 需要 400℃ 的激活温度，而 Ti-Zr-V 在 180℃ 下加热 24h 即可激活，而且还具有优良的抽气性能，较低的二次电子产额、光致解吸和电子致解吸，因此 Ti-Zr-V 吸气剂薄膜在 LHC、ESRF、SOLEIL 等加速器装置中得到了应用。在 LHC 的真空室中镀有 Ti-Zr-V 薄膜的管道约为 1200 根，全长约 6000m，是最大的应用 Ti-Zr-V 吸气剂薄膜的装置。

1) 激活温度

对于大多数烘烤后的超真空系统，H_2 和 CO 是主要的残余气体，同时吸气剂对二者的吸附特性也完全不同，因此选取 H_2 和 CO 这两种具有代表性的气体作为抽气能力测量的测试气体。

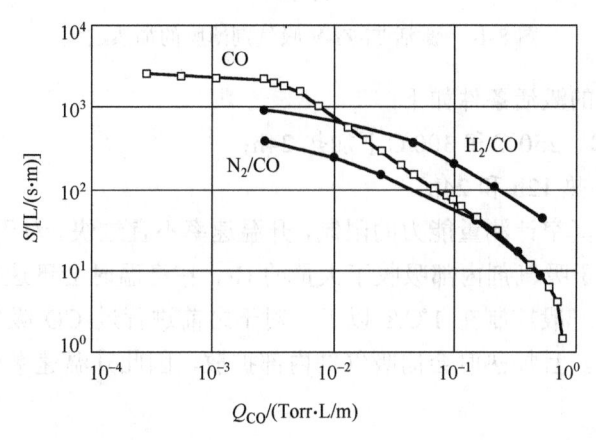

图 8-12 当 NEG 吸附了 CO 时，对 H_2 和 N_2 吸气速率的影响

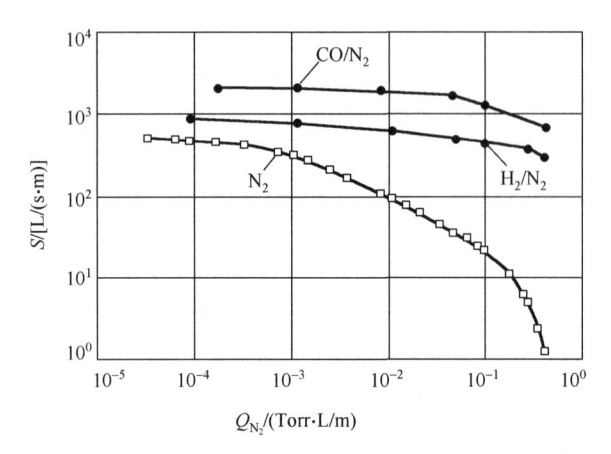

图 8-13 当 NEG 吸附了 N_2 时，对 H_2 和 CO 吸气速率的影响

测试中，采用自动烘烤系统可以准确控制升温和降温速率、保温温度和时间，温控精度为 ±0.5℃。测试系统中除测试管道外的其余部分未做镀膜处理，放气率较大，如果整个系统同时进行烘烤，未经镀膜处理的表面放气会对处于激活过程中的薄膜造成较大的污染，因此采用先对未镀膜的部分进行烘烤除气而后对 Ti-Zr-V 薄膜进行加热激活的方法，加热过程如图 8-14 所示。

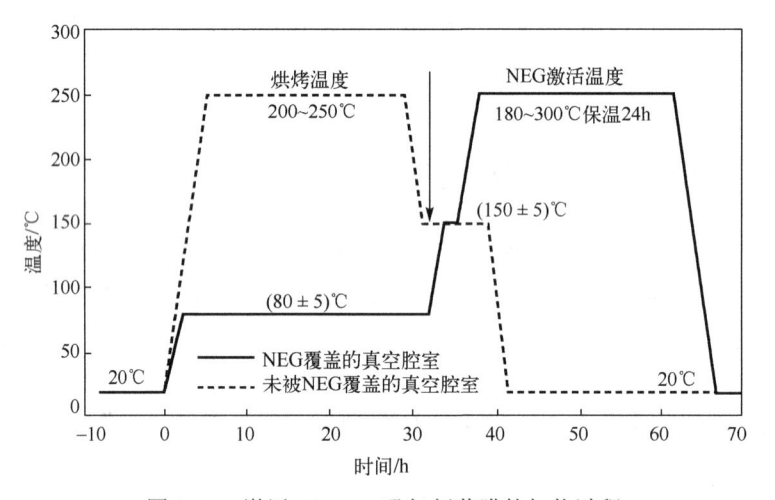

图 8-14 激活 Ti-Zr-V 吸气剂薄膜的加热过程

对测试管道采用的激活条件如下：
(1) 分别在 200℃、250℃ 和 300℃ 下加热 24h；
(2) 在 300℃ 下加热 12h 和 24h。

由于实验中所用真空计测量能力的限制，升温速率不宜过快。对于之前进行过 H_2 吸气性能测试的管道，由于吸气剂内部吸收了大量的 H_2，在高温时会迅速解吸，造成压强过快上升，因此升温速率一般控制在 1℃/s 以下；对于之前进行过 CO 吸气性能测试的管道，由于 CO 吸附量较小，且加热时会向吸气剂内部扩散，因此升温速率可适当提高，一般在 2℃/s 左右。

图 8-15(a)和(b)分别表示在 200℃、250℃和 300℃下加热 24h 后 Ti-Zr-V 薄膜对 CO 和 H_2 的抽速和吸气量关系图。从结果可以发现，在 200℃下加热 24h 后 Ti-Zr-V 对 CO 和 H_2 的抽速分别为 $0.23L/(s·cm^2)$ 和 $0.02L/(s·cm^2)$，吸气容量分别为 $6.8×10^{-5}Pa·L/cm^2$ 和 $6.6×10^{-2}Pa·L/cm^2$。

(a) Ti-Zr-V薄膜对CO的抽速和吸气量关系

(b) Ti-Zr-V薄膜对H_2的抽速和吸气量关系

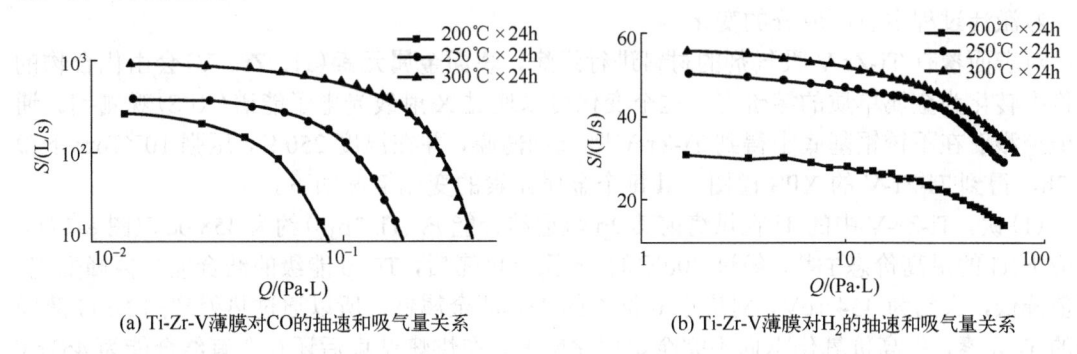

图 8-15　200℃、250℃和 300℃下加热 24h 后 Ti-Zr-V 薄膜对 CO 和 H_2 的抽速和吸气量关系

从测量结果可以发现，随着加热温度的提高和时间的增加，吸气剂的吸气性能会得到提高，在实际应用中，随着使用时间的增加，吸气剂性能会有所降低，这就可以通过适当提高激活温度或延长激活时间来达到最佳的吸气效果。另外，Ti-Zr-V 对 CO 和 H_2 的吸气特性差异显著，相同激活条件下，对 CO 的抽速比 H_2 高约一个量级，而吸气容量则低约 3 个量级。

对于 CO 和 H_2 吸气容量的差别主要源于氧原子和氢原子在吸气剂内部扩散性的差别。氧原子在 Ti、Zr、V 内的扩散性都很差，常温下几乎可以忽略不计，因此对 CO 的吸气容量是由薄膜表面孔洞所能吸附的原子数所决定；而氢原子在 Ti、Zr、V 内部有较高的扩散性，常温下 1h 内的扩散距离分别为 10^3nm、10^4nm 和 10^6nm，表面吸附的氢原子可以很快扩散到吸气剂内部，但吸气剂对于 H_2 的吸气容量取决于氢原子在吸气剂内部的溶解度和初始浓度，通常远高于 CO。

对于 CO 和 H_2 抽速的不同则是由于二者在吸气剂表面的黏附概率不同。在表面覆盖度较低的情况下，常温下的 CO 在 Ti-Zr-V 表面的黏附概率高于 0.1，而 H_2 在 Ti-Zr-V 表面的黏附概率低于 0.01，因此 Ti-Zr-V 吸气剂对 CO 的抽速高于 H_2。

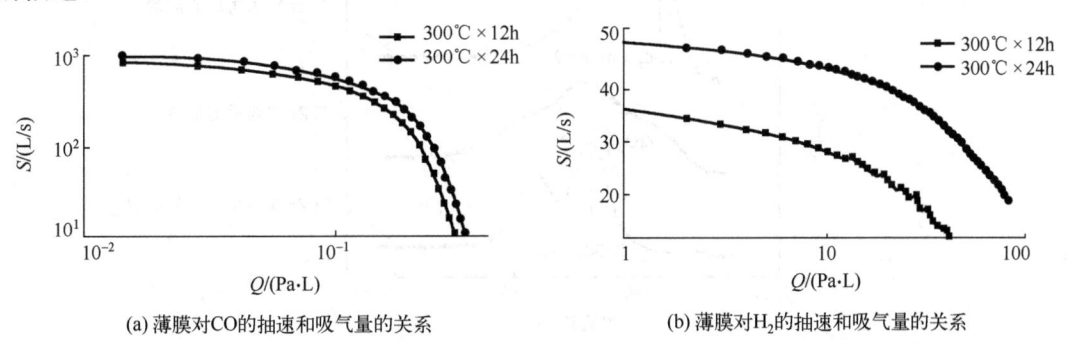

图 8-16 为 300℃下分别加热 12h 和 24h 后 Ti-Zr-V 薄膜对 CO 和 H_2 的抽速和吸气量的关系。由此图可知，吸气量相同时，24h 的加热处理有利于提高 Ti-Zr-V 薄膜对 CO 和 H_2 的抽速。

(a) 薄膜对CO的抽速和吸气量的关系

(b) 薄膜对H_2的抽速和吸气量的关系

图 8-16　300℃下分别加热 12h 和 24h 后 Ti-Zr-V 薄膜对 CO 和 H_2 的抽速和吸气量的关系

总体来讲，Ti-Zr-V 对 CO 和 H_2 有较好的吸气效果，相同激活条件下，对 CO 的抽速比 H_2 高一个数量级，吸气容量则低两个数量级。吸气剂的激活效果与加热温度和加热时间密切相关。Ti-Zr-V 吸气剂薄膜在 180℃下加热 24h 即可激活，在实际应用中可通过适当提高激活温度和延长激活时间以恢复最佳的吸气能力。

2) 激活过程中表面成分的变化

对表面覆有 Ti-Zr-V 吸气剂的材料进行烘烤，表面金属元素（Ti、Zr、V）会由化合物的高价态转化为金属单质的零价态，这个变化可以通过 X 射线光电子能谱（XPS）观测到。通过磁控溅射在不锈钢基底上得到 Ti-Zr-V 吸气剂薄膜，并在温度 250℃，压强 10^{-9}Torr 下激活 2h，得到 Ti-Zr-V 的 XPS 谱图，其每个金属元素的变化情况如下。

(1) 钛。Ti-Zr-V 中的 Ti 在烘烤前其 2p 轨道结合能 $E_b(Ti, 2p_{3/2})$ 约为 458.0eV（图 8-17），对应于 Ti 的最高价态 Ti^{4+}，经过 200℃的 2h 原位烘烤后，Ti 2p 能级的结合能共振峰变宽，峰值降低，大约为 454.1eV，对应于 0 价态的 Ti，即金属钛。所以通过热处理的 NEG 薄膜中的 Ti 元素，由高价氧化态向不完全金属化转变，在烘烤结束后还存在有结合能为 457eV 的能谱，对应于正三价的 Ti^{3+}。

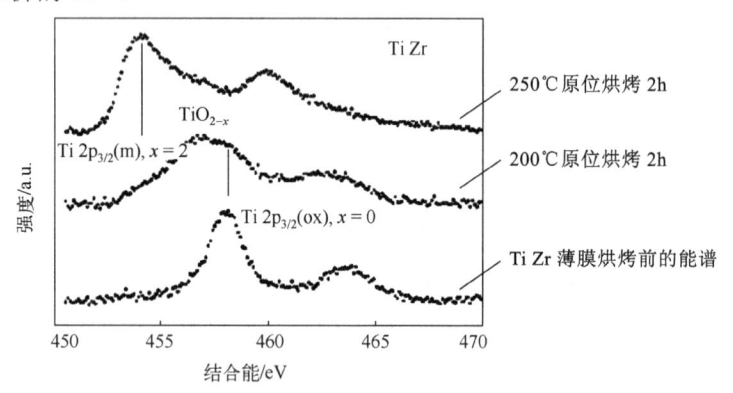

图 8-17 烘烤前后 Ti 的 2p 能级 XPS 谱图

ox—氧化态；m—金属态

(2) 锆。图 8-18 是 NEG 薄膜烘烤前和烘烤后 Zr 的 3d 能级的 XPS 谱图。烘烤方式为在 10^{-9}Torr 压强下 250℃烘烤 2h。在烘烤前，$E_b(Zr, 3d_{5/2}) = 181.8eV$，此时 Zr 表现为完全氧化状态（$Zr^{4+}$）。经过烘烤后，能谱共振峰变得更宽，在较低结合能处还表现出一个较低的共振峰，这表明 Zr 从高价态向低价态变化，在最低处 $E_b(Zr, 3d_{5/2}) = 178.9eV$，此时 Zr 处于金属态（$Zr^0$）。所以经过烘烤过程，Zr 元素从高价态向低价态转变，逐渐变为单质金属。

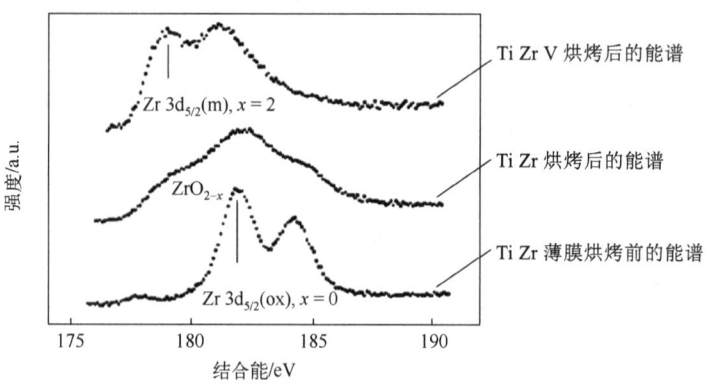

图 8-18 烘烤前后 Zr 3d 能级 XPS 谱图

(3)钒。烘烤前 V 的 2p 能级结合能 $E_b(V, 2p_{3/2}) = 515.4eV$，对应于氧化的 V，经过烘烤之后，出现了结合能 $E_b(V, 2p_{3/2}) = 512.2eV$ 的峰值，对应于金属钒，如图 8-19 所示。这表明 V 与 Ti、Zr 一样，在烘烤过程中逐渐向金属态转变。

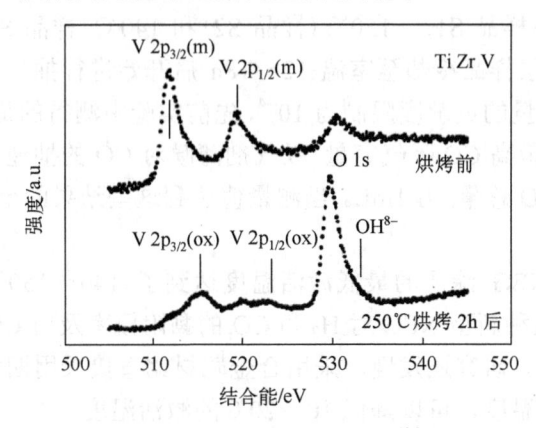

图 8-19　V 2p 和 O 1s XPS 谱图

(4)氧。氧的 1s 能级在烘烤前结合能主峰值为 529.7eV，对应于金属氧化物中的氧，同时结合能曲线在大约 533eV 处对应到以氢氧根（OH^-）状态存在的氧元素。在烘烤后，氧的 1s 信号急剧减弱，这表明在烘烤过程中金属氧化物减少，相应的氧原子与氧或氢结合成气体扩散到真空中，但氧并非完全消失，烘烤后仍然能观察到氧的能谱。

总体来看，烘烤过程中 NEG 薄膜中的钛、锆和钒都逐渐从高价氧化物转变为金属单质，而且烘烤温度越接近 NEG 薄膜的完全激活温度，金属化程度也会越高，氧元素在烘烤过程中逐渐减少，主要是在烘烤过程中氧原子和材料内部扩散出来的氧或氢相结合形成气体分子并扩散到真空中。

4. Ti-Zr-Hf-V 吸气剂

在上面的讨论中已经知道 Ti、Zr 和 V 的三元 NEG 达到了较低的激活温度，在 180℃下加热 24h 即可激活。在 Ti-Zr-V 之后，Malyshev 等还开发了四元 Ti-Zr-Hf-V 吸气剂，与以前的二元和三元合金薄膜涂层吸气剂相比，具有更高的抽气速率和对 H_2 的吸收能力，同时还具有均匀分布的抽速，低光子/电子致解吸和低热出气率等优点，适用于新一代高能量、高亮度、高强度和长束流寿命的粒子加速器的真空系统。

1）激活条件

为了探究 Ti-Zr-Hf-V 的吸气性能，采用 3 个相同的直径为 38mm 和长度为 0.5m 的 316L 不锈钢样品，分别为 S1、S2、S3。样品 S1 的内表面使用四根直径均为 1mm 的单质金属绞线（Ti、Zr、Hf 和 V）进行涂覆，而样品 S2 和 S3 则使用 3mm 直径的 Ti-Zr-Hf-V 合金靶丝进行涂覆。将已安装样品的测试设备烘烤，然后将其加热至 250℃，保持 48h，烘烤后的本底压力在 10^{-10}mbar 范围内。NEG 薄膜的柱状结构在电子显微镜下如图 8-20 所示。

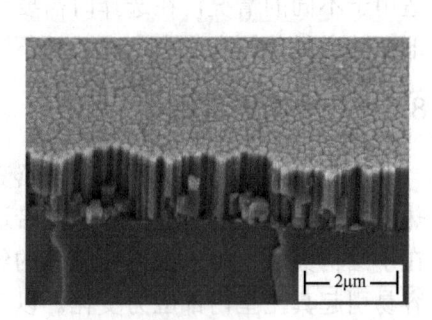

图 8-20　NEG 薄膜的柱状结构在电子显微镜下成像

通常可以通过注入可被 NEG 泵送的气体（H_2、CO、CO_2 等）来测量吸气剂泵送性能。在测试设备上安装样品后，将其真空室抽气并烘烤至 250℃ 下保持 24h，同时将 NEG 涂层样品保持在 80℃。之后再将真空室冷却至 150℃，真空泵和残余气体分析仪脱气，将 NEG 涂层分别加热到 160℃（样品 S1）、150℃（样品 S2）和 140℃（样品 S3）并保持 24h，然后冷却至室温。将 NEG 涂层样品冷却至室温 12~18h 后开始进行抽气性能测量。在装置上对此类样品的黏附概率测量的灵敏度限制为 10^{-4}，先前实验中测得的最高黏附概率对 H_2 约为 0.01，对 CO 约为 0.4，最高 CO 吸气容量（吸气剂薄膜对 CO 的抽速由初始值逐渐下降到一定值时薄膜所吸收的 CO 总量）为 1mL。当测量值达到这些结果的至少 1% 时，样品被视为已激活（至少部分激活）。

研究表明：四元 NEG 涂层的最低激活温度达到了 140~150℃，显著低于三元合金 Ti-Zr-V 吸气剂薄膜，这种新型 NEG 对 H_2 和 CO 的黏附概率及对 CO 的抽气能力都显著高于 Ti-Zr-V 吸气剂薄膜。研究还发现，采用合金靶材比直接采用四种合金丝扭在一起的绞线靶材拥有更低的激活温度，可以降低 10~20℃ 的激活温度。

2）烘烤过程中表面化学成分的变化

NEG 表面化学成分在经过激活烘烤之后也会出现一些变化，可以通过 X 射线光电子能谱（XPS）来观测 Ti-Zr-Hf-V 表面的化学信息。通过对一个 9mm × 20mm × 0.5mm 的不锈钢样品，在 150℃ 下激活 1h，对激活前和激活后的 XPS 谱图进行比较，可以获得激活过程中 Ti-Zr-Hf-V 表面成分的变化。

在 150℃ 加热激活过程中，Ti-Zr-Hf-V 薄膜表面金属状态会发生变化，氧化钛、氧化锆、氧化钒和氧化铪的含量都有所降低，而金属钛、金属锆、金属钒和金属铪的含量都有所升高。这表明在 150℃ 下，Ti-Zr-Hf-V 吸气剂薄膜可以得到有效激活。

8.3 加 热 方 式

确认了不同材料的烘烤温度之后，如何对不同结构的真空腔室进行加热就是接下来要考虑的问题。加热方式的选择一方面要考虑加热装置的设置，另一方面还要考虑加热的功率和加热过程中材料的热应力变化。目前在加速器中应用最广泛的加热方式是电阻丝加热，即将带电阻丝的加热外套包裹在加速器壁周围，在电阻丝中通入电流来对真空壁进行加热。此外，也有利用真空腔室的特殊结构而采用的热气流加热或感应电流加热。不同加热方式适用于不同的情况，在选择时需要结合烘烤方案的特点和具体真空系统的结构进行分析。下面结合具体的真空室，对几种不同的真空烘烤加热方式进行说明。

8.3.1 加热带烘烤

加热带烘烤是最常用于加速器真空系统的烘烤方案。在真空室结构上缠绕加热带，加热带中采用电阻丝，通过对加热带通电加热，达到烘烤真空腔室的目的。这种方案的优点在于结构灵活，可以根据真空室的结构来缠绕电阻丝，发热稳定；缺点在于加热不均匀，容易引起真空室内部应力变化。以兰州重离子加速器冷却储存环（HIRFL-CSR）装置为例，讨论加热带烘烤的加热方式。

1. 加热结构

HIRFL-CSR 是一个大型加速器装置,它的真空室由不锈钢(316L、316LN、304 等)构成,总长约 500m,要求系统平均真空度达到 6×10^{-9}Pa。为了达到真空度的要求,除了安装真空泵(分子泵、溅射离子泵、钛升华泵)外,还需要对真空系统进行原位烘烤。

在整个储存环及束线上,有两种典型的真空室,一种是用来安装各种真空及束流漂移管的真空室,另一种是磁铁元件真空室。不同真空室的结构不同,要实现对它们的烘烤,结构灵活、控制方便的加热层就是首选的方案。

烘烤套设计成类似夹克的结构,可以灵活地布置和拆卸。真空室的烘烤套主要是由镍铬合金丝组成的加热器和由玻璃纤维组成的绝热层共同缝制而成,外表再缝镀铝致密玻璃纤维布,厚度为 30mm,主要用来增加强度减小黑度系数。加热丝可以根据所需的加热功率均匀分布于加热套内部,这样就能保证在同一个加热套内的真空室壁上温度分布均匀。烘烤主要系数如表 8-6 所示。

表 8-6 HIRFL-CSR 在线烘烤主要烘烤系数

参数名称	数值	参数名称	数值
系统平均真空度	$<6\times10^{-9}$Pa	升温速率	0.5℃/min
烘烤总长度	500m	降温速率	0.5℃/min
平均管径	250mm	温度均匀性	±2.5℃
烘烤温度	250℃	绝热套外表温度	<70℃
保温时间	48h		

加热套采用热电偶来对烘烤温度进行测量。热电偶两极分别为 NiCr 和 NiCu,采用无碱玻璃布包裹绝缘,顶端采用铜环固定,用来将热电偶紧密地安装在被加热的系统上,从而减小温度测量误差。其主要参数如表 8-7 所示。

表 8-7 加热套热电偶主要参数

参数名称	数值	参数名称	数值
温度测量范围	0~600℃	无碱玻璃布工作温度	400℃
测量精度	±1.5℃	寿命	20000h
模拟信号输出范围	0~43mA	烘烤总功率	600kW

2. 烘烤过程控制

在整个烘烤系统中,由热电偶记录的携带温度信息的模拟信号经过多路模拟放大器放大后,通过模-数(Analog-Digital,AD)转换器转换成数字信号并输入计算机,利用专用的热电偶查表计算程序得到实际的温度值,并写入数据库。计算机在给定的循环时间内读取数据进行计算,并通过数-模(Digital-Analog,DA)转换器将计算结果输入到控制器,完成对整个系统的温度控制。

烘烤过程如下:升温速率为 0.5℃/min,在 250℃保温 40h,然后再以 0.5℃/min 的速率降温;烘烤结束 24h 后,系统真空度为 7.2×10^{-10}Pa;升温、保温、降温过程中各点温度误差均小于±2℃,烘烤后系统中水的分压所占比例大大降低。

8.3.2 氮气流加热

氮气流加热是向真空室内壁通入高温的氮气，利用气体来加热真空室。这样的好处在于用流动的氮气作为加热介质，能实现比电阻丝加热更加均匀的加热效果，避免了局部过度加热而导致的材料热应力变化或者绝缘带烧毁。但氮气流加热需要特殊的结构，使氮气流动到需要加热的位置。HT-7U 托卡马克装置的真空室就是一个可以应用氮气流加热的结构。

HT-7U 真空室是 HT-7U 超导托卡马克核聚变装置核心部件，是等离子体直接运行的场所。为了保证等离子体良好的运行环境，需要维持真空室较高的真空度，因此需要对真空室壁进行 250℃ 的烘烤处理，以除去吸附在器壁表面的杂质和气体，获得洁净的真空环境。因此，真空烘烤方案的设计是否合理对整个装置的运行质量至关重要。中国科学院等离子体物理研究所的宋云涛等利用真空腔室的特殊结构，提出了利用热氮气流对真空腔室进行加热的烘烤方案，并分析了氮气流加热的加热功率和热应力。

HT-7U 真空室采用非圆截面的双层结构，由内屏蔽层、外屏蔽层及位于屏蔽层之间的两条筋板组焊成一个 1/16 扇形段。真空室内外壁的厚度均为 8mm，每 1/16 段的夹层中有两条夹角为 7.5°、厚度为 15mm 沿小环方向的加强筋，两端各有一块 15mm 厚的外侧筋板，筋板的存在使 1/16 段的夹层空间成为一个独立的水路通道。真空室的总高度为 2.65m，内表面积约为 80.4m^2（不包括窗口），总体积约为 40m^3，包含内部部件总质量约 40t。16 个真空室扇形段之间通过外侧筋板在真空室内部焊接成环，同时外侧筋板也为真空室内部部件提供了支撑。装置运行时夹层内充有 0.2MPa 的硼化水用来屏蔽中子，降低中子在超导磁铁上的热沉积和对环境的辐射污染。

氮气流加热真空室的结构如图 8-21 所示。氮气流加热方案充分利用了真空室内层、外层及筋板围成的夹层空间，将两条筋板分别在上下端隔断，形成气流通道，两个 1/16 段形成一个回路循环。在烘烤时向夹层内通入高温氮气流，通过氮气流循环流动，达到烘烤真空室的目的。在装置运行时将热氮气流换成高压硼化水，一方面防止热辐射和中子对环境的破坏，另一方面使真空室由烘烤平衡温度（250℃）冷却至热壁运行时的温度（100℃）。具体的烘烤流程为：

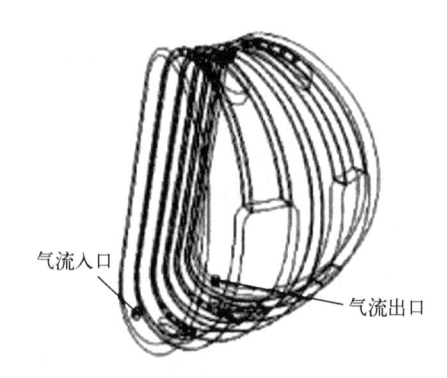

图 8-21 HT-7U 氮气流烘烤结构

（1）将热氮气流首先从真空室内壁的一个入口引入，进入由真空室上 4 条加强筋板和 3 条扇形段上的端板隔成的 6 个腔体中。

(2)通过加强筋板的开孔从真空室内壁上的一个出口流出。进出管道的管径为50mm。在250℃保持24h。

(3)在装置运行时将氮气流换成硼化水，可以起到两方面的作用：一方面降低真空壁的温度至运行温度，另一方面在运行过程中可以起到屏蔽的作用。

相比于加热带的加热方式，氮气流加热有诸多优势：

(1)氮气流烘烤真空室温升快，温度分布也较为均匀。以HT-7U托卡马克装置真空室为例，采用氮气流的加热方式，只需烘烤24h就能达到热平衡状态，而且温差只有5℃左右。而如果采用电加热丝加热，达到热平衡状态后温度分布不平均，内外层温差最大有100℃。

(2)加热过程中真空壁的热应力变化较小。气流烘烤5℃的温度梯度引起的应力有17MPa。根据美国ASME压力容器评定标准，要求真空室热应力与壳壁的薄膜应力和弯曲应力之和不能超过3倍材料许用应力(316L不锈钢抗压强度为147MPa)。因此，氮气流烘烤方案相比加热套烘烤可以更好地满足结构热应力要求，而且从真空室热疲劳寿命角度考虑，采用气流烘烤要比电加热丝烘烤更有利、更可靠。

但热氮气流加热依赖于托卡马克装置的特殊夹层结构，夹层的作用是在运行过程中加入硼化水来屏蔽中子，这个夹层恰好使得在烘烤时热氮气流能均匀地流到真空室壁上，对其进行加热。而在加速器真空系统中，缺乏可供氮气流通的夹层结构，因此在大型加速器真空系统中难以应用氮气流加热的方式。

8.3.3 电磁感应加热

电磁感应加热是利用电磁感应原理设计的加热方案，利用真空腔室外围的线圈，在线圈中加上交变的电流，使线圈产生交变的磁场，交变的磁场又在真空室壁上感应出涡流，利用涡流对真空室金属材料的焦耳效应，达到加热真空腔室的目的。这种方案可以用在那些不利于铺设加热层或加热带的真空系统中，典型例子就是反场箍缩磁约束聚变实验(Keda Torus Experiment，KTX，科大一环)装置。

KTX装置是我国完全自行设计、自主研制集成的反场箍缩装置，是科技部"国家磁约束核聚变能发展研究专项"支持的大型装置建设项目。为了提供等离子体高真空运行环境，要求极限真空度低于 $1.2×10^{-6}$Pa。抽气系统有：6套分别由分子泵、罗茨泵、机械泵组成的机组并联抽气，总抽速为6000L/s。

KTX装置大半径1.4m，小半径0.4m，中心场强0.7T，最大等离子体电流1MA，电子密度$2×10^{19}m^{-3}$，电子能量600eV，放电时间30～100ms。磁体系统由24个纵场(TF)磁体线圈、26个欧姆场线圈、12个平衡场线圈及104个反馈控制线圈组成，最大磁体线圈直径达到7m。整个装置主机磁体设计过程中采用了一次性兼容技术，可满足KTX装置未来开展PPCD及OFCD先进实验研究及纵场磁体对真空室在线烘烤的要求。

由于KTX真空室外表面覆盖了一层厚1.5mm的无氧铜皮用于稳定等离子体，在真空室与铜皮之间用聚四氟膜隔开，简单加热烘烤方法难以实现对真空腔室的有效烘烤。而恰好铜皮包覆在赤道面内侧留有张角近60°的一条缝，角向没有构成闭合电通路，可以利用纵场线圈作为感应加热线圈，通过电磁感应产生涡流来直接加热真空室壁，其真空室结构如图 8-22 所示。

根据计算，保温 200℃所需加热功率为 36kW，因此加热过程分为两个阶段：第一阶段，升温。加热功率 150kW，在约 992s 的时间内快速将真空室加热到 200℃。第二阶段，保温。36kW 维持真空室在 200℃下 48h 不变，使器壁吸附的气体能充分释放出来。加热过程如图 8-23 所示。

图 8-22 KTX 真空室结构和 TF 线圈

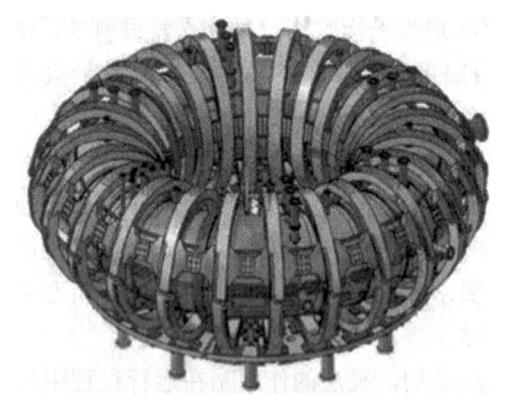

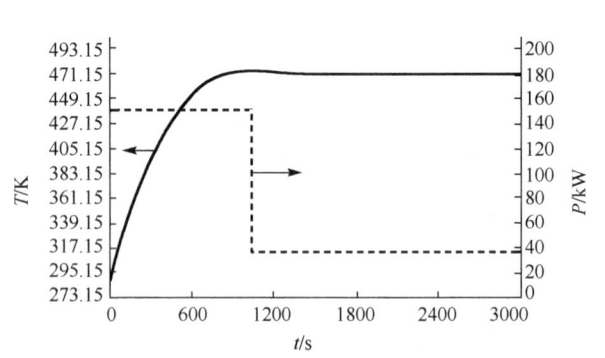

图 8-23 加热过程及温升曲线

电磁感应加热是利用磁约束核聚变装置特殊的结构才得以成立的一种加热方式，其优势在于不需要额外的加热结构，降低了烘烤的成本，仅利用托卡马克装置外围的纵场线圈就可以实现加热，加热过程简单可控且加热均匀，但由于结构限制，难以在粒子加速器上广泛应用。

8.4 本 章 小 结

本章讨论了真空系统的烘烤问题。烘烤是达到高真空和超高真空的必要措施，常见的真空材料如不锈钢、铝合金、铜合金等都有各自不同的烘烤方案。通常延长烘烤时间可以达到更高的真空度，但随着温度的升高，能获得的真空度增加得越来越慢，而且升高温度可能会破坏材料结构，对真空材料造成损伤。实际运行中，需要考虑烘烤的控制和运行，以及烘烤成本控制等因素，选择最适合的烘烤温度和烘烤时间。

吸气剂作为一种特殊的真空材料，覆盖在真空材料表面可以起到提高真空泵的抽气速率、降低真空梯度的作用，从 NEG 薄膜应用到加速器上至今，发展出了 Ti 膜、Zr-Al 薄膜、Zr-Fe-V 薄膜、Ti-Zr-V 薄膜、Ti-Zr-Hf-V 薄膜等多种结构，激活温度也从超过 700℃降低到 180℃甚至更低，极大地降低了烘烤成本。相信在未来，NEG 薄膜能在超高真空和极高真空中发挥重要的作用。

针对不同的真空材料和真空腔室结构，烘烤的温度和时间也都不相同，在实际真空系统烘烤时，需要综合考虑材料、结构、运行条件，甚至是尺寸、历史、环境等因素综合考虑烘烤方案。

参 考 文 献

崔遂先,王荣宗,2013. 超高真空[M]. 北京: 化学工业出版社.

黄方成,万树德,李弘,等,2014. KTX 反场箍缩实验装置感应加热烘烤除气方案设计[J]. 真空科学与技术学报, 34(7): 682-686.

李继光,王一,张下陆,等,2021. 加热温度对不同热处理状态 2A14 铝合金力学性能的影响分析[J]. 热加工工艺, 50(24): 134-137.

宋云涛,2004. HT-7U 超导托卡马克装置真空室热烘烤结构数值模拟与分析[J]. 核动力工程, 25(4): 340-345.

张波,2011. 真空室内壁镀 Ti-Zr-V 吸气剂薄膜的工艺及薄膜相关性能的研究[D]. 合肥: 中国科学技术大学.

BENVENUTI C, CHIGGIATO P, 1996. Pumping characteristics of the St707 nonevaporable getter(Zr70V24.6-Fe5.4wt%)[J]. Journal of vacuum science & technology A, 14(6): 3278-3282.

BENVENUTI C, FRANCIA F, 1990. Room temperature pumping characteristics for gas mixtures of a Zr-Al nonevaporable getter[J]. Journal of vacuum science & technology A, 8(5): 3864-3869.

BENVENUTI C, 2006. Getter Pumping[C]. CERN accelerator school vacuum in accelerators. Spain: CERN.

JOUSTEN K, 1998. Dependence of the outgassing rate of a "vacuum fired" 316LN stainless steel chamber on bake-out temperature[J]. Vacuum, 49(4): 359-360.

LOZANO M P, FRAXEDAS J, 1999. XPS analysis of the activation process in non-evaporable getter thin films[J]. Surface and interface analysis, 30(1): 623-627.

MALYSHEV O B, VALIZADEH R, HANNAII A N, 2014. Pumping properties of Ti-Zr-Hf-V non-evaporable getter coating[J]. Vacuum, 100(SI): 26-28.

SEFA M, FEDCHAK J A, SCHERSCHLIGT J, 2017. Investigations of medium-temperature heat treatments to achieve low outgassing rates in stainless steel ultrahigh vacuum chambers[J]. Journal of vacuum science & technology A, 35(4): 041601.

WANG J, ZHANG J, GAO Y, et al., 2020. The activation of Ti-Zr-V-Hf non-evaporable getter films with open-cell copper metal foam substrates[J]. Materials, 13(20): 4650.

第9章 粒子加速器真空系统典型案例及展望

从1919年英国科学家卢瑟福实现人类科学史上第一次人工核反应至今,加速器的设计构造经过多次重大变化。先是建成了静电加速器、回旋加速器、倍压加速器等一批加速装置,自动稳相原理的发现,更是推动突破回旋加速器能量限制的新型加速器诞生。自世界上建造第一台加速器以来,七十多年中加速器的能量大致提高了9个数量级,最新一代的加速器在亮度、相干性和时间结构上更是大大优于之前的加速器。在我国,目前建有北京正负电子对撞机、上海光源、合肥光源、中国散裂中子源、兰州重离子装置等已经用于高能实验的大科学装置,同时也有将要建造的如环形正负电子对撞机(CEPC)、超级质子对撞机(SPPC)等更高端更前沿的大科学装置。这些装置的核心就是加速器,它们为装置的运行提供高能粒子,而真空系统作为加速器的关键组成部分,其功能优劣直接限定了束流的寿命及决定了设备能否长久稳定运行,更是需要科学家重点研究的部分。本章将分别介绍国内外已建设完成或将要建设的加速器的真空系统设计情况,其中涉及兰州重离子加速器、中国散裂中子源加速器、合肥光源、上海光源、北京正负电子对撞机、CEPC、SPPC、LHC、HL-LHC、HE-LHC、KEKB 等加速器,为新一代加速器真空系统的设计提供更开阔的思路。

9.1 兰州重离子加速器真空系统

兰州重离子研究装置(HIRFL)主要由两台加速器组成:注入器是一台经过改装的常规扇形回旋加速器,主加速器是一台分离扇形回旋加速器(SSC)。HIRFL 可以将 C 到 Xe 的重离子分别加速到 10~100MeV/u 的能量。HIRFL 布置如图 9-1 所示。

9.1.1 扇形回旋加速器真空系统

随着 HIRFL 的不断建设和改造,扇聚焦回旋加速器(SFC)逐渐成为主加速器 SSC 的注入器,因此,其真空度必须提高到与 SSC 相匹配才能满足要求。SFC 先后进行过两次大的改造。第一次将潘宁离子源(PIG)改为电子回旋共振离子源(ECR),并将油扩散泵改为 HIRFL-800 低温泵,这次改造大大改善了真空环境。随后进行了第二次改造,利用二次真空技术将单层真空室分为高低双层真空室,将放在真空室内的如磁铁铁芯、线圈和上百个电极引线等大气载元件都隔离在低真空室。SFC 用一台机械泵排气,使低真空室真空度维持在 10Pa,以保护二次真空室室壁的安全。第二次改造使加速区中心平面真空度达到 8×10^{-6}Pa,泵口的真空度达到 4×10^{-6}Pa。

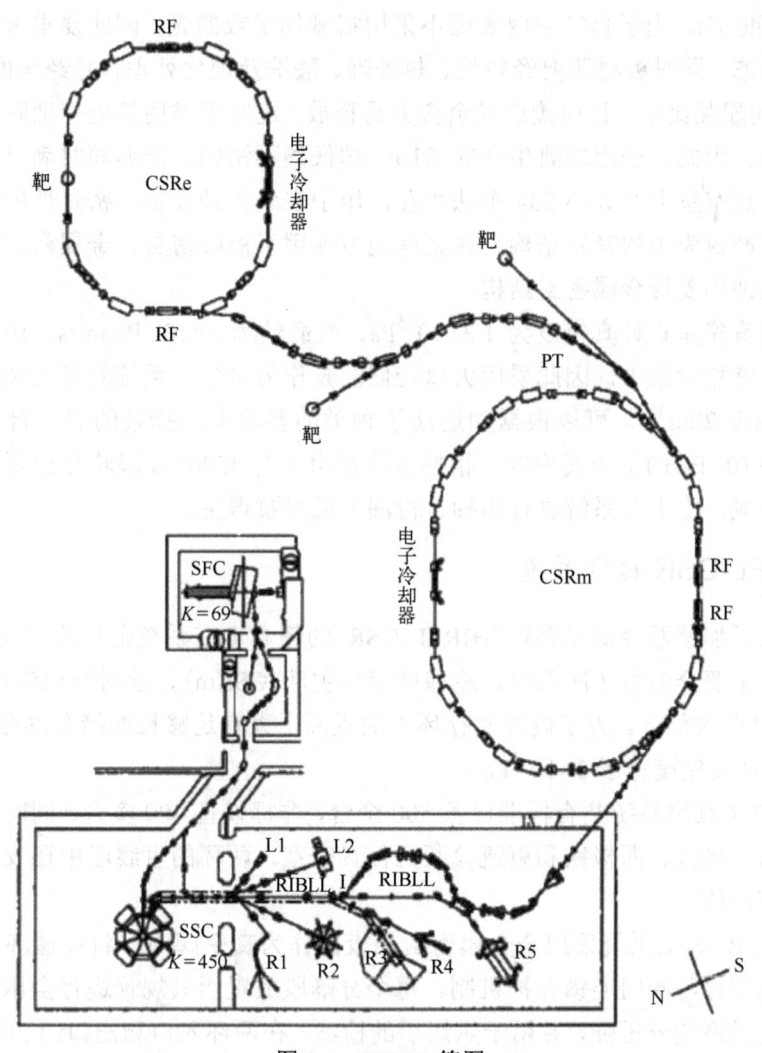

图 9-1 HIRFL 简图

9.1.2 分离扇形回旋加速器真空系统

离子在分离扇形回旋加速器(SSC)真空系统加速引出后,既可到达束流输运线各终端进行高能物理实验,同样也可进入冷却储存环(CSR)进行累积和加速。SSC 真空系统是一个复杂的大型超高真空系统,加速器所有的主要工艺部件要放在真空室内。但由于真空室的内表面积大,加上内部结构形成的小通道限制,很难在束流中心平面上获得超高真空。同时由于内部包容物多,无法进行烘烤,也不便采用表面处理工艺,材料的表面出气率较大。综上可知,该真空系统是一个高气载、高抽速系统。

由于整体式结构简单,同时为中心区留出了空间,所有与束流相关的部件可以放置,因此 SSC 真空室选择了整体式结构。真空室外形呈一扁盒状,由八个三角形部分拼成,四个相对的三角形部分用于装配四扇磁铁极芯;东西两个真空室用于安装注入引出部件;两个高频加速腔占南北两个腔体真空室。真空室直径约 10m,高 4.5m,容积 100m³,内表面积211m²，净重65t。由于真空室内表面不采用机械加工或抛光，因此要求板材表面应具有较好的表面状态，同时板材还要经热轧、热处理、酸洗及钝化处理，并经全面超声波探伤。316L不锈钢的屈强比小，且焊接后残余应力易释放，这对于难用热处理消除内应力的大型容器十分重要。因此，选用瑞典生产的316L超低碳不锈钢，能够同时满足材料磁导率的要求。此外，真空室上有大小234个法兰孔，用于安装各种设备。密封性能方面，真空室采用了以金属密封为主的密封结构，在某些地方使用了橡胶密封。金属密封采用了欧洲核子研究组织的纯铝菱形金属密封结构。

SSC大型真空室设计真空度为1.3×10^{-5}Pa，气载约为2×10^{-3}Pa·m³/s。由于真空室的容积大，气载能够相对集中，因此采用大口径低温泵作为主泵。系统共可安装8台低温泵，每台泵有效抽速20m³/s。可以根据加速离子种类的要求来选择泵的启动台数，一般采用2台泵维持5×10^{-5}Pa的工作真空度。粗抽系统则由2台3500L/s涡轮分子泵和2套600L/s罗茨泵机组组成，用于对系统进行粗抽、检漏和低温泵再生。

9.1.3 HIRFL-CSR真空系统

兰州重离子加速器冷却储存环(HIRFL-CSR)的超高真空系统全长约500m，总内表面积约450m²，主要分为主环注入线、冷却储存环主环(CSRm)、放射性束流线(RIBLL2)和实验环(CSRe)四大部分。为了确保储存环中的重离子束有足够长的储存寿命，要求CSRm和CSRe的工作真空度低于3×10^{-9}Pa。

HIRFL-CSR真空系统共有标准设备500余台，非标设备400多台，同时四个分系统都有各自相应的二极铁、四极铁和束流诊断元件真空室，两环的直线段中还安装有大型电子冷却装置真空系统。

HIRFL-CSR真空系统采用全金属密封插板阀作为真空阀门，将存储环分为多个分隔段，并采用真空计与阀门连锁保护机制。每个分隔段放置两只规管进行全压强测量。采用四极质谱仪测量系统分压强，并用于烘烤后的检漏。在两环入口和出口约20m处安装了快关阀，当发生事故时能保护两环真空。

HIRFL-CSR真空系统选用304不锈钢作为管材材料，选用316LN不锈钢作为法兰材料，制作磁铁真空室的材料选用316L。为了保证真空度的要求，真空室内的材料及内部部件必须具有出气率低的特性，还能够承受250℃以上的烘烤。由于真空系统的气体载荷主要是材料表面的热出气，存储环采取真空清洗、高温除气等处理工艺，使出气率降低到2×10^{-11}Pa·L/(s·cm²)以下。密封性能方面，储存环采用全金属密封。

抽气方面，冷却储存环真空系统选用设计组自行研制的溅射离子泵与钛升华泵的组合作为系统的主排气泵，大约每间隔4m就放置一台。对于所采用的复合泵，钛升华泵对H_2和CO的抽速可以分别达到5000L/s和2000L/s，对惰性气体几乎没有抽速。由于储存环内部的残余气体主要成分是H_2，约占90%，其余成分以CO为主，钛升华泵能够满足要求。溅射离子泵则是用来抽掉系统中残存的少量Ar及CH_4。通过两种泵的配合，使系统达到极高真空。此外，采用8台可移动的无油涡轮分子泵机组作为系统粗抽泵，粗抽泵还可用于系统烘烤和检漏。

9.1.4 束流输运线真空系统

HIRFL 前束流输运线长 65m，用来连接 SFC 和 SSC；而后束流输运线长 130m，则是用来连接 SSC 和 10 个实验终端，同时束流输运线与 CSR 主环注入线相连。束流在管道中一般一次性通过，因此真空度只要达到 $10^{-5}\sim10^{-6}$Pa 就可满足要求。

束流真空管道采用不锈钢作为材料，在有特殊要求的地方也采用陶瓷管。由于束流输运线的本身结构特性，因此采用小抽速、多点分布的配泵原则，以溅射离子泵作为主排气泵，间隔 4~6m 就放置一台。粗抽系统仍然选用涡轮分子泵机组；采用插板阀来作为系统的隔断阀和粗抽系统隔断阀，同样在必要的部位安装快关阀来防止灾难性事故冲击设备。

由于束流输运线与十多个实验终端相连，束流输运线真空子系统需要根据实验装置的不同运行要求进行设计。

9.2 中国散裂中子源加速器真空系统

中国散裂中子源(CSNS)由直线加速器[产生负氢离子(H^-)]、直线到环(LRBT)、环到靶(RTBT)的束流输运线和快循环同步加速器(RCS)组成。CSNS 的工作流程首先是由离子源(IS)产生的负氢离子束流，经射频四极加速器(RFQ)聚束及加速后，通过漂移管直线加速器(DTL)将束流能量提高，负氢离子经剥离后，注入 RCS 中，最终把质子束流加速到能量为 1.6GeV 的状态。建成后，CSNS 将提供短脉冲质子束来撞击固体金属靶进行散裂反应，产生散裂中子。CSNS 在加速器、靶站和谱仪等方面采用了一系列世界先进的技术和设计，满足我国在多学科领域内对中子散射的需求。图 9-2 为 CSNS 的整体布局。

根据 CSNS 实际工作的物理需求，真空系统各部分的压强分别为：IS 和低能束流传输线(LEDT)需要压强达到 2.0×10^{-3}Pa；RFQ 和中能束流传输线(MEBT)需要压强达到 1.0×10^{-5}Pa；DTL 需要压强达到 1.0×10^{-5}Pa；LRBT 和 RTBT 需要压强达到 1.0×10^{-5}Pa；RCS 需要压强达到 5.0×10^{-6}Pa。

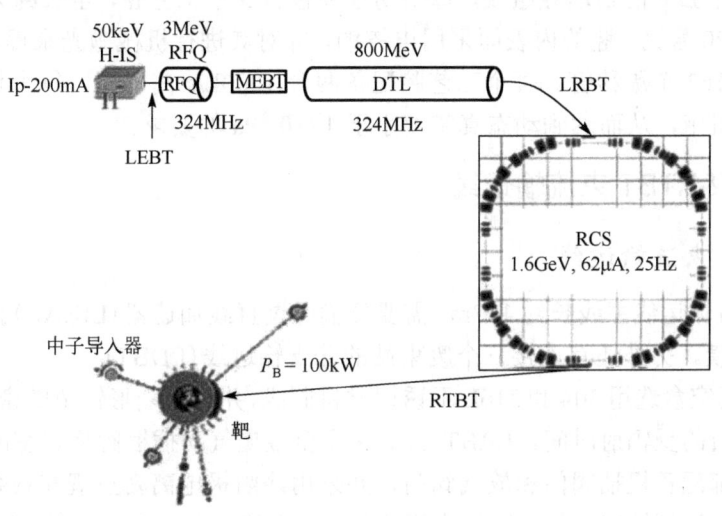

图 9-2 CSNS 整体布局图

9.2.1 负氢离子直线加速器

1. IS 和 LEBT

为了保证负氢离子束流的产生，直线加速器部分将采用压电阀，以 25Hz 的频率向离子源(IS)腔内注入 10sccm(1.69×10^{-2} Pa·m³/s)的氢气，氢气会在 IS 电磁场作用下产生负氢离子流。负氢离子从小孔引出，为了减轻负氢束流在真空中剥离的损失，动态真空度需要达到 2×10^{-3}Pa。因此，IS 采用两台分子泵作为主泵抽气，其抽气速率为 2000L/s，同时每台分子泵分别配备一台 8L/s 的涡旋泵。通过这种抽气系统，动态真空可达到 2.5×10^{-3}Pa，满足 IS 的工作要求。

LEBT 真空管道材料采用经过真空预处理的 304 不锈钢，其表面放气量很小，因此 LEBT 的气源主要是 IS 中的氢气。相对于 IS，由于 LEBT 束管孔径较小，这里将配备一台 800L/s 的分子泵机组来抽气，并通过差分方法来减轻 IS 中氢气对射频四极加速器真空系统的影响。

2. RFQ 和 MEBT

RFQ 腔体总长为 3.62m，选择无氧铜作为材料。由于腔体内特殊的四翼电极结构，流导受到限制，而 RFQ 的工作压强需小于 1×10^{-5}Pa，因此需要在 RFQ 的每个面上装有 CF150 法兰抽气孔，同时四个抽气孔需要相互并联，用分子泵和离子泵同时抽气，从而获得需要的有效抽气。采用两台抽气速率为 1000L/s 的离子泵和两台抽气速率为 500L/s 的分子泵机组同时进行抽气，为了便于连锁保护，通过气动插板阀将分子泵与 RFQ 腔体隔开。

MEBT 由聚束腔、束流测量元件和真空部件等组成，目的是匹配束流到下一段加速器中，从而降低束流损失。真空管材料采用不锈钢，全长 3.03m，内径基本为 50mm，在特殊部位采用变口径的真空盒。传输线上的两个聚束腔通过两台 200L/s 的离子泵排气，并在束流测量设备上加装两台 100L/s 的离子泵进行抽气。

3. DTL

DTL 由 4 个独立的物理腔组成，每个物理腔包含 3 个工艺腔，全长约为 34m。DTL 腔使用的材料为 20 号钢，腔的内表面采用电铸铜，并对其进行机械抛光来提高电导率。DTL 腔轴上悬挂着 162 个漂移管。每个工艺腔配备两台 1000L/s 离子泵，每个物理腔配置两台 500L/s 分子泵机组，从而达到动态真空度小于 1×10^{-5}Pa 的要求。

9.2.2 LRBT&RTBT 束流输运线

1. LRBT 束流输运线

LRBT 束流输运线主线长约 197m，需要传输经过直线加速器(LINAC)预加速的束流到 RCS 注入剥离膜。另外还有连接三个废束站的分支输运线(LDBT)。

LRBT 的真空盒选用 304 和 316L 不锈钢材料制成，并选用菱形铝垫圈密封的快卸法兰，以减少维护人员的受辐射时间。LRBT 利用 9 个全金属气动插板阀将真空区域分成 9 个区域，每个区域都配备粗抽阀门和放气阀门，并采用冷阴极电离真空规和残余气体分析仪来监测真空系统的运行情况。每个区域内平均每 6m 安装 1 台 100L/s 电离离子泵。各个区域相互独立，当某一区域出现故障时可以关闭这一区段阀门，以免其他区域受到影响。

2. RTBT 束流输运线

RTBT 束流输运线主线长约 145m，其需要传输从 RCS 环引出的高功率质子束流到靶站。还有一条连向废束站的分支输运线(RDBT)，总长约 37m。

RTBT 选用 304 和 316L 不锈钢材料制成真空盒，法兰则选用同样的快卸法兰。对于大于 200mm 孔径的快卸法兰，选用金属弹性密封圈，以增加可靠性。

RTBT 通过 6 个全金属气动插板阀将真空区域分成 6 个独立的区域。整个区域主要用一台 1000L/s 分子泵在屏蔽墙外抽气，其他区域则通过 200L/s 离子泵抽气，平均每 6m 安装 1 台，从而满足平均压强为 $8×10^{-6}$Pa 的设计要求。在靶的前 25m 处安装快阀，一旦质子束流窗或充气波纹管密封装置出现漏气，系统能够快速关闭快阀，以免其他区段暴露在大气中。

9.2.3 快循环同步加速器

快循环同步加速器(RCS)的主要任务是接受来自直线加速器的负氢离子，通过剥离膜转换为质子。

由于 RCS 中的二极、四极磁铁磁场快速变化，其真空盒的材料选择必须能够限制快速变化磁场引起的涡旋电流，以免造成巨大的热损耗和磁场干扰。因此，真空盒由热等静压成型的氧化铝陶瓷制成，具有高的强度和好的真空性能。

RCS 全长约 228m，通过 8 个全金属插板阀将真空区域分成 8 个区域。每个区域同样配有预抽阀门和放气阀门，利用分子泵机组粗抽真空，对于长的区域则采用 3 台分子泵机组同时抽气。最终 RCS 共安装了 41 台 300~1000L/s 离子泵，其真空度低于 $5×10^{-6}$Pa。

9.3 合肥光源真空系统

合肥光源(HLS)在 1989 年 4 月建成出光，是一台专用真空紫外和软 X 射线同步辐射光源，也是我国第一台自主建设的专用同步辐射光源。在 1998~2004 年间和 2010~2014 年间，分别经历了二期工程建设阶段和重大升级改造，通过先进的物理设计将合肥光源装置性能提升至极致，使其在真空紫外能区占有领先优势。在过去 30 多年中，合肥光源作为一个优良的实验平台，为我国材料科学、核科学、化学、能源等领域提供了许多帮助，并取得了一系列研究成果。

经过多次升级改造，如今合肥光源主要由一个 800MeV 直线加速器、一个 800MeV 电子储存环及实验线站三部分组成，整体的布局如图 9-3 所示。其中合肥光源目前拥有 10 条光束线及实验站，包括 5 条插入元件线站，分别为燃烧、软 X 射线成像、催化与表面科学、角分辨光电子能谱和原子与分子物理光束线和实验站，以及 5 条弯铁线站，分别为红外谱学和显微成像、质谱、计量、光电子能谱和磁性圆二色(MCD)实验站。由于不同的实验站对真空度的要求各不相同，本节重点介绍直线加速器及电子储存环的真空系统情况。

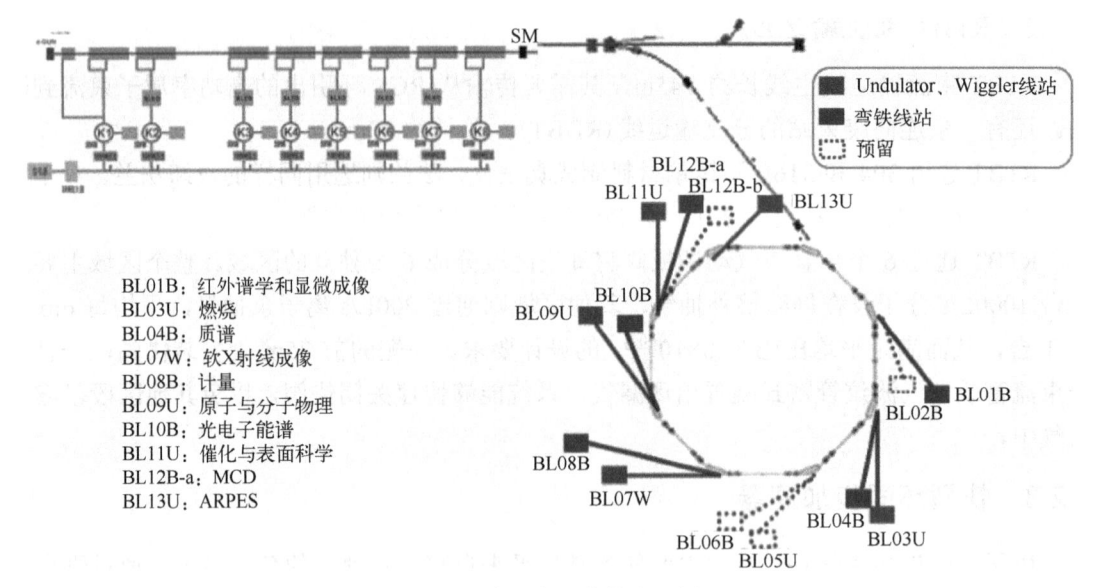

图 9-3 合肥光源整体布局图

9.3.1 合肥光源直线加速器真空系统

合肥光源的直线加速器是一台常规的行波直线加速器，能将电子能量提升到 800MeV。加速器总长 76m，其束流轴线部件主要组成部分为电子枪、预聚束器、聚束器、8 个 6m 加速段，以及真空、束流测量部件，同时还有为加速管提供微波功率的微波波导系统。真空系统部件包括加速管、漂移段真空室、束测元件真空室、刮束器、阀门、波纹管、真空计、充气阀、分子泵接口和离子泵等。直线加速器各个部件的真空度要求：电子枪真空度要求小于 1×10^{-6}Pa；加速管真空度要求小于 1×10^{-5}Pa；波导系统真空度要求小于 2×10^{-5}Pa；速调管陶瓷窗真空度要求小于 5×10^{-6}Pa。

由于电子枪是直线加速器真空系统中要求最高的部件，系统采用一台抽速为 200L/s 的溅射离子泵作为主抽泵，电子枪系统通过一个 CF35 全金属闸板阀与下游聚束器段真空室相连。此外，安装有全金属角阀用于分子泵机组对电子枪系统的预抽。直线加速器除加速管及特殊要求真空室外均采用内径为 35mm 的不锈钢管道，并采用溅射离子泵作为主抽气泵，在每隔 6m 的两个微波耦合输入接口处各放置一个 100L/s 的溅射离子泵泵站，通过 2 台溅射离子泵实现各个间隔段的高真空度。此外，由于每个加速管之间是漂移段真空室连接，因此长度小于 1m 的连接段不布置溅射离子泵站，最终共布置溅射离子泵 48 台。首先用机械泵和分子泵进行抽真空，然后在一定真空度下启动溅射离子泵，实现高真空的获得。直线加速器采用全金属闸板阀作为隔断阀门，分子泵接口阀门则采用全金属角阀，其中全金属插板阀共 4 个，全金属角阀共 20 个。

9.3.2 合肥光源电子储存环真空系统

合肥光源电子储存环周长 66m，运行能量 800MeV，电子束流进入储存环后长时间储存，为同步辐射实验提供高品质同步辐射光。存储环由 8 块弯转磁铁、32 块四极磁铁和 32 块多功能六极磁铁组成。环内共有 8 个直线段，一个用于安装储存环注入系统，将注入器的束流注入储存环中,一个直线段用于安装高频系统,用于补充电子束流的同步辐射能量损失,其余可根据实验需求安装不同元件。电子储存环的动态真空度要求达到 2×10^{-7}Pa。

储存环的主要气载来源于同步光与真空室壁相互作用引起的光致解吸,是决定环内残余气体压强的重要因素。为了确保真空度,设计组在弯段上设有分布式离子泵来抽走残余气体,同时在弯段下游出口处布置一台抽速为 200L/s 的 NEG 泵,这种排气方案能够迅速有效地抽走解吸气体。

在电子储存环中,设计了一种全新的指状屏蔽方圆过渡波纹管段真空室。铜制指状屏蔽板一端固定在法兰矩形口上,另一端斜压在波纹管的圆形内衬壁上,与内衬壁形成滑动的电接触。指状屏蔽板不仅起着直段圆真空室和弯段方真空室平滑过渡的作用,同时对波纹管的起伏起屏蔽作用,并为安装 NEG 泵留出了空间。

如今 NSRL 储存环真空系统的静态真空度可达到 2×10^{-8}Pa。为了在短时间内恢复环系统真空,采用了环真空室整体原位通大电流烘烤,离子泵排气 24h 后,环内平均真空度即达到 2×10^{-7}Pa。

9.4 上海光源真空系统

上海光源(SSRF)是一台第三代中能同步辐射光源。上海光源总共包括三大加速器,分别是一台 150MeV 的电子直线加速器、一台能在 0.5s 内将电子束能量从 150MeV 提升到 3.5GeV 的全能量增强器和一台周长 432m 的 3.5GeV 高性能电子储存环,光束线沿着电子储存环的外侧分布,连接着实验站与电子储存环。上海光源加速器位置分布如图 9-4 所示。

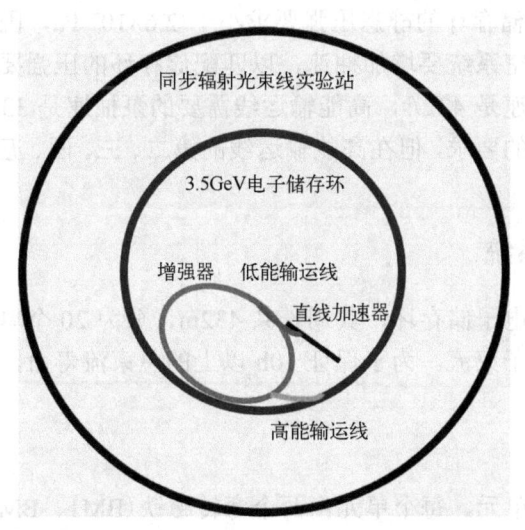

图 9-4 上海光源加速器位置分布示意图

9.4.1 输运线真空系统

在直线加速器、增强器和储存环之间分别由低能输运线(Linac to Booster,UTB)和高能输运线(Booster to Ring,BIS)进行连接,高能、低能输运线的主要作用是将束流传输到增强器和储存环中，保证传输束流的参数与注入点处的横向截面参数相匹配。此外，因为储存环的真空度低于增强器，所以输运线真空系统还需保障在交界位置压力的相容性。

1. 总体布局

低能输运线全段长 19.15m，由两个 15°弯段和三个直线段组成。高能输运线全段长 46.5m，由五个 9.45°的弯段和四个直线段组成。输运线管道主要由真空系统、束测系统和防护系统的部件组成。真空室全采用不锈钢材料制成，其中直线段采用 304L 不锈钢，弯转段则采用 316L 不锈钢。

低能输运线的两端采用两个插板阀将其与直线加速器和增强器隔开。若真空系统出现故障，如漏气或更换部件时，可以将体积较小的真空区域暴露于大气，方便对故障进行检测和排除。

由于输运线四极铁区域和二极铁区域的束流清洗区形状是不一样的，分别为圆形包络和椭圆包络，因此直线段区域的真空盒是圆形截面，弯转段区域的真空盒是矩形截面。

2. 抽气系统

输运线的气载主要来自真空室的热脱附，以及同步辐射光在真空室表面激发的光电子致解吸。但由于低能输运线的电子能量较低，大概是 150MeV，而高能输运线的电子平均流强只有 5mA，因此光电解吸气载可以忽略不计，只考虑表面的热脱附气载。此外，输运线真空室残余的气体主要是 H_2、CO、H_2O、N_2 和 CO_2，对于惰性气体没有特殊要求，因此无论在高能、低能输运线上，主泵系统将全部采用二极溅射离子泵(SIP)。同时离子泵将全部采用大直径圆筒的泵站结构进行安装，减少有效抽速的损失。在避开特殊部件的基础上，离子泵按照一定间距排布，目的是使得输运线的压强分布均匀。由于输运线要求整段压强小于 $2×10^{-5}Pa$，而储存环的静态压强要求小于 $2.6×10^{-8}Pa$，因此在靠近储存环注入区域，高能输运线处的真空系统要增加抽速，以匹配储存环的压强要求。通过计算，泵口处低能输运线需要的泵抽速是 42L/s，高能输运线需要的泵抽速是 33L/s，因此 50L/s 的离子泵可以满足两个输运线的要求，但在高能输运线的第二、三、四、五弯转磁铁段采用 100L/s 的离子泵。

9.4.2 储存环真空系统

上海光源的主体是电子储存环，其周长共 432m，分为 20 个单元，储存能量 3.5GeV、流强 200～300mA 的电子束流。为了保证 10h 以上的总束流寿命，束流室内的平均动态压强必须达到 $1.3×10^{-7}Pa$。

1. 总体布局

储存环分为 20 个单元，每个单元由两个弯转磁铁(BM1、BM2)和多个四极磁铁、六极磁铁、校正磁铁(QM、SM/CM)组成。每个单元内的真空室总长约 20m，分成七段，相互用波纹管或 CF 方法兰连接。其中六段被磁铁包裹，还有一段在直线段内无磁铁包裹。

为了减小束流功率损耗，将采用典型的双真空室结构。由于磁铁占据一部分的空间，泵口会离束流室较远，这使得真空室的最大宽度达到 380mm，3mm 的壁厚在大气负载下变形将比较大。为此，真空室内外都附加了加强筋，内部加强筋隐藏在吸收器的阴影区内，这样可以不影响抽气流导，而外壁加强筋位置受限于磁铁。

真空室是储存环的主要设备之一。SS316LN 为储存环真空室的首选材料。光子吸收器排列在真空室上，作为引出同步辐射光的准直器，同时吸收所有残余的同步辐射光，避免它们直接辐照真空室内壁，并把热量转移到真空室外。此外，还需要真空室的电阻率和真空阻抗很低，并且为了将沉积在真空室上的热量转移走，需要一定的导热性能。

2. 抽气系统

储存环采用多台钛升华泵、溅射离子泵和非蒸散型吸气剂泵来抽除大量光电解吸气载，使得真空系统的动态真空达到 1.3×10^{-7}Pa，最终满足电子束流寿命大于 10h 的要求。

(SIP + NEG) 复合泵主要用途是增加了泵的抽速体积比，NEG 泵和 SIP 的优缺点互补。NEG 泵被激活前，复合泵的极限真空是 1.1×10^{-8}Pa。激活后，复合泵对 CO 的抽速约 700L/s，极限真空达到 7×10^{-10}Pa。但由于磁铁和真空室间的空间限制，以及同步辐射光对吸收器的高效清洗，磁铁内的真空室不能实现现场烘烤，但不被磁铁包裹的真空室和全环所有真空泵都可以进行现场烘烤。

9.4.3 增强器真空系统

增强器真空系统主要由真空室、泵、阀门、规管、波纹管和支撑等部件构成，其中真空室是真空系统的关键部件。增强器真空系统的真空基本要求如下：①真空室内最高动态压强小于 2.66×10^{-5}Pa；②真空室内截面尺寸大于等于束流清洗区；③真空室壁上的涡流对二极铁磁场的影响在允许范围内；④性能可靠、寿命较长、维护方便、成本合理。

1. 总体布局

在增强器真空系统总体布局上，增强器周长总长为 180m，分三个超周期，为了方便调修及进行真空保护，用四个闸阀将全环分成三个区域(高频腔两端各加一个阀门)，每个区域配有一个放气阀和两个粗抽角阀，以及两套粗抽系统为气动闸阀，可遥控并与真空计信号连锁进行保护。同时在高频腔区段安装一台四极质谱仪。另外，每个区段都装有真空计和相应的高真空泵。

2. 抽气系统

为减小真空室内的涡流，采用电阻率较高的不锈钢为材料。真空室为小截面长管，全环采用 27 台 50L/s 的离子泵，以及 12 个超高真空规管。在注入、引出及高频段需要适当增加布泵密度或增大泵的抽速。

9.5 北京正负电子对撞机真空系统

北京正负电子对撞机(BEPC)是我国第一台高能加速器，也是高能物理研究的重大大型装置。BEPC 是当时世界上唯一在 τ 轻子和粲粒子产生阈附近研究 τ-粲物理的实验装置，也是该能区至今亮度最高的对撞机。为了提高国际竞争力，设计组对 BEPC 进行升级改造。由于 BEPC 是一台单个储存环的对撞机，只有一对正负电子束团在储存环中进行对撞，这样的结构限制了对撞亮度的提高。因此，升级的主要任务是在已有的隧道里建造双环对撞机，使得 BEPC Ⅱ 的亮度达到 $1\times10^{33}\mathrm{cm}^{-2}\cdot\mathrm{s}^{-1}$，比 BEPC 的亮度提升 100 倍，从而大大提高了竞争力。

BEPC Ⅱ 由四大部分构成：注入器与束流输运线、储存环、北京谱仪和同步辐射装置。其主要工作过程是：首先直线加速器产生的正负电子束分别由两条束流输运线注入储存环，当两条束流在储存环中积累并达到工作状态所需要的流强和能量后，两条束流会在对撞点交叉、对撞。同时安放在对撞点的北京谱仪开始工作，获取对撞产生的粒子信息。下面将对 BEPC Ⅱ 主要部分的真空系统进行介绍。

9.5.1 BEPC Ⅱ 注入器真空系统

注入器是一台 200m 长的直线加速器，用于为储存环提供正负电子束，电子束能量能达到 1.1～1.55GeV。注入器运行时的真空度指标为：电子枪真空系统：$P \leqslant 5\times10^{-7}\mathrm{Pa}$；正电子源真空系统：$P \leqslant 1\times10^{-6}\mathrm{Pa}$；速调管真空系统：$P \leqslant 5\times10^{-6}\mathrm{Pa}$；常规真空系统即加速管真空系统：$P_{\min} \leqslant 5\times10^{-5}\mathrm{Pa}$。

注入器真空系统分布在上下二层楼，分别由 200m 速调管走廊真空系统、200m 加速管（正负电子束流管道）真空系统组成，上下两层楼之间通过真空管道和微波管道连接，并根据工作需要将真空区域划分成 6 个大区段，连接处用阀门隔离。

为了实现正常运行所需要的真空度，注入器真空系统采用小泵分散抽气方式，这样能够充分发挥国内离子泵技术特点，使得加速器真空分布均匀、真空梯度合理。同时在加速管旁安装与离子泵平行的 100cm 口径的不锈钢真空圆管道，用来调配真空系统中的离子泵抽速，如果离子泵出现故障，它可以确保附近的离子泵能够正常维持工作。此外将圆管道延伸到楼上，在 200m 速调管走廊里安装粗抽机组，使工作人员可以在出现真空故障后不需要马上下到剂量辐射区，提高人身安全系数，保证核心部位安全。真空设备以 55 台三极 70L/s 离子泵为主，16 台二极 150L/s 离子泵及部分三极 30L/s 离子泵为辅。同时有 5 个直径为 150mm 和 6 个直径为 25mm 全金属的 VAT 超高真空阀门，17 个直径为 100mm 和 6 个直径为 150mm 的粗真空阀门，构成完整的真空保护系统。同时为了减少残余气体对束流造成的损失，要求电子枪、正电子源等核心部位真空系统采用无油机组，防止出现油蒸气反扩散所造成的污染。

9.5.2 BEPC Ⅱ 储存环真空系统

储存环周长全长为 240m，每个环分成Ⅰ区、Ⅱ区、Ⅲ区、Ⅳ区、正电子注入区、负电子注入区、第一对撞区和第二对撞区。因为在维修超导高频腔时部件会离开原本的位置，为了避免其他区域漏气，在超导高频腔的两边安装了 2 个 RF 屏蔽型真空闸板阀。每个环共有 8 个 RF 屏蔽型真空闸板阀，将环分成 8 个区域，每个区域都有粗抽真空阀和放气阀。

BEPC Ⅱ 是由 BEPC 单环发展成正负电子双环，既要使用 BEPC 原有的隧道，同时要充分利用 BEPC 原有磁铁、插入件和同步辐射光束线。弯转真空盒需要带有前室，以便增加光电子和二次电子与正电子束间的距离，减小两者之间的相互作用。同时需要在正电子环束流通道内表面镀氮化钛来减少二次电子，避免引起电子云对正电子束的影响。另外，在前室真空盒上安装大量的光子吸气器,避免同步光打到波纹管、真空盒和法兰焊缝处。最终,储存环的动态压强需要低于 $7×10^{-7}$Pa,来满足束流寿命大于 10h 的要求。

储存环真空系统首先通过无油涡轮分子泵机组将真空环境粗抽到 10^{-5}Pa,主抽泵采用吸气剂泵和钛升华泵,离子泵用来维持真空,并且泵送其他真空泵所不能抽除的甲烷及惰性气体等。

9.6 CEPC 真空系统

环形正负电子对撞机(CEPC)主要由加速器和探测器两部分组成。加速器主要负责产生正负电子并对它进行加速,最终让正负电子精确聚焦对撞,并制造极端环境,对撞产生的物理事件具有极大的研究价值。加速器首先将正负电子的能量从零提升到 10GeV,并继续提高到 120GeV,然后再将正负电子送入两个储存环进行对撞(120GeV,$3×10^{34}$cm^{-2}·s^{-1})。而探测器则是用来记录碰撞后带电和不带电的微观粒子。CEPC 的布置图如图 9-5 所示。

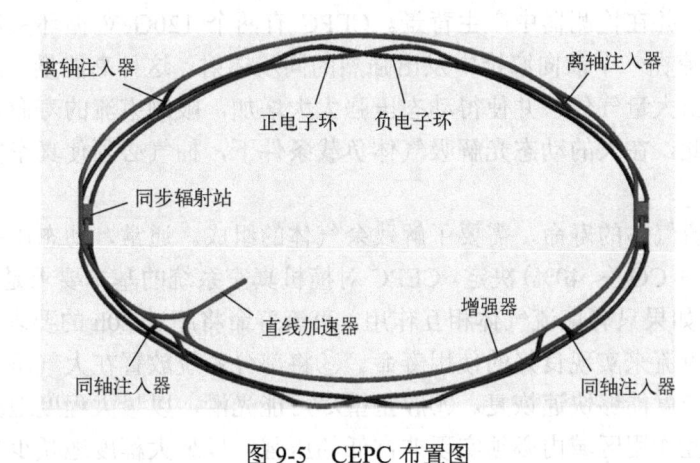

图 9-5 CEPC 布置图

9.6.1 CEPC 直线加速器真空系统

1. 真空要求

直线加速器真空系统将提供稳定且可接受的压强,以提高束流传输效率,并保护波导、加速管和电子枪免受高压电弧引起的损坏。在此情况下,为了避免电子枪阴极被污染,直线加速器的动态压强要求小于 $2×10^{-7}$Torr。表 9-1 是直线加速器真空系统的设计参数。

表 9-1 直线加速器真空系统的设计参数

设备及部分	静态压/Torr	动态压/Torr
电子枪	$<1×10^{-9}$	$<2×10^{-8}$
ESBS	$<5×10^{-8}$	$<2×10^{-7}$
加速器段	$<5×10^{-8}$	$<2×10^{-7}$
波导管段	$<5×10^{-8}$	$<2×10^{-7}$

2. 真空室与抽气系统

真空室将由低磁导率的不锈钢制成,并使用 Conflat 法兰安装。通过金属闸阀将直线加速器真空系统分为 29 个扇区,高真空环境主要采用 1310 个溅射离子泵实现,同时真空室内有 611 个冷阴极压力表进行压强测量。抽真空过程首先是使用带有干涡旋泵的便携式涡轮分子泵(TMP)将压强从大气压粗略地降低到真空区域,当获得的压强小于 1×10^{-6}Torr 时,溅射离子泵将开启来提供稳定的高真空度。在真空管道处于高真空状态时,TMP 将与所有金属阀门手动隔离,以防止真空管道由于泵或电源故障而暴露在大气中。

由于管道中的高辐射水平,直线加速器真空系统的电源和控制器将位于维修区域。真空设备(如液位计控制器、泵控制器、闸阀及具有本地和远程功能的残余气体分析仪)将与机器控制系统连接,以进行远程监控、操作和控制。

9.6.2 CEPC 对撞机真空系统

束流寿命和稳定性在储存环中至关重要。储存环内部的束流与残余气体分子的相互作用导致束流损失,并在检测器中产生背景。CEPC 有两个 120GeV 循环束流,每个流强为 17.4mA。这些束流在一个前向窄锥中发出强烈的同步辐射,这种高能量、高通量的光子会在真空室中释放出大量气体,并使得动态压强大大增加,限制束流的寿命,且导致实验背景噪声增加。因此,在大的动态光解吸气体负载条件下,抽气必须使真空室保持在规定的工作压强内。

为了评估束流气体的寿命,需要了解残余气体的组成。通常,动态压强主要由脱附的 $H_2(>60\%)$ 和 $CO+CO_2(<40\%)$ 决定。CEPC 对撞机真空系统的基本要求是:①真空度低于 3×10^{-9}Torr,满足如果只有束流气体相互作用,束流寿命将超过 20h 的要求。②初次启动后立即使用存储的束流来实现良好的使用寿命。③将部分系统放置在大气压下进行维护或修理后,系统的真空度能够快速恢复。④腔室壁尽可能光滑,以最大程度地减少束流感应的电磁场。⑤在相互作用区域内必须实现非常低的压强,以最大程度地减少来自束流气体散射产生的检测器背景,理想情况是磁体外部的气压达到 3×10^{-10}Torr 或更低。⑥需要足够的冷却以抵消同步辐射和高阶模(HOM)损耗相关的热负载。

到目前为止,国际上已经构造了几种具有双储存环的电子和正电子对撞机。这些不同对撞机的真空系统参数在表 9-2 中进行了比较。

表 9-2 不同对撞机储存环的真空系统参数

参数	PEP II (美国)		KEKB (日本)		LEP2 (CERN)	CEPC (中国)
	e^+	e^-	e^+	e^-	e^+, e^-	e^+, e^-
能量/GeV	3.11	9.00	3.5	8.0	96	120
束流流强/A	2.14	0.95	2.6	1.1	2×0.007	0.0174
周长/m	2199.32		3016.26		26700	100000
弯曲半径/m	13.75	165	16.31	104.46	3096.18	10700
弯转区泵类型	TSP、IP	IP	NEG 泵、IP	NEG 泵、IP	NEG 泵、TSP、IP	NEG 泵、IP

1. 同步辐射功率和气体负载

在真空系统设计中，必须考虑与同步辐射有关的两个问题：一个是高热流密度对真空室壁的加热，另一个是光子致解吸和热致解吸产生的强气体解吸。一旦束流开始循环，由同步辐射引起的动态压强会上升几个数量级。

光致解吸系数 η 是腔室的属性，取决于以下几个因素：①室壁材料；②材料和制备方式；③事先暴露在辐射中的量；④光子入射角；⑤光子能量。光子致解吸而产生的有效气体负载为 1.0×10^{-3}Torr·L/s，线性同步辐射气体负载 Q_{LSR} 为 1.5×10^{-8}Torr·L/(s·m)。真空室的热致气体解吸率为 1×10^{-11}Torr·L/(s·cm^2)，对于椭圆形横截面的真空室（$H\times V$ = 75mm×56mm），线性热致气体解吸负载 Q_{LT} 为 2.1×10^{-8}Torr·L/(s·m)。线性气体总负载为 3.6×10^{-8}Torr·L/(s·m)。

2. 真空室

由于沉积的同步辐射功率需要一个水冷的高电导率腔室（铝或铜），LEP 中使用了挤压铝制腔室。它们经过水冷并覆盖有铅包层，以防止其他组件受到辐射损坏。铜目前已被广泛用于 B 介子工厂的真空室中，并且发现其初始分子解吸产额比铝低了近 1~2 个数量级。由于铜具有较低的气体分子产率、较低的电阻及较小的辐射长度，在防止光子逸出穿透真空室壁并损坏磁体和其他组件方面有很好的效果，因此，铜是对撞机真空室的首选材料。另外，由于电弧中的腔室壁需要承受很高的热负荷，因此具有优良导热性的铜也能够满足使用。然而直段中的真空室则由不锈钢制成。

对铜进行的光子致解吸（PSD）测试结果表明：可以在合理的时间内实现 10^{-6} 的光致解吸系数。如此低的光致解吸系数可以将真空室设计为常规的椭圆形或八边形形状，而不是采用制造难度更大且昂贵的前室设计。因此，铜最明显的成本缺点可以通过真空室形状的相对简单、所需抽气量的减少及真空系统调试时间的缩短这三部分抵消。

但考虑到制造成本，电子环的真空室则由铝合金制成，而正电子环的真空室则由铜制成，以降低二次电子的产额来避免电子云的不稳定性。辐射屏蔽则通过放置在磁体内部的铅块完成。CEPC 对撞机的二极真空室横截面为椭圆形，宽 75mm，高 56mm。二极子室的长度为 6m，室壁的厚度为 3mm，通过附在束管外壁上的冷却通道将同步辐射照射到室壁上所产生的热量带走。正电子环的束流管道将通过全长度的 UNS C10100（高纯度、无氧、高导电性的铜）挤压而成，冷却通道将由 USN C10300（无氧的铜合金）制成。真空法兰由不锈钢制成。

对于真空室的设计，主要挑战之一是如何充分处理入射在真空室壁上的高同步辐射功率。该腔室由一个挤压铜腔室和带有两个混合型端部法兰的冷却通道组成。然后将这些部件清洗并通过电子束焊接进行连接。焊接后，将子组件拉伸成型，然后对端部进行机械加工并清洁零件。最后，将末端法兰通过氩弧焊焊接到腔室的末端。一体式腔室的挤压消除了所有纵向真空焊缝，从而提供了更加精密和可靠的腔室。电子环的铝制腔室则由 Al-6061 挤压成型，不锈钢法兰通过过渡材料焊接到腔室的端部。

3. 抽气系统

金属闸阀将 100km 周长的环细分为 520 个部分，这样做可以在大气压下，能够在可控制管理的长度和体积范围内完成下泵、检漏、烘烤和真空联锁保护。抽真空过程首先是通过无油涡轮分子泵组将环内的压强降低到大约 10^{-7}Torr，主泵是通过在正电子环中镀有 NEG 的铜腔室实现的，溅射离子泵则是用于维持真空系统的压力，同时用来抽走 CH_4 和 NEG 泵无法抽走的惰性气体。电子环中的铝室被相距约 6m 的溅射离子泵和 NEG 泵共同抽气。对于探测器所在的相互作用区域中的抽气系统，根据可用空间的不同，将使用 NEG 泵、升华泵和溅射离子泵。NEG 涂层主要是选用钛锆钒合金，通过溅射沉积在腔室的内表面上。沿腔室长度方向间隔了几个陶瓷垫片，在末端增加了两个适配器。腔室通过涡轮分子泵组抽真空至 10^{-9}Torr 范围，然后将涂层烘烤 24h 并用氦气进行泄漏测试，同时使用残余气体分析仪(RGA)监测分压。

NEG 涂层室中的真空度可以通过降低脱附率和使用 NEG 合金直接抽气来改善。采用溅射离子泵是因为需要其来抽除不能被 NEG 吸收的 Ar、He 和 CH_4 等气体。在离子束清洗期间，CH_4 将是残余气体的重要组成部分，这决定了整个系统所需要安装的溅射离子泵的数量。溅射离子泵的安装间隔为 6~18m。如果有更高真空度的要求，泵的数量也需要增加。只有在激活 NEG 泵之后才启动溅射离子泵，即需要在 10^{-7}Torr 或更低的压强下启动。

9.6.3　CEPC 增强器真空系统

增强器以不同的能量向对撞机提供电子束和正电子束。从零电流开始的初始注入到注满都应由增强器完成。束流在 10GeV 直线加速器中加速，然后注入增强器并加速到三种对撞机工作模式(Higgs、W 和 Z)所需的特定能量。增强器与对撞机在同一管道内，位于对撞机环上方，但在相互作用区域，有旁路来避开 IP1 和 IP3 处的探测器。

增强器(Booster)真空系统包括腔室、波纹管、泵、压力表、阀门和其他部件。为了减小束流损失和残余气体引起的韧致辐射，需要的平均压强小于 3×10^{-8}Torr。由于不锈钢的电导率很低，不稳定，限制了束流，因此选择了电导率较高的铝作为增强器室的材料。采用常规的高真空技术，并通过在圆周上分布的小型离子泵实现高真空。

1. 热负载

增强器稳定运行时，得到：E = 120GeV，I = 0.00053A，ρ = 11380.8m，由此总同步辐射功率 P_{SR} 为 854.6kW，线性功率密度 P_L 为 12W/m。由上两种功率引起的热负荷可以忽略不计。由于磁场变化非常缓慢，因此涡流感应引起的热负荷几乎为零。在没有循环束流的情况下，热致气体解吸影响基本压强的主要因素。光致解吸产生的有效气体负载为 3.1×10^{-5}Torr·L/s。线性同步辐射气体负载为 4.3×10^{-10}Torr·L/(s·m)。对于直径为 5.5cm 的圆形横截面，真空室的热致气体解吸速率为 1×10^{-11}Torr·L/(s·cm^2)，则线性热解吸气体负载 Q_{LT} 为 1.7×10^{-8}Torr·L/(s·m)。与热致气体解吸相比，光致解吸的气体负载可以忽略不计。

2. 真空室

铝合金由于高的电导率、热导率，以及易于挤压和焊接等优点，被广泛用于电子/正电子储存环。此外，从成本的角度考虑，铝合金比不锈钢或铜便宜。大多数铝合金不会在机械加工和焊接过程中磁化，也不会形成长久的放射性。但是，由于相对较低的强度和硬度，将铝合金用于全金属密封法兰并不恰当。

增强器二极磁铁真空室的横截面是直径 55mm，长度约 6m，壁厚 2mm 的圆环。腔室由 Al6061 挤压成型，不锈钢过渡法兰则通过过渡材料焊接到端部。

3. 抽气系统

增强器周围共有 520 个真空阀和 2160 个压力表，以及其他设备，如泵控制器。可编程逻辑控制器(PLC)是真空保护互锁系统的核心，将用于监视仪表的设定点输出并提供扇形闸阀的控制。PLC 还将向 RF 和其他子系统输出互锁信号，并从其他子系统接收互锁信号。

9.6.4 CEPC 阻尼环真空系统

阻尼环是一个 58.47m 的储存环，包括真空室、泵、压力表和阀门。需要小于 5×10^{-8}Torr 的平均压强，以最大程度地减少由束流残余气体散射引起的束流损失和韧致辐射。阻尼环真空系统将采用常规的高真空技术，并通过在阻尼环周围分布的小型离子泵实现高真空。

计算电子束以均匀圆周运动发射的同步辐射功率，得到：$E = 1.1$GeV，$I = 0.016$A，$\rho = 3.616$m，从而可得出总同步辐射功率 $P_{SR} = 573$W，线性功率密度 $P_L = 25$W/m，这对于热负荷可以忽略不计。气体负载包括热致气体解吸和同步辐射引起的光子致解吸。在没有循环束流的情况下，热致气体解吸是影响基本压强的主要因素。计算发现，由于光子致解吸而产生的有效气体负载为 8.5×10^{-6}Torr·L/s，线性 SR 负荷为 3.8×10^{-7}Torr·L/(s·m)。经过良好的烘烤和精细的处理，不锈钢的热致气体解吸速率为 1×10^{-11}Torr·L/(s·cm^2)。对于直径为 30 mm 的圆形横截面，线性热致解吸气体负载 $Q_{LT} = 9.4\times10^{-9}$Torr·L/(s·m)。因此，与光子致解吸气体负载相比，热致气体解吸负载可以忽略不计。

真空室是由不锈钢制成的椭圆管。真空室的内部横截面为 33mm×30mm。在阻尼环圆周上共有 40 个 30L/s 离子泵，泵通过 50mm 长的 Φ63mm 管连接到真空室，将抽气速率限制为约 20L/s。由于泵端口上有 RF 屏，会将每个离子泵的有效抽气速率进一步降低到约 15L/s。对于腔体的热致气体解吸速率，由于腔体的现场烘烤困难，预期会有很大的气体负载，保守估计热致气体解吸速率为 5×10^{-11}Torr·L/(s·cm^2)，因此在 RF 扇区中部署了两个 400L/s 的离子泵。但由于节流孔的流导限制，有效抽速大约为 360L/s。并且阻尼环中的光子致解吸作用更强，如果残余气体成分更接近对撞机(即 75%的氢气和 25%的一氧化碳)，则流导会比大气流导高 3.4 倍。

9.7 SPPC 真空系统

超级质子对撞机(SPPC)将探索能量前沿物理学中的许多问题，包括电弱对称破裂(Electroweak Symmetry Breaking, EWSB)的机制和电弱相变的性质，自然性问题及对暗物质的理解。SPPC 将探索新的领域，并在回答所有这些问题方面具有重大突破的巨大潜力。SPPC 的质心能量为 75TeV，每 IP 的标称亮度为 1.0×10^{35}cm^{-2}·s^{-1}，并且以后可以升级到更高的亮度。SPPC 的最终升级阶段是探索质心能量为 125~150TeV 的物理规律。

SPPC 将在实验粒子物理学中发挥核心作用，其设计示意图如图 9-6 所示。

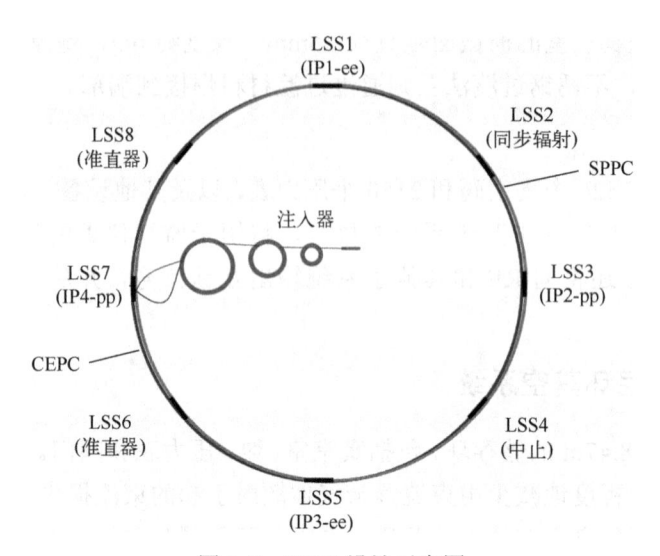

图 9-6 SPPC 设计示意图

9.7.1 SPPC 真空设计挑战

SPPC 将与正在建造的 CEPC 共存，与 CEPC 位于同一条隧道中，周长 54.4km。隧道的形状和对称性是两个对撞机之间的折中方案。同步辐射热载荷给真空系统带来了严峻的技术挑战，并可能限制循环束流。如果在磁铁孔的液氦温度下吸收热量，则同步辐射的热负荷会过大，因此必须在更高的温度下吸收热量。在束流和真空室之间必须装有束屏或其他捕获系统。但这限制了束管孔径，提高了束流阻抗，或增加了所需的超导磁铁孔半径。束屏的工作温度是设计中的关键参数。束屏在控制耦合阻抗和减少电子云效应方面也很重要。

9.7.2 SPPC 真空设计要求

SPPC 具有三个真空系统：用于低温系统的绝热真空；用于低温区的束流真空；以及用于常温段的束流真空。

1. 绝热真空系统

这里的目的仅仅是避免对流传热，不需要很高的真空度。在冷却之前，低温恒温器中的室温压强不必高于 10Pa。因此，只要没有明显的泄漏，当温度变冷时，压强就会稳定在 10^{-4}Pa 左右。由于 SPPC 需要大量的绝热真空，因此需要精心设计以降低成本。

2. 低温区的束流真空系统

原则上，高温超导磁铁（HTS）的冷孔温度可以达到 4K 以上。与低温超导磁铁（LTS）相比，这大大节省了低温系统的成本。然而，为了减少束流的损耗或束流质量下降，这就需要非常高的真空度。而这对温度的选择提出了一个关键的限制，因为氢气的抽气速率与温度密切相关。目前，SPPC 正在考虑采用 LHC 中使用的传统温度 1.9K，又或者开发一种在温度为 3.8K 时的解决方案。若选择后一种情况，则需要一个辅助泵系统，如 LHC 中使用的低温吸收器。

在束流相互作用区域或使用超导四极杆的实验区域周围，真空情况必须非常好[小于$10^{13}m^{-3}(H_2)$]，以避免在检测器中产生噪声。此外，由于该区域的束流轨道是直线的，同步辐射相对较少。

在弯转区中，真空需求基于束流寿命，而束流寿命则取决于质子在残余气体上的散射。为了确保束流寿命约为 100h，这便要求等效氢气密度应低于 $10^{15}m^{-3}(H_2)$。此处的挑战主要是巨大的同步辐射功率。如果同步辐射在 3.8K 的磁铁温度下直接落在磁铁孔上，则导出同步辐射功率所需的冷却功率将会过高。因此，同步辐射必须在束屏上截获，束屏在较高的温度（如 40~60K）下工作，并且位于束流和低温管道之间。在此温度区间内，该束屏将解吸出氢气，特别是如果它直接暴露于同步辐射下。

3. 常温区的束流真空系统

常温区将用于容纳束流准直、注入和提取系统。由束流损失导致的气体解吸，对系统抽气的要求很高，因此可能需要镀有 NEG。这些部分的总长度有限，或比冷段短得多。

9.8 LHC真空系统

9.8.1 LHC真空系统概述

大型强子对撞机（LHC）是现在世界上建成的最大的、能量最高的加速器，由世界上最大型的粒子物理学实验室——欧洲核子研究组织（CERN）于 2008 年建成。LHC 是一种将质子通过不断加速到一定速度后进行对撞的高能物理设备，位于侏罗山地下 100m 深的隧道内，建设的目的是探索新的微观粒子及实现微观量化粒子。LHC 的粒子对撞时总质心能量为 14TeV，流强为 0.53A，通过加速器与存储环将两束质子分别加速到极高能量状态后进行对撞，对撞后的能量状态与宇宙大爆炸后不久的状态相似，通过检测撞击的数据，研究更深层次的物理现象。

LHC 由两个长度为 26.7km 的超导存储环组成，在 54km 的总长度中，弯转区占 48km。每个储存环都分别具有八个长直线段（Long Straight Section，LSS）和八个弯转区（Bending Arcs），相邻两个弯转区通过长度为 600m 的长直线段连接。LHC 还包括两个实验对撞点 ATLAS 和 CMS（Compact Muon Solenoid），以及加速器激光综合实验（Accelerators and Lasers in Combined Experiments，ALICE）和 B 介子实验，包括用作注入器的超级质子同步加速器（Super Proton Synchrotron）的两条束流传输线的位置，加速射频（RF）系统，束流捕集器（Beam Dump）系统和两个束流清洁部件的位置。

1. LHC真空要求

LHC 真空系统旨在满足设备运行时的各项物理要求，最主要一点是束流寿命的要求，一般为 100h。为了最大限度地减少粒子探测器产生的背景辐射，高亮度实验的相应长直线段中的平均气体密度已大约限制为 $5×10^{12}m^{-3}(H_2)$。LHC 中的静态压强一般低于 10^{-9}Pa，但是在束流运行期间，LHC 真空系统部件会受到光子、电子和离子轰击的诱导，从而引起分子解吸产生动态压强波动。因此，需要通过真空系统的设备与布置，使得系统真空度满足要求。

2. LHC 真空系统组成

LHC 的真空系统由两个主要部分组成，一是低温绝热真空（Cryogenic Insulation Vacuum）系统，二是常温真空（Room-Temperature Vacuum）系统，它们需要分别满足不同的要求。为了实现各个系统内较高的真空度，不同系统采用不同的真空技术。低温绝热真空系统依赖于束屏或低温管道技术，常温真空系统则依赖于吸气剂涂层技术。在低温系统中，电子云不仅引起分子解吸，而且会将大量的热负荷耗散到低温系统，因此低温绝热真空系统需约 10^{-4}Pa 的压强来避免通过气体传导产生的热负荷。同时，需要温度维持在 1.9K 的低温管道，管道装有温度为 5~20K 的束屏来转移热负载。常温真空系统则必须为实验提供良好的束流寿命和较低的探测背景，需要比低温真空系统更高几个数量级的真空度，其主要位于保持常温的长直线段中，并含有不挥发气体的涂层来满足束流碰撞所需要的真空度。

1) 低温绝热真空系统

LHC 的低温绝热真空系统由一个近 3km 长的连续弯转区低温恒温器组成，被细分为 14 个扇区，每个扇区长 212m，不同扇区之间真空区域的隔离通过真空扇形阀完成。该阀门将弯转区低温恒温器细分为多个区域，这些区域可以分别进行抽气、调试和泄漏检查。同时，这些扇形阀也将低温管线的真空与低温恒温器分开。

在 LHC 弯转区中，解吸的分子可以通过抽气孔从束屏向低温管道逸出，并物理吸附在 1.9K 的冷孔表面上。

由于在磁铁外表面和束屏上的低温泵完全足以维持系统冷却后的静态绝热真空，因此可以不使用常规的涡轮分子泵组进行真空粗抽。在发生过量氦气泄漏的情况时需要在机器运行期间提供额外的抽气措施。在这种情况下，可以通过连接外部泵或安装具有大的氦气抽吸能力的炭涂层低温面板来实现这种额外的抽气。

2) 常温真空系统

LHC 的常温真空系统主要由镀有非蒸散型吸气剂（NEG）涂层的真空室和相关机器设备（如准直仪、射线束仪器、偏转磁铁等）组成。

在常温真空系统安装过程中，需要先对所有真空系统部件进行现场烘烤，并在 230℃ 的温度下烘烤 24h 来激活 NEG 涂层。由于真空系统中总共约有 85% 的区域是有 NEG 涂层的，在此过程之后，极限压强可以低于 10^{-9}Pa，并且压强波动主要来自周围未镀膜零件的局部放气。为了防止常温零件在烘烤过程中热脱附的分子污染未烘烤的低温绝热真空系统，在低温恒温器的末端装有扇形阀。

9.8.2 HL-LHC 的真空设计

高亮度大型强子对撞机（HL-LHC）是在 LHC 设备的基础上，为了维持和扩大 LHC 在微观世界中的探测潜力进行的一次升级。HL-LHC 的能量与 LHC 一致（14TeV），亮度（碰撞率）提高 5 倍（5×10^{34}cm$^{-2}\cdot$s^{-1}），综合亮度增加 10 倍。HL-LHC 的设计及建设依赖于一系列关键的创新，这些创新将加速器技术推向了目前的极限。HL-LHC 的升级计划中，一部分是需要对现有 LHC 的真空系统进行修改完善，如实验区，从而实现高亮度。这些修改必须遵循与目前的 LHC 设备类似的规则。

与 LHC 相比，HL-LHC 的镜像电流会在束屏上产生更高的热功率，同时也会带来更强的同步辐射(SR)和电子云(EC)效应，进而转化为更高的脱气率。HL-LHC 真空系统升级工作的主要任务之一是确定新型超导(SC)系统和二极磁铁中真空设备的几何结构。紧凑 μ 子线圈(CMS 探测器)和超环面仪器实验(ATLAS 探测器)的实验真空室需要对孔径、阻抗和真空度(包括动态和静态)进行考虑。烘烤设备将根据激活和具体需要重新定义。

HL-LHC 真空系统由以下真空区域组成：①绝热真空；②常温真空；③低温真空；④实验真空。

1. 束流对真空度的要求

HL-LHC 束流真空(Beam Vacuum)的设计必须确保束流具有以 HL-LHC 设定的参数进行循环时所需的性能。同时，束流真空设计需要避免离子致解吸引起的压强失控。束流真空系统还必须考虑同步辐射、电子云效应及离子引起的壁面解吸效应。此外，束流真空室壁面或法兰上的热负荷及束流阻抗效应也必须考虑到。HL-LHC 作为 LHC 的升级，真空系统还必须与 LHC 的阻抗设计和机器孔径兼容，以满足在 LHC 上进行升级建设。

束流真空系统中，沿 IR 的平均气体密度必须满足束流寿命达到 100h 的水平，即 LHC 中小于 $1.2\times10^{15}\mathrm{m}^{-3}(\mathrm{H}_2)$。该限制与束流流强的倒数呈比例减小。表 9-3 给出了真空系统中假设仅存在单一气体，LHC 和 HL-LHC 中产生 100h 真空寿命的分子气体密度。在 LHC 本身没有规定值的情况下，HL-LHC 将按照 LHC 设计值进行缩放。

表 9-3　LHC 和 HL-LHC 中 100h 真空寿命的分子气体密度

设备	I/A	气体密度/m^{-3}				
		H_2	CH_4	H_2O	CO	CO_2
LHC	0.58	1.2×10^{15}	1.8×10^{14}	1.8×10^{14}	1.2×10^{14}	7.9×10^{13}
HL-LHC	1.09	6.4×10^{14}	9.6×10^{13}	9.6×10^{13}	6.4×10^{13}	4.2×10^{13}

2. 真空布局要求

HL-LHC 真空布局必须确保具有 HL-LHC 设定参数的束流在循环时所需要的真空要求，同时系统必须设计为 HL-LHC 的最终亮度(即 $7.5\times10^{34}\mathrm{cm}^{-2}\cdot\mathrm{s}^{-1}$)。

(1)所有束流真空元件按照 CERN 真空标准进行密封(泄漏率小于等效的 10^{-9}Pa/s He)，表面清洁且无污染。

(2)根据 LHC 的基准，长直线段(LSS)中的真空系统用扇形阀进行分区。真空的分区由冷到热过渡，同时还需要考虑真空扇形区的长度或组件的特殊性(易碎性、维护性等)。

(3)在每次从冷到热的过渡过程中都安装扇形阀，以便在烘烤和冷却阶段将常温真空系统和低温真空系统分离。

(4)减小真空扇形阀与真空区域的冷热过渡之间的距离，从而减少无须就地烘烤的束线的长度。

(5)每个扇形阀附近和两侧及沿着每个真空扇形区域需提供专用的真空仪表。

(6)在出现故障的情况下，扇形阀必须能够进行远程控制并互锁，以便转储循环束流。HL-LHC 真空分区与 LHC 真空分区采用相同的分区方法，即划分了两种类型的真空系统：常温真空系统和低温真空系统。

(7) 真空系统应与永久性或移动式烘烤系统、烘烤架、快速法兰套圈、移动式抽气系统和诊断系统集成在管道和腔室中。必须将相应的空间预留到管道集成中,从而允许真空系统的正确操作。

(8) 对设备的安装和卸载阶段进行集成研究,以确定潜在的冲突。

(9) 真空系统在管道和洞室中安装之前,必须分发和验证集成和安装图。

(10) 真空室的孔径由束流光学系统、机器保护和实验背景确定。同时真空室的孔径不能是极限孔径。

(11) 安装到真空系统中的所有部件在安装前必须经过批准并验证其真空性能。LHC 束流真空的组件应最大数量地用于 HL-LHC 升级中。

(12) LSS 沿线的高辐射区域必须在设计的早期阶段明确标识,特别是突出显示远程操作/工具可能首选的位置及仪表必须防辐射的位置。

(13) 必要时进行特定组件(仪器、烘烤套、电缆、电子设备、O 形圈等)的辐射测试,以符合辐射剂量规范。

(14) 必须先安装低温元件,然后安装常温真空扇形阀,最后完成常温真空扇区。

3. 具体真空系统要求

1) 常温真空系统

对于常温真空系统,要求系统内的所有部件允许进行烘烤处理。对于 NEG 涂层真空室,要求的烘烤温度为 (230 ± 20) ℃;对于未涂层的不锈钢束管,要求的烘烤温度为 (300 ± 20) ℃。为了缩短烘烤时间,同时将对人员的辐射降至最低,烘烤过程中的加热速率设置为 50 ℃/h。真空室材料在铜合金(铜涂层或裸铜)和不锈钢之间进行选择,这是由束流阻抗约束决定的。在高辐射区域首选铝合金,除非辐射问题或远程处理需要使用快卸法兰(如链夹),否则设备之间的连接必须采用 Confat 螺栓技术。真空系统必须与固定或移动烘烤系统、烘烤架、快速法兰环、移动抽气系统和诊断系统集成在管道中。在管道整合研究期间,必须预留相应的空间,以允许真空系统正常运行。

2) 低温真空系统

低温真空系统通过扇形阀与常温真空系统分离。在低温系统的每一端,必须将冷到热的转变集成到低温真空区。LHC 束屏的工作温度为 5~20K,而 HL-LHC 的束屏因较高的热负荷而可能需要在较高的温度(40~60K)下运行。HL-LHC 的设计参数将根据 LHC 的设计值进行缩放。对于 HL-LHC,束屏孔径将由束流光学器件和磁铁孔径输入参数决定。

3) 绝热真空系统

绝热真空系统通过消除气体对流造成的热损失,确保低温系统的所需性能。绝热真空系统包括低温分配线(QRL)和低温机器部件,但不包括 LHC 隧道外的传输线和实验室的传输线。HL-LHC 对绝热真空系统的要求概括如下:①压力低于 10^{-3} Pa;②组件水平的氦气泄漏率必须低于 10^{-8} Pa·L/s;③与 LHC 绝热真空系统兼容;④使用与 LHC 绝热真空系统相同的标准制造。

在正常运行中,绝热真空依赖于低温抽气,固定涡轮分子泵组用于冷却前的抽气。该系统还可减轻运行期间氦气泄漏的影响。弹性体密封(氟橡胶、丁腈橡胶)用于系统可拆卸的地方(互连、仪表等)。在高辐射区域,需要在新设备上安装特定的密封件(金属或硬放射性聚合物),并用于替换任何从 LHC 上保留的设备的标准密封件。

4)实验真空系统

实验真空系统位于每个相互作用点和四极磁体之间。与长直线段类似,每个实验真空系统的真空布局必须确保当束流在具有 HL-LHC 设定参数循环时所需要的真空要求。在每个相互作用点末端都安装了一个真空扇形阀。该真空扇形阀安装在冷热过渡之后,可确保在烘烤和低温温度瞬变期间将常温和低温真空系统分离。在缓冲区中安装了一个防爆片,以便在涌入液氦的情况下保护实验真空室。对于当前的长直线段真空系统,所有在常温下运行的机器组件必须是可烘烤的,并镀有 NEG 涂层。需要定期或不定期地排气来修复或维护实验真空系统的所有真空部分,这意味着需要对束流管的 NEG 涂层进行重新激活,即烘烤两个周期,第一个烘烤金属零件,第二个用于 NEG 激活。

9.8.3 HE-LHC 的真空设计

1. HE-LHC 背景介绍

HE-LHC 是一种基于高能强子对撞机的新型研究基础设施,它将当前的能量前沿扩大了近 2 倍(27TeV 碰撞能量),并提供了至少比 HL-LHC 大 3 倍的集成亮度。HE-LHC 对撞机将以高达 27TeV 的速度进行对撞产生粒子,这将加深人们对弱电对称性破坏起源的理解,并首次允许测量希格斯自耦合,在将 HL-LHC 发现范围的基础上再扩大一倍,并允许深入研究未来 LHC 测量中产生的新物理信号。该设备将重新利用现有的 LHC 地下基础设施和欧洲核子研究组织的大部分注入器。这台粒子对撞机将直接接替 HL-LHC,并在 21 世纪中叶为世界物理界服务大约 20 年。

表 9-4 总结了 HE-LHC 的基本设计参数,并与 LHC、HL-LHC 和 FCC-hh 的相应值进行了比较。

表 9-4 HE-LHC 与 LHC、HL-LHC 和 FCC-hh 参数比较

参数	FCC-hh	HE-LHC	(HL-)LHC
质心能量/TeV	100	27	14
周长/km	97.8	26.7	26.7
直段长度/m	1400	528	528
束流流强/A	0.5	1.12	(1.12)0.58

2. HE-LHC 真空设计挑战

低温真空稳定性是 HE-LHC 设计的关键。因为束流管道会产生大量的同步辐射,导致 5W/m 的热功率沉积。早期研究表明,不可能设计出一种与 LHC 类似的束屏来满足预期的运行条件。因此需要一种新的设计,这种设计能够有效地屏蔽在 1.9K 下运行的超导磁铁的低温管道,使其免受热负荷的影响。同时这种设计还必须从一开始就能够有助于减轻电子云和阻抗的影响。目前相关设计正在实验验证中。

3. HE-LHC 真空设计要求

1)新的束屏设计

(1)同步辐射。同步辐射方面,虽然 HE-LHC 的线性光子通量仅比 LHC 高 4 倍,但在粒子能量为 13.5TeV 时线性同步辐射功率密度却比 LHC 高 30 倍,因此也排除了通过 LHC

束屏进行缩放的设计版本。

(2)束屏。HE-LHC 设计组考虑散射的同步辐射功率泄漏到磁铁低温管道,优化了抽气槽的数量和位置。可以使用激光烧蚀表面工程(LASE)对束屏的内表面进行处理,在表面形成微米大小的图案,这种处理已经证明可以大大降低表面的二次电子产额(SEY)。

HE-LHC 主双极磁体是弯曲的,因此双极子束屏要足够弯曲灵活,以便在磁铁的矢状面引导下滑入低温管道中。

(3)束屏温度。总同步辐射负载为每束 100kW。如果按照类似 LHC 弧区的设置,将同步辐射功率直接加载在束屏上,温度在 5K(入口)和 20K(出口)之间,则给定卡诺效率,相应的冷却压缩机电功率输入在室温下将超过 10MW。因此,每个区间的入口和出口处的低温冷却温度范围应为 40~60K。考虑到铜的电阻率对温度的依赖性,50K 的参考温度接近低温制冷系统的最佳工作点,也是部署高温超导涂层的理想选择。这个温度范围对真空系统也是有利的,不仅可以保持较高的电导率(电导率与绝对温度的平方根成正比),还不会激发特定的蒸气压使得系统稳定性变差。

(4)残余气体密度。HE-LHC 残余气体密度的要求与 LHC 相似,考虑 HE-LHC 的束流能量较高,而核散射截面随束流能量的增加呈线性变化,估计 H_2 当量密度降低约一半时将确保与 LHC 有相同的 100h 束流寿命。因此,HE-LHC 的残余气体密度目标是保持在当量 $5\times10^{14}m^{-3}(H_2)$ 以下。实际密度值取决于积分光子通量,考虑 HE-LHC 的光子通量比 LHC 大得多,因此在额定束流下,达到操作安全的残余气体密度所需的积分光子剂量应需要几百小时。

2)真空设计

(1)绝热真空设计。对于绝热真空系统,首先在磁体低温恒温器和低温管线之间建立阀门。该设计将基于 LHC 系统,泵组首先从大气压力水平开始抽送大量的气体,安装在阀门旁路处的涡轮分子泵组将用于达到所需的目标压强水平,并且如果低温管道发生泄漏,将排出氦气。通过在与 LHC 相当的间距上装备涡轮分子泵是可以实现的。

(2)氦吸收器。氦吸收器的材料、形状及其在低温恒温器中的装配正在研究中。目前的概念设计是基于紧密的纳米多孔材料,在 4.5K 下与冷却管直接热接触。

9.9 KEKB 真空系统

KEKB(KEK-Belle)正负电子对撞机的束流亮度是 $10^{34}cm^{-2}\cdot s^{-1}$。KEKB 的工作任务主要是在 10.58GeV 的质心能量下提供电子-正电子碰撞。KEKB 用于 B 介子衰变中 CP 破坏和其他高能物理研究计划。该项目于 1994 年 4 月正式开工建设。KEKB 工程在现有的 TRISTAN 隧道中建造,该隧道的周长为 3km。其中低能环和高能环的参数如表 9-5 所示。

表 9-5 KEKB 低能环和高能环的参数

环	低能环	高能环
粒子	正电子	负电子
束流能量/GeV	3.5	8.0
束流电流/A	2.6	1.1

9.9.1 LER 真空系统

低能环(Low-Energy Ring, LER)的弧形段在 3000m 的总周长内占据 2200m，因此 LER 的真空系统设计是重中之重。LER 的其余部分则是四个 200m 长的直线段。直线段部分专门用于束流碰撞和物理实验的相互作用区域，其他则保留用于束流注入、RF 腔等。

1. LER 真空系统注意事项

LER 存储的正电子束流能量为 3.5GeV，最大电流为 2.6A。二极磁体的弯曲半径为 16.31m。同步辐射的总功率为 2117.1kW，其临界能量为 5.84keV。由于铜具有承受高峰值热负荷和屏蔽辐射的能力，因此铜可以作为真空管道材料。束管的横截面为圆形，外径为 106mm，壁厚为 6mm，足以用于屏蔽辐射，同时这种外形尺寸也适于加工制造。真空管外部的预期辐射剂量在每年 1×10^8rad 以下。铜的选用等级为用于真空表面的 ASMC10100(无氧铜)，其他地方则是 C10200(无氧铜)，真空法兰由 AISI304 不锈钢制成。

KEKB 设计组对同步辐射引起的气体解吸及其对预期真空压力的影响进行了分析，其中解吸速率与入射光子数成正比。LER 在整个弧(2200m)上平均的线性光子密度(N)为 3.3×10^{18}个光子$/(s\cdot m)$。解吸系数 η(每个光子致解吸的分子)取决于表面光洁度，但随着光子累积剂量的增加，解吸系数 η 会降低。在存在束流的情况下，KEKB 要达到的压力目标水平是 1×10^{-9}Torr。KEKB 的真空系统经过设计，可在 η 达到 10^{-6} 时实现。在这种情况下，所需的抽速为 $100L/(s\cdot m)$。

KEKB 的小束流尺寸和高流强对真空系统设计提出了其他要求。真空管道内表面形状的不连续性不得超过 0.5mm。泵槽必须由栅格支撑，这样可以减少尾场的穿透，而尾场会导致元件发热。波纹管和法兰连接件应受到保护，避免直接受到同步辐射的冲击。这会通过在真空管道中使用适当形状的遮罩来实现。但是，遮罩的高度必须小于 5mm。

2. LER 真空系统组件

在 LER 中，同步辐射分布在管道壁上，真空泵组沿束流管道分布。为了处理真空泵上可能产生的束流辐射，真空系统的设计必须为高功率辐射做好准备。这可通过在槽和泵之间安装第二个栅栏来实现。因此，所有的抽气元件通过法兰连接到泵口再连接到真空管道上。由于束流管道的真空电导相对较大，因此可以通过安装容量为 $100L/(s\cdot m)$ 的泵用以实现分布式抽气。但在实际情况中，由于存在磁铁，分布式抽气的速度降低约 20%。端口插槽的真空传导率大于 200L/s，通过使用 200L/s NEG 泵或 200L/s 离子泵实现，每个端口的抽速为 100L/s。

真空系统主泵由吸气剂泵 NEG 滤芯组成，而离子泵则提供二次泵送，离子泵安装间隔为 10m。由于管道内表面的氧化层含有大量的碳成分，这些碳成分在解吸过程中以 CO 和 CO_2 的形式释放出来。因此，为了避免在调试期间频繁调整 NEG，需要去除该氧化层，并产生新的无碳氧化层。这种处理可以使用商用的含有 H_2O_2 和 H_2SO_4 的化学清洁剂，或者使用标准的 H_2SO_4、HNO_3、HCl 和 H_2O 进行酸蚀。

与标准的法兰连接将在垫圈和法兰之间留下一个间隙，在这里可以捕获束流场，在连接处间隙的能量损失会导致法兰发热(大约 635W)。为避免这种情况，束管必须在法兰处没有任何间隙地进行连接,因此在法兰面之间插入一个铝环来填充间隙。此外,采用 Helicoflex 在环的外部进行真空密封。

9.9.2 HER 真空系统

高能环(High-Energy Ring, HER)具有与 LER 类似的结构,具有长为 2200m 的规则弯弧。其中 HER 的一个直线段会与 LER 相交以进行碰撞,而另外的两个直线段用于空腔。HER 束流管道的横截面呈跑道形,半宽为 58mm,外曲率为 31mm,厚度为 6mm。真空管由铜制成。

HER 在最大电流 $I=1.1A$ 时的电子束能量 $E=8GeV$。二极磁体中的轨道弯曲半径为 104.46m。同步辐射的总功率为 3817.2kW,临界能量为 10.9keV。电弧室壁上的最大线性热负载为 5.8kW/m,该热负载允许使用铝合金。

9.10 粒子加速器真空系统的展望

核科学与技术的发展离不开反应堆、加速器等重大设施的建设。国家高度重视在加速器领域的研究,早在 1975 年 3 月,中华人民共和国国家计划委员会向国务院递交了《关于高能加速器预制研究和建造问题的报告》("七五三"工程),邓小平同志毫不犹豫地同意了这个报告。"一堆一器"建成后,我国核科学研究的技术装备和实验手段有了明显提升。可以预见,未来的加速器发展将不断带动核科学与技术的发展,并将高端的技术打造成高端制造产业链,真正造福于民。例如在 2021 年,加速器驱动嬗变研究装置(China Initiative Accelerat or Driven System, CiADS)、强流重离子加速器装置(HIAF)被列入国家"十四五"规划,属于国家重大科技基础设施,并分别为应用支撑型、前瞻引领型国家重大科技基础设施。国家将在未来的五年里,适度超前布局国家重大科技基础设施,提高共享水平和使用效率。

国家重大科技基础设施主要包括以下四个方面。

1. 战略导向型

建设空间环境地基监测网、高精度地基授时系统、大型低速风洞、海底科学观测网、空间环境底面模拟装置、聚变堆主机关键系统综合研究设施等。

2. 应用支撑型

建设高能同步辐射光源、高效低碳燃气轮机实验装置、超重力离心模拟与实验装置、加速器驱动嬗变研究装置、未来网络实验设施等。

3. 前瞻引领型

建设硬 X 射线自由电子激光装置、高海拔宇宙线观测站、综合极端条件实验装置、极深地下极低辐射本底前沿物理实验设施、精密重力测量研究设施、强流重离子加速器装置等。

4. 民生改善型

建设转化医学研究设施、多模态跨尺度生物医学成像设施、模式动物表型与遗传研究设施、地震科学实验场、地球系统数值模拟器等。

中国科学院 HIAF 和 CiADS 两大科学装置项目正在抓紧推进建设，HIAF 将成为世界上首个超导直线加速器、同步加速器和储存环组合的先进重离子研究装置，CiADS 将成为世界上首个兆瓦级加速器驱动次临界系统研究装置。两大科学装置也不仅仅是作为科学研究的大型设备，惠州还会基于 HIAF 和 CiADS 这两大科学装置，将谋划建设离子加速器高端制造产业链、医用短寿命同位素生产南方基地、重离子辐照技术产业等，并将助力粤港澳大湾区打造综合性国家科学中心，形成前沿物理研究与生产配套应用协同并进、先进能源技术和材料探测技术快速发展的新格局。HIAF 与 CiADS 的分布图如图 9-7 所示。

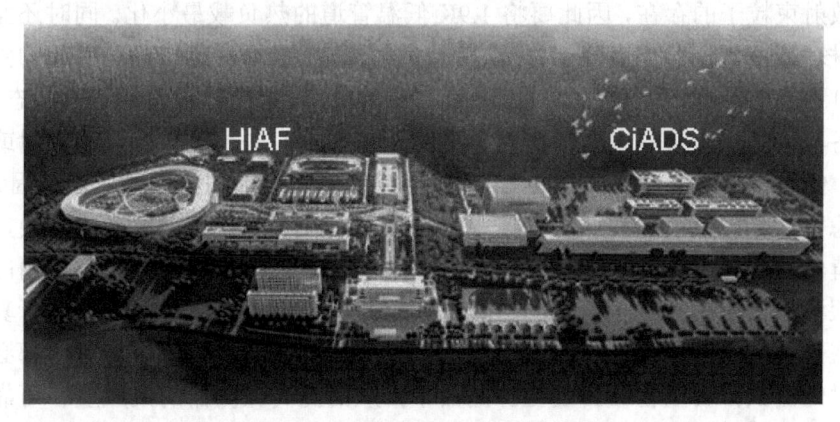

图 9-7 HIAF 与 CiADS 的分布图

此外，还有 9.6 节和 9.7 节提到的将要建造的 CEPC-SPPC 大科学装置，它们代表了中国下一代最为先进的大科学装置。由于正负电子对撞机有本底低且初态精确可调的特点，而 CEPC 的质心能量可以轻松达到 Higgs 粒子的产生阈值（约 240GeV）进而产生大量的干净 Higgs 粒子（Higgs 工厂），利用 CEPC，人们可以对 Higgs 粒子及其他标准模型粒子（如 Z 粒子）进行精确测量，从而搜索出新物理的蛛丝马迹乃至预言新物理能标。作为中国下一代加速器，CEPC 的设计与预研进展顺利，争取"十四五"完成 CEPC 所有的技术设计和关键技术预研。对于 CEPC 和 SPPC，科学家们寄予厚望，希望借此研究 Higgs 粒子、宇宙早期演化、反物质丢失、暗物质等一些未解的关键科学问题和新的物理规律。

综上可以得知，在未来，配备有加速器的大科学装置将在核科学与技术方面发挥不可替代的作用。无论是科学研究，还是制造产业升级，都离不开加速器的一代代更新，相信加速器将会成为核科学与技术领域科技不断增强的强劲动力。但同时，加速器的升级变化必定带来新的问题与挑战，也必定会发掘出更为先进的技术。回顾之前加速器的历史，衡量每一代加速器更新的主要指标是光源的亮度。新一代加速器，其主要的物理特性，如时间结构、亮度等都大大优于上一代加速器。部分加速器的峰值谱亮度比上一代加速器提高了近 10 个量级。其中，真空系统更是加速器发展的重要突破口。在加速器中，真空会受到多种物理现象的影响，并且会反过来影响机器的性能。一方面，由于加速器束流的动态效应，如光子致解吸等，加速器的静态压强会提升几个量级。另一方面，在加速器内获得超高真空，可以有效减少束流与残余气体碰撞，从而减少束流寿命的损失。在以后性能更加强大的加速器内部，对真空的要求也会随着加速器的高梯度、高场强、高强度不断提高，未来的真空系统需要同时满足更高标准的出气率、磁导率、机械强度、经济性等要求,也将面临着包括操作及设计的挑战。

在真空操作层面,面临着安全性与操作性、加速器性能限制、束流设备与真空系统兼容性、低温效应、探测器真空度影响,以及基础设施损坏和噪声信号等挑战。在安全性与操作性方面,需要将由束流与气体相互作用引起的束流损失降到最低,并通过减少束流设备、通道基础设施、空气等物质的放射性活化来确保安全;另外需要减少通过损失的束流粒子而产生的核辐射。在加速器性能限制方面,加速器需要极高的真空度来最大程度地减少束流与气体之间的相互作用,因此需要确保可以接受的束流寿命;并且由于低温束流真空系统的散射束粒子的存在,因此要将 1.9K 低温管道的热负载最小化。同时还面临着束流寿命缩短(核散射)、机器亮度降低(多次库仑散射)、压强不稳定(电离)引起的强度限制、电子(电离)引起的不稳定性(电子束爆炸)和磁铁淬火(即从超导过渡到正常状态)等挑战。在束流设备与真空系统兼容方面,需要做到简单易维护、屏蔽效果好、耐辐射或抗辐射和整合优化。低温效应方面,需要小心 LHC 束屏或低温管道上的氢振荡,这是因为 3K 左右的温度不稳定性会导致束屏和低温管道中的氢振荡。在探测器真空度影响方面,需要减少导致实验背景出现的束流与气体之间的相互作用,其中包括与检测器相互作用的未捕获颗粒,以及探测器上游丢失粒子产生的核级联。因此,探测器需要关闭后再进行真空系统安装,并且在安装的每个阶段都需要临时的支持和保护;在安装的每个步骤中都必须进行泄漏检测和烘烤测试;真空管被封装在探测器中,从而提高探测器的集成度和可靠性。

在真空设计层面,则面临着束流效应、真空系统工程及真空质量等挑战。束流气体散射、离子不稳定性、光子激发解吸、光子热负荷及电子云等问题,需要继续发展更加前沿的技术来解决。此外在工程上,应严格把控放置于真空室内元器件的材料属性和真空除气处理,做好设备的准入工作,从设备材料上减小出气率,从而在根源上有效地提高真空度。同时可以通过连接低真空(相对极高真空而言),从而保护极高真空。

同时还必须开发和改进目前的计算工具,以便能够适当地模拟所有真空效应。多年来,许多加速器实验室已经开发了自己的代码,也有其他人使用了商业代码或使用其他一些实验室的代码(如 Molflow+),但面对越来越复杂的真空环境,还是需要不断精进计算工具。此外,同步辐射、电子云和其他物理效应也需要复杂且专用的计算工具。

提高真空系统内部的真空度,对于降低这些有害影响,如使电子云、离子捕获、超导磁铁上的核气体散射和能量沉积、组件的辐射损伤和活化,以及对人员的辐射剂量等非常重要。

关于加速器的未来设计,还有许多可以继续挖掘的地方,如除气性能更加优秀的真空泵机组,出气率更低的表层材料,以及更加先进的真空探测技术。相信在不久的将来,人们将不断克服现有的难题,在真空系统领域得到更加重要的成果,满足未来加速器更高性能的需求。科学无止境,加速器向来为基础与应用研究都贡献巨大,同时也不断拉动人才培养,发展相匹配的科学技术。习近平同志指出,当今世界综合国力竞争的核心和焦点是科学技术,现在各国都在抢占未来科学技术制高点,包括国防科技制高点。掌握加速器科技发展的主动权,可实现科学上的一带一路,带动国家高端科学技术及高端经济产业链的蓬勃发展。

9.11 本章小结

本章按照国内到国外的介绍顺序,对世界上部分已建设或将要建设的加速器真空系统设计进行了详细的介绍,展示处于不同运行目的和状态的加速器,它们分别在真空系统的真空设备、抽气系统等方面有不同的考虑。由于内容所限,本章仅选取较为典型的加速器真空系统进行描述,其他加速器的真空系统也有许多足以深入思考的结构布局。同时本章也对加速器真空系统进行了部分的未来展望,希望能够对读者在加速器真空系统设计方面有所启发,为将来性能更加优越、要求更加严苛的加速器真空系统的设计提供开阔的思路。人类将一直通过加速器,在原子、分子层次上探索物质世界的真理,而加速器的真空系统,作为加速器不可或缺的一部分,将继续产生重要的作用。

参 考 文 献

董海义, 林绍鸾, 李琦, 等, 2007. BEPCⅡ储存环真空系统性能[C]. 第四届全国粒子加速器真空、低温技术研讨会论文集. 北京正负电子对撞机.

蒋迪奎, 陈永林, 刘国弟, 等, 2009. 上海光源储存环不锈钢真空室[J]. 真空科学与技术学报, 29(4): 453-456.

王志山, 蒋迪奎, 陈丽萍, 等, 2002. SSRF 增强器真空系统设计和真空室研制[J]. 真空 (1): 42-45.

尉伟, 洪远志, 范乐, 等, 2014. 合肥同步辐射光源直线加速器真空系统[J]. 真空, 51(4): 69-71.

肖琼, 王雅婷, 彭晓华, 等, 2007. 用钛升华泵提高 BEPCⅡ同步辐射环真空度[J]. 真空, 46(2): 53-54.

薛纪钦, 周锦宝, 邓秉林, 等, 2007. BEPCⅡ注入器真空系统改造[J]. 真空, 44(5): 59-62.

杨晓天, 董海义, 蒋迪奎, 等, 2009. 国内大型粒子加速器储存环真空系统[C]. 中国核科学技术进展报告(第一卷), 粒子加速器分卷.

杨晓天, 张军辉, 蒙峻, 等, 2009. HIRFL 大型真空系统[J]. 真空科学与技术学报, 29(4): 46-50.

杨晓天, 张军辉, 蒙峻, 等, 2010. HIRFL 大型真空系统[J]. 真空, 47(4): 60-64.

张海鸥, 王志山, 2007. 上海光源(SSRF)输运线真空系统设计[J]. 真空科学与技术学报, 27(6): 553-556.

张令翊, 庄家杰, 赵夔, 等, 2001. 第四代光源[J]. 强激光与粒子束, 13(1): 51-55.

张恕修, 李蕴, 吴翼健, 等, 1987. 兰州重离子加速器大型真空室[J]. 原子能科学技术, 21(6): 700-706.

张恕修, 钟元容, 吴慧敏, 等, 1989. 兰州重离子加速器的真空系统[J]. 真空科学与技术学报, 9(2): 87-90.

ABADA A, ABBRESCIA M, ABDUSSALAM S S, et al., 2019. HE-LHC: the high-energy large hadron collider: future circular collider conceptual design report volume 4[J]. European physical journal: special topics, 228: 1109-1382.

ANASHIN V V, DOSTOVALOV R V, KRASNOV A A, 2004. The vacuum studies for LHC beam screen with carbon fiber cryosorber[C]. Proceedings of APAC 2004, Gyeongju. APAC 2004.

BAGLIN V, 2017. The LHC vacuum system: commissioning up to nominal luminosity[J]. Vacuum, 138: 51-55.

BRÜNING O, LAMONT M L, 2015. High-luminosity large hadron collider (HL-LHC) preliminary design report[C]. G. Apollinari, I. Béjar Alonso. CERN yellow report, CERN.

BRÜNING O, 2014. LHC design report vol.2: the LHC infrastructure and general services[C]. P. Collier, P. Lebrun.CERN Libraries. GENEVA. CERN.

CEPC STUDY GROUP, 2018, CEPC conceptual design report volume I: accelerator[C]. CEPC conceptual design report, institute of high energy physics (IHEP).

CONTE A, MANINI P, RAIMONDI S, et al., 2007. Test of a NEG-COATED copper dipole vacuum chamber[C]. Proceedings of PAC07, Albuquerque, New Mexico, IEEE.

HANSSON A, BERGLUND M, WALLÉN E, 2008. Test of a NEG-COATED copper dipole vacuum chamber[C]. Proceedings of EPAC08, Genoa, THPP141.

HUTTON A, ZISMAN M S, 1991-05-01. Residual gas density estimations in An Asymmetric B Factory Based on PEP[R]. Washington.

KANAZAWA K, KATO S, SUETSUGU Y, et al., 2003. The vacuum system of KEKB[J]. Nuclear instruments and methods in physics research, 499: 66-74.

LEP COLLABORATION, 1984. LEP design report: volume II: the LEP main ring[M]. Geneva: CERN Libraries.

ROSSI A, HILLERET N, 2003. Residual gas density estimations in the LHC experimental interaction regions[R]. 2nd National Conference of the German Vacuum Society and 8th European Vacuum Conference (EVC-8): CERN.

TANG A J, SCOTT BERG J, et al., 2015. Concept for a future super proton-proton collider[C]. Super Proton-Proton Collider. arXiv.

TSUKUBA, IBARAKI, 1995. KEKB B-Factory Design Report[M]. Tsukuba-shi: National Laboratory for High Energy Physics.